"十四五"广东省职业教育规划教材
"十四五"新工科应用型教材建设项目成果

新编21世纪职业教育精品教材

电气安装与维修

主　编◎梁珠芳　魏凌志
副主编◎钟广专　张悦霞　张延芝
参　编◎王艳芳　梁振华　钟世锨
汤伟杰　王永红　周嘉伟
陈晓宜　单广照
主　审◎董成波　陈　凯

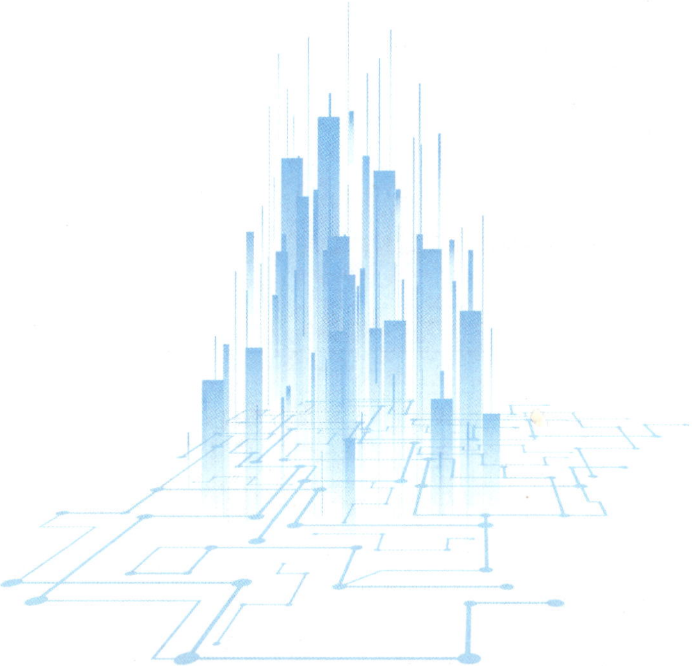

中国人民大学出版社
·北京·

图书在版编目（CIP）数据

电气安装与维修 / 梁珠芳，魏凌志主编. -- 北京 :
中国人民大学出版社，2022.6
新编 21 世纪职业教育精品教材
ISBN 978-7-300-30578-3

Ⅰ.①电… Ⅱ.①梁… ②魏… Ⅲ.①电气设备-设
备安装-职业教育-教材②电气设备-维修-职业教育-
教材 Ⅳ.①TM05②TM07

中国版本图书馆 CIP 数据核字（2022）第 066643 号

"十四五"新工科应用型教材建设项目成果
新编 21 世纪职业教育精品教材
电气安装与维修
主　编　梁珠芳　魏凌志
副主编　钟广专　张悦霞　张延芝
参　编　王艳芳　梁振华　钟世锨　汤伟杰
　　　　王永红　周嘉伟　陈晓宜　单广照
主　审　董成波　陈　凯
Dianqi Anzhuang yu Weixiu

出版发行	中国人民大学出版社		
社　　址	北京中关村大街 31 号	**邮政编码**	100080
电　　话	010－62511242（总编室）		010－62511770（质管部）
	010－82501766（邮购部）		010－62514148（门市部）
	010－62515195（发行公司）		010－62515275（盗版举报）
网　　址	http://www.crup.com.cn		
经　　销	新华书店		
印　　刷	中煤（北京）印务有限公司		
开　　本	787 mm×1092 mm　1/16	**版　　次**	2022 年 6 月第 1 版
印　　张	19.25	**印　　次**	2025 年 2 月第 2 次印刷
字　　数	445 000	**定　　价**	55.00 元

PREFACE 前言

党的二十大报告指出，教育、科技、人才是全面建设社会主义现代化国家的基础性、战略性支撑。教育是国之大计、党之大计。职业教育是我国教育体系的重要组成部分，肩负着“为党育人、为国育才”的神圣使命。本教材以习近平新时代中国特色社会主义思想为指导，深入贯彻落实党的二十大精神，将思想道德建设与专业素质培养融为一体，着力培养爱党爱国、敬业奉献，具有工匠精神的高素质技能人才。

本书结合职业学校工科类专业的教学现状与“电气安装与维修”课程教学特点，贯彻职业能力为本位，以及“产教融合、工学一体”的职业教育教学理念，将信息化技术与工作任务式教学深度融合，实现了学习与工作一体化，有助于学生提升专业技能水平和综合职业能力。本书作为职业教育课程改革创新教材，具有以下特点：

（1）立德树人。每个任务均结合具体工作内容强调职业素养，为培养“德技双馨”的高素质技术技能人才打下基础。

（2）贯彻以职业能力为本位的职业教育教学理念。本书联合企业专家共同开发，结合“1＋X”职业技能等级证书的考核标准，整合本课程理论和技能知识点，采用以工作领域为模块、以工作任务为引领的模式进行编写，践行做中学、做中教的教学理念，注重在实训过程中培养学生的职业能力。

（3）以“信息技术＋工作领域任务”为教学内容特色。在实施工作领域任务教学的任务描述、组织、实施、评价等教学过程中，学生通过扫描项目中的二维码可以直接观看相应的安装技巧、操作演示，实现在课前、课中、课后根据不同需要自主选择。同时，学生可配合使用“学习通”等网络学习平台完成相关的学习任务，下载和上传图片、视频和课件等，将电气设备的工作原理和安装等内容可视化，较好地提高了学习的积极性和主动性。

（4）教材以活页的形式设计，以职业能力为任务目标，贴合实际生产岗位任务。本书将知识点和技能点整合成了4个工作领域共12个工作任务，工作领域A配电与用电设备的安装，包括塑料线槽的安装、塑料线管的安装、金属桥架的安装和电源配电箱的安装；工作领域B照明线路的安装与检修，包括照明配电箱的安装、灯具和插座的安装；工作领域C电机控制线路的安装与检修，包括三相交流异步电动机控制线路的安装与调试、步进电机控制线路的安装与调试、交流伺服电机控制线路的安装与调试；工作领域D综合控制线路的安装与检修，包括电动葫芦控制线路的安装与调试、厨房（潮湿）照明系统的安装与调试、综合电气装置的调试与检修。

（5）以职业能力划分内容结构有助于教师开展教学。本书各职业能力的结构依次为核心概念、学习目标、基本知识、能力训练、拓展提升、学习结果评价和课后作业，结构完整、逻辑清晰，有助于教师把握节奏，顺利开展教学。

教学建议：

● 本书内容以电气设备安装与维修工作领域的任务为基础，实训设备采用亚龙实训台配套的实训模块，在教学中可结合学校的实际情况选用相关教学设备，达到相应的教学效果。

● 本书建议总学时 72 学时，参考学时分配见下表：

工作任务	学时数	工作任务	学时数
工作任务 A1	10	工作任务 C1	6
工作任务 A2	8	工作任务 C2	4
工作任务 A3	6	工作任务 C3	4
工作任务 A4	4	工作任务 D1	6
工作任务 B1	4	工作任务 D2	6
工作任务 B2	8	工作任务 D3	6

由于时间仓促，加之作者水平有限，书中难免存在不足之处，敬请读者批评指正。

编者

C O N T E N T S 目录

工作领域 A

配电与用电设备的安装

工作任务A1 塑料线槽的安装

安全规范

1. 首先检查电气安装与维修理实一体化实训室的设备是否安全坚固。

2. 实施任务前，学生穿好电工服、绝缘鞋，戴好安全帽，如图 A1－1 所示。老师进行安全教育，对实训室进行 6S 管理。

3. 检查三项五线制电源是否处于断开状态，“禁止合闸，有人工作”指示牌是否放置在正确位置，如图 A1－2 所示。

图 A1－1　安全着装

图 A1－2　指示牌放置位置

4. PLC、触摸屏软件提前安装并调试正常，定期检查计算机是否携带病毒。

5. 亚龙 YL－156A 型电气安装与维修实训考核装置安装底架做好安全接地设施，如图 A1－3 所示，一旦发生短路，漏电开关可跳闸保护。

6. 操作完成离开实训室之前确保已关闭设备及电源，操作台摆放整齐，室内清洁干净，如图 A1－4 所示。

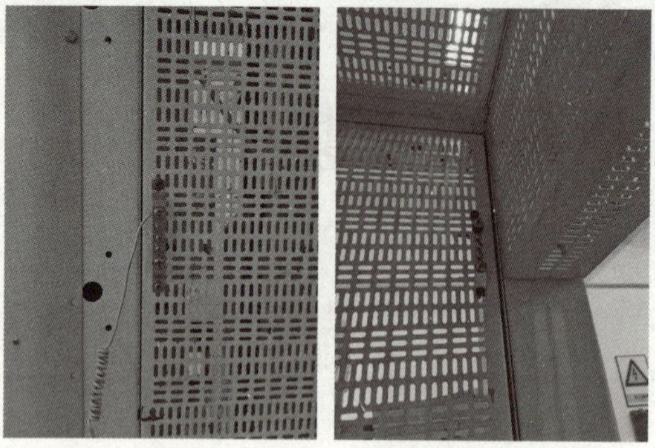

图 A1-3 安全接地设施

图 A1-4 整理实训台

教学条件及组织

教学条件：电气安装与维修理实一体化实训室、16 台 YL-156A 教学设备、计算机、32 套工具。

1. 异质分组。根据实际情况进行异质分组，每组两人，一名安装员，一名质量检测人员。

2. 协作分工。安装员负责塑料线槽的安装，质检员负责检测线槽安装质量，各成员要协作分工、角色轮换。

3. 质量检测。质检员严格把控安装质量，包括安装工艺、线槽规格、定位标准，并做好记录。

4. 任务小结。各成员总结塑料线槽的安装步骤，强调安全生产、精益求精的职业素养。

职业能力 A1-1　能准确选择塑料线槽的规格并完成元器件的定位安装

核心概念

线槽：又名走线槽、配线槽、行线槽，是用来将电源线、数据线等线材规范整理，固定在墙上或者天花板上的电工用具。根据材质的不同，线槽分为多种，常用的有环保 PVC 线槽、无卤 PPO 线槽、无卤 PC/ABS 线槽、钢铝金属线槽等。

塑料线槽：即聚氯乙烯线槽（PVC 线槽），采用 PVC 塑料制造，具有绝缘、防弧、阻燃、自熄等特点，主要用于电气设备内部布线，一般用在 1 200V 及以下的电气设备中，对敷设其中的导线起机械防护和电气保护作用。其配线方便、布线整齐、安装可靠，便于查找、维修和调换线路。

学习目标

1. 能准确选择塑料线槽的规格。
2. 能规范定位安装线槽及相关元器件。

基本知识

一、塑料线槽的规格

塑料线槽的规格很多，从线槽的厚度上分有 A 型（加厚型线槽）和 B 型（普通型线槽）；从线槽的尺寸上分有 20mm×10mm、24mm×14mm、39mm×19mm、60mm×22mm、60mm×40mm、80mm×50mm、100mm×50mm 等。常用塑料线槽的尺寸与图示，见表 A1-1-1。

表 A1-1-1　常用塑料线槽的尺寸与图示

常用线槽尺寸	图示
60mm×40mm	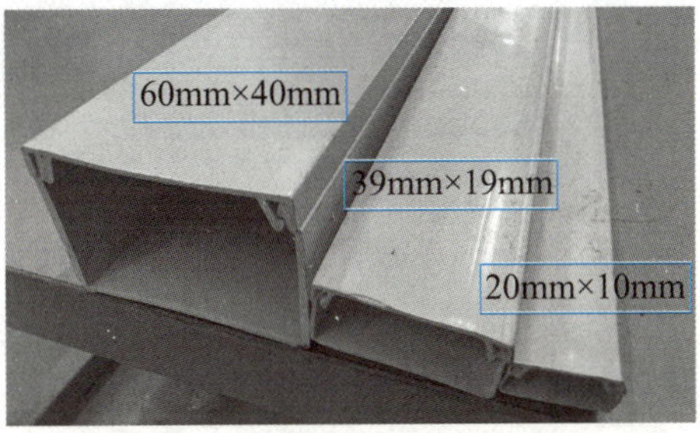
39mm×19mm	
20mm×10mm	

二、塑料线槽的选择

选择塑料线槽时，如果施工图纸有明确要求，则按施工图纸要求选择即可，否则需按照线槽容纳导线的根数和横截面积来确定线槽的规格和型号，见表 A1－1－2。

表 A1－1－2　部分 VXC2 线槽最大容纳导线根数

线槽型号	最大有效容线比　A×33%			
	500V－BV、BLV 型绝缘导线规格（mm）			
	1.0	1.5	2.5	4.0
VXC2－25	9	5	4	3
VXC2－30	19	10	9	7
VXC2－40		14	12	9
VXC2－50			15	11

三、塑料线槽的定位要求

（1）线槽固定点的最大间距应符合要求，如图 A1－1－1 所示。

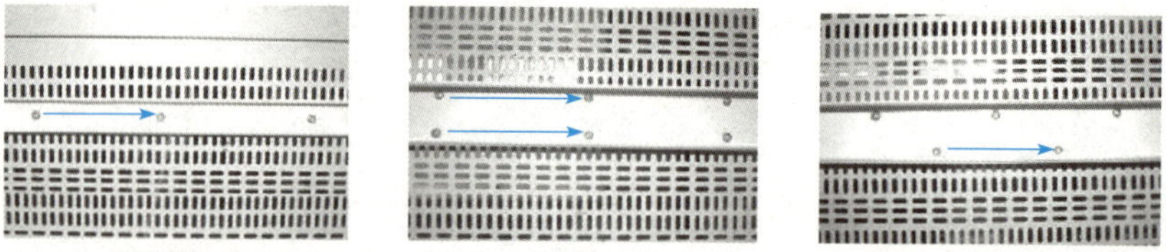

20~40线槽 < 0.5m　　60线槽 < 1m　　60线槽 < 1m

图 A1－1－1　线槽固定点的最大间距

（2）固定点应呈一直线、间距应一致，如图 A1－1－2 所示（图示为 40mm×20mm 和 20mm×10mm 线槽）。

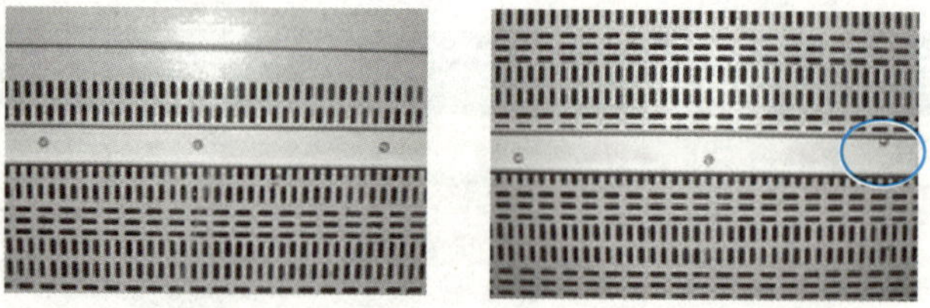

正确　　错误

图 A1－1－2　线槽固定点与间距的确定

四、元器件的定位要求

元器件要根据照明平面示意图尺寸要求完成定位，具体定位要求见表 A1－1－3。

表 A1 - 1 - 3 元器件的定位要求

箱体在建筑物上的安装位置	按图纸要求，照明配电箱定位和方位正确，误差不得大于±5mm		
	照明配电箱固定螺丝不少于 3 颗、固定牢固、无倾斜或松动现象		
	按图纸要求，电气控制箱的箱体在建筑物上，定位和方位正确，误差不大于±5mm 且安装牢固		 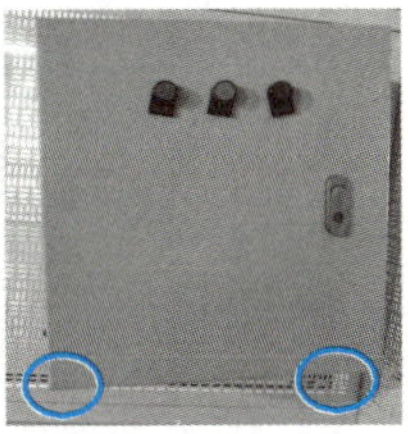

能力训练

一、任务描述

根据产能需求，某生产车间新增一套照明线路，要求配套安装相应的塑料线槽将导线规范整理。请你根据电气设备与器件安装位置示意图（见图 A1 - 1 - 3）以及照明平面示意图（见图 A1 - 1 - 4），规范完成塑料线槽的选择及元器件的定位安装。

二、操作过程

1. 准备

（1）需准备的材料：根据电气设备与器件安装位置示意图选择元器件，包括 2 个 118 型开关、1 个 2 孔位插座、1 个空调插座、1 个分线盒、1 个节能灯底座和 1 盏节能灯；根据照明平面示意图选择塑料线槽的规格有 3 种，分别为 60mm×40mm 线槽、40mm×20mm 线槽、20mm×10mm 线槽。

（2）需准备的工具：卷尺、手电钻、锉刀、手锯、水性笔、开孔器。

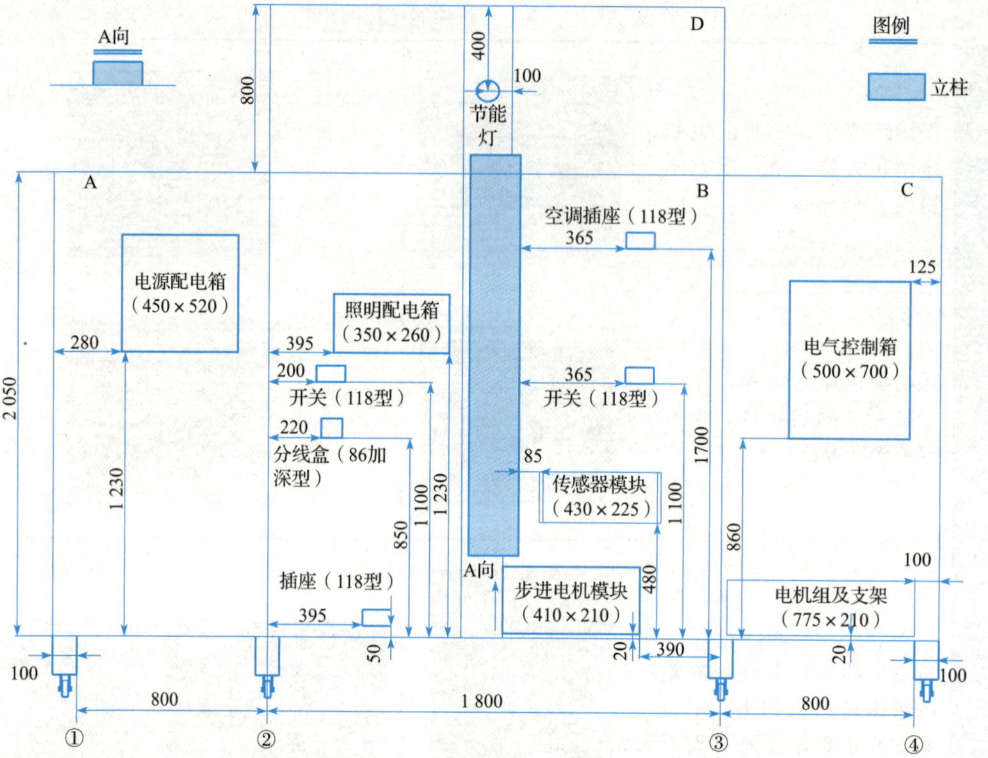

图 A1-1-3 电气设备与器件安装位置示意图

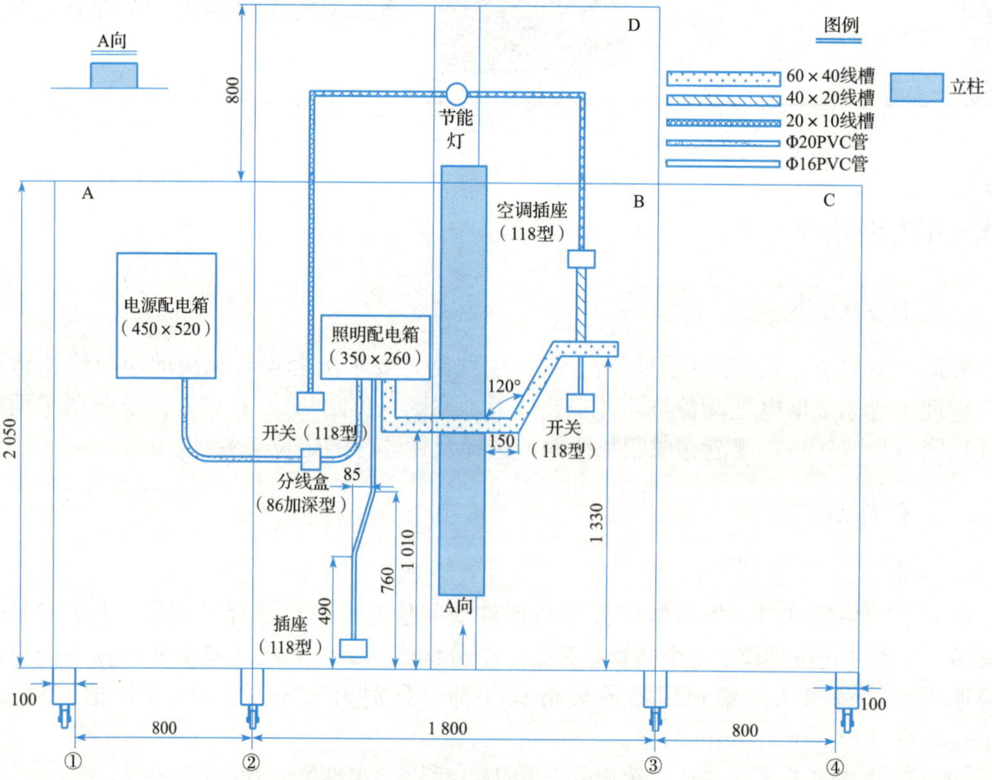

图 A1-1-4 照明平面示意图

（3）领取设备和耗材并填写表 A1－1－4。

表 A1－1－4 设备和耗材申请表

申请人：________　　　　领取时间：______年______月______日

设备/耗材	规格/型号	数量	归还时间	是否完好	备注

问题情境一：实操前应该悬挂哪些指示牌？

问题情境二：如何确定耗材数量和种类？

问题情境三：如何确定元器件数量和种类？

2. 元器件的定位安装

元器件的定位安装步骤，见表 A1－1－5。

表 A1－1－5 元器件的定位安装步骤

序号	安装步骤	图示	操作方法说明	材料工具	质量标准
1	根据图纸确定元器件的安装位置	 	1. 测量 A 墙面的尺寸，确定电源配电箱的位置 2. 测量 B 墙面的尺寸，确定照明配电箱、开关插座、分线盒的位置 3. 测量 C 墙面的尺寸，确定电气控制箱的位置 4. 测量 D 墙面的尺寸，确定节能灯的位置 5. 用水性笔标识	卷尺、水性笔	按照图纸要求，开关、插座、接线盒、配电箱的箱体安装在建筑物上的定位和方位正确，误差不大于±5mm。固定螺丝不少于 3 颗，固定牢固，无倾斜或松动现象
2	定位安装照明配电箱	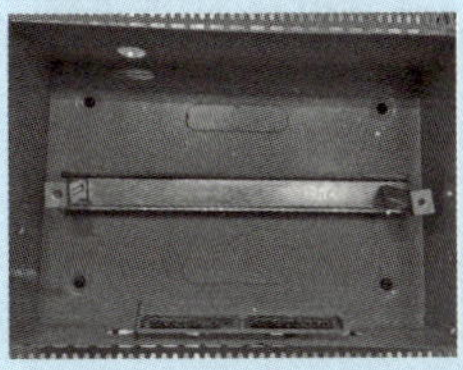	1. 拆卸螺丝 2. 布置元器件 3. 定位安装照明配电箱，用水性笔在网孔板上画出两次测量的交叉点	手电钻、卷尺、水性笔	照明配电箱在图纸 B 面，距网孔板左边 395mm，距网孔板底 1 230mm，尺寸误差不大于±5mm

续表

序号	安装步骤	图示	操作方法说明	材料工具	质量标准
3	定位安装电源配电箱		1. 拆卸电源配电箱固定面板的 4 颗螺钉 2. 取下电源配电箱固定面板 3. 布置元器件 4. 定位安装电源配电箱	手电钻 卷尺 水性笔	电源配电箱在图纸 A 面，距网孔板左边 280mm，距网孔板底 1 230mm，尺寸误差不大于±5mm
4	定位安装电气控制箱	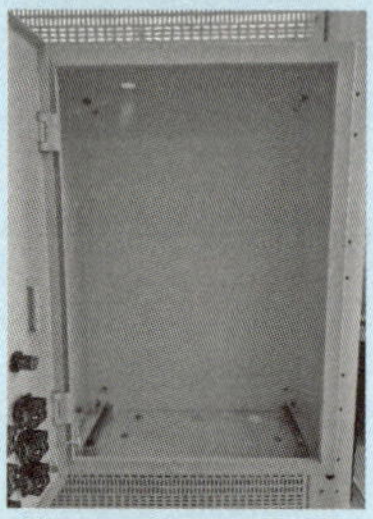	1. 拆卸电气控制箱固定面板的 4 颗螺钉 2. 取下电气控制箱固定面板 3. 布置元器件 4. 定位安装电气控制箱	手电钻 卷尺 水性笔	拆卸电气控制箱在图纸 C 面，距网孔板右边 280mm，距网孔板底 860mm，尺寸误差不大于±5mm
5	定位安装 5 孔位插座	 	1. 用台虎钳将插座底盒固定 2. 用开孔器在插座底盒中间开圆孔 3. 定位安装 5 孔位插座，用水性笔在网孔板上画出两次测量的交叉点	台虎钳 手电钻 手锯 锉刀 卷尺 水性笔 开孔器	5 孔位插座在图纸 B 面，距网孔板右边 395mm，距网孔板底 50mm，尺寸误差不大于±5mm
6	定位安装空调插座	 	1. 用台虎钳将插座底盒固定 2. 用开孔器在插座底盒两边分别开 20mm × 10mm、39mm×19mm 矩形孔 3. 定位安装空调插座，用水性笔在网孔板上画出两次测量的交叉点	台虎钳 手电钻 手锯 锉刀 卷尺 水性笔 开孔器	空调插座在图纸 B 面，距立柱右边 365mm，距网孔板底 1 700mm，尺寸误差不大于±5mm

续表

序号	安装步骤	图示	操作方法说明	材料工具	质量标准
7	定位安装左边开关	 	1. 用台虎钳将插座底盒固定 2. 用开孔器在左边开关底盒上开 20mm×10mm 矩形孔 3. 定位安装左边开关，用水性笔在网孔板上画出两次测量的交叉点	台虎钳 手电钻 手锯 锉刀 卷尺 水性笔 开孔器	左边开关在图纸 B 面，距网孔板左边 200mm，距网孔板底 1 100mm，尺寸误差不大于±5mm
8	定位安装右边开关	 	1. 用台虎钳将插座底盒固定 2. 用开孔器在右边开关底盒上下两边分别开圆形孔和 39mm×19mm 矩形孔 3. 定位安装右边开关，用水性笔在网孔板上画出两次测量的交叉点	台虎钳 手电钻 手锯 锉刀 卷尺 水性笔 开孔器	右边开关在图纸 B 面，距立柱右边 365mm，距网孔板底 1 100mm，尺寸误差不大于±5mm
9	定位安装分线盒	 	1. 用开孔器在分线盒底盒左右两边分别开圆形孔 2. 定位安装分线盒，用水性笔在网孔板上画出两次测量的交叉点	手电钻 手锯 锉刀 卷尺 水性笔 开孔器	分线盒在图纸 B 面，距网孔板左边 220mm，距网孔板底 850mm，尺寸误差不大于±5mm

续表

序号	安装步骤	图示	操作方法说明	材料工具	质量标准
10	定位安装节能灯		定位安装节能灯，用水性笔在网孔板上画出两次测量的交叉点	手电钻 卷尺 水性笔	节能灯在图纸 D 面，距网孔板前面 400mm，距网孔板立柱右边 100mm，尺寸误差不大于±5mm

问题情境四： 如何能精准给元器件定位安装？

问题情境五： 如何给底盒开矩形孔？

问题情境六： 如何给底盒开圆形孔？

A1－1：元器件的定位安装

拓展提升——金属线槽的选择与安装

一、金属线槽的种类和规格

1. 种类

金属线槽有六种：防火金属线槽、镀锌金属线槽、铝合金金属线槽、不锈钢金属线槽、喷涂金属线槽、热镀锌金属线槽。

2. 规格

一般常用的金属线槽的规格有 50mm×100mm、100mm×100mm、100mm×200mm、

100mm×300mm、200mm×400mm 等多种。

二、金属线槽的安装

直线端的钢制线槽长度超过 30m 加伸缩节，电缆线槽跨变形缝处设补偿装置。金属电缆线槽间及其支架全长应不小于 2 处与接地（PE）或接零（PEN）干线相连接。非镀锌电缆线槽间连接板的两端跨接铜芯接地线，接地线最小允许截面积不小于 4mm^2。镀锌电缆线槽间连接板的两端不跨接接地线，但连接板两端有不小于 2 个带防松螺帽或防松垫圈的连接固定螺栓。

学习结果评价

“元器件的定位安装”学习结果评价见表 A1-1-6。

表 A1-1-6 “元器件的定位安装”学习结果评价

序号	评价内容	分值	得分
1	电气控制箱安装位置是否正确	10	
2	电源配电箱安装位置是否正确	10	
3	照明配电箱安装位置是否正确	10	
4	节能灯中心安装位置是否正确	10	
5	空调插盒安装位置是否正确	10	
6	5 孔位插座盒安装位置是否正确	10	
7	开关安装位置是否正确	20	
8	电源配电箱固定螺丝是否不少于 3 颗，且固定牢固、无倾斜或松动现象	4	
9	照明配电箱固定螺丝是否不少于 3 颗，且固定牢固、无倾斜或松动现象	4	
10	电气控制箱固定螺丝是否不少于 3 颗，且固定牢固、无倾斜或松动现象	4	
11	开关、插座面板安装是否无倾斜、倒装、松动现象	4	
12	网孔板是否干净，且无施工遗留痕迹	4	
总　计		100	

注：各项在设备断电情况下进行，若所列元器件没有安装，则视为不符合要求。

课后作业

1. 照明控制箱定位和方位正确，误差不得大于________ mm。

A. 2　　B. 5　　C. 10　　D. 20

2. 电源配电箱固定螺丝不少于________颗。

A. 1　　B. 2　　C. 3　　D. 4

3. 20mm×10mm、39mm×19mm 线槽固定点最大间距应小于________ m。

A. 0.2　　B. 0.5　　C. 1　　D. 2

4. 60mm×40mm 线槽固定点最大间距应小于________ m。

A. 0.2　　B. 0.5　　C. 1　　D. 2

5. 线槽的固定，20～40 线槽用________螺丝固定，60 线槽用________螺丝固定。

A. 双排　单排　　B. 双排　双排

C. 单排　单排　　D. 单排　双排

6. 塑料线槽的选择原则是怎样的？

职业能力 A1－2　能规范完成塑料线槽切割与平面直角安装

核心概念

塑料线槽切割：塑料线槽可以使用钢锯条或专用电动切割机进行切割。

塑料线槽平面直角安装：平面安装时遇到塑料线槽的直角转弯，需在两段线槽各自的拼接端，先锯出 45°的切口，然后再进行拼接。

学习目标

1. 能规范完成塑料线槽切割。
2. 能规范完成塑料线槽平面直角安装。

基本知识

一、塑料线槽切割

塑料线槽可以使用钢锯条或专用电动切割机进行切割。使用钢锯条切割的方法，如图 A1－2－1 所示。

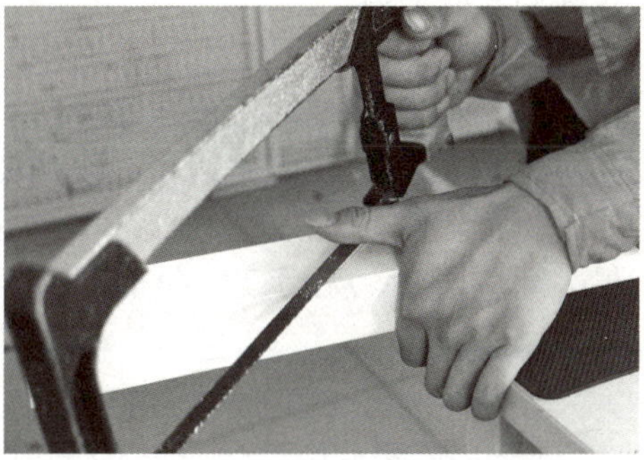

图 A1－2－1　使用钢锯条切割的方法

切割注意事项：

（1）使用台虎钳固定线槽时，要注意夹持的松紧度。夹持太松，线槽松动无法操作；夹持太紧，线槽容易变形，甚至造成损坏。

（2）钢锯条宜使用 24 齿，切割时速度较快，且容易把握切割的方法。

（3）切割完线槽后应该用锉刀或者砂纸打磨，去掉线槽上的毛刺，然后再拼接。线槽拼接缝隙要求小于 1mm。

二、塑料线槽平面直角安装

平面安装时遇到线槽的直角转弯，需在两段线槽各自的拼接端，先锯出 45°的切口，然后再进行拼接，如图 A1－2－2 所示。

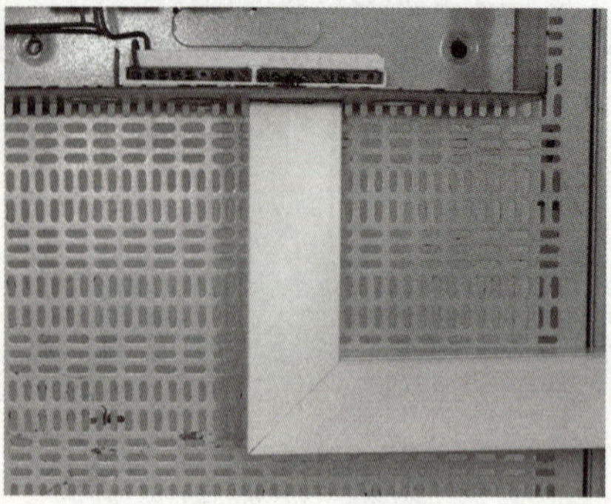

图 A1-2-2　平面直角安装

三、塑料线槽安装的质量要求

（1）槽板应紧贴建筑物、构建物的表面敷设，且平直、整齐；多条槽板并列敷设时，线槽之间应紧密排列，无明显缝隙。

（2）电线、电缆在塑料线槽内不得有接头，导线的分支接头应在接线盒内进行，盖板不应挤伤导线的绝缘层。

（3）线槽与各种器具的底座连接时，导线应留有余量，底座应压住线槽端部。

（4）放线时先将导线放开抻直，从始端到终端边放边整理，导线要理直，不得有挤压、打绞、扭结和受损等现象。

（5）强、弱或其他不同电压等级的线路不应同时敷设在同一条线槽内，同一路径且无干扰要求的线路，尽可能敷设在同一线槽内。

（6）线槽内电线或电缆的总截面（包括外护套层）不应超过线槽内截面的 20%，载流导线不宜超过 30 根（控制、信号等线路可视为非载流导线）。

（7）线槽在线路的分支处应采用相应的线槽分线箱。线槽槽盖与各种附件相对接时，接缝处应严密平整、无缝隙，槽盖及附件应无扭曲和变形。

（8）线槽敷设完毕，线槽表面应清洁、无污染，在安装线槽的过程中还应注意保持墙面清洁。

能力训练

一、任务描述

据产能需求，某生产车间新增一套照明线路，要求配套安装相应的塑料线槽将导线规范整理，请你根据照明平面示意图 A1-2-3，规范完成塑料线槽切割与平面直角安装。

二、操作过程

1. 准备

（1）需准备的材料：根据照明平面示意图中的平面直角选择塑料线槽的规格，分别是 60mm×40mm 线槽、40mm×20mm 线槽、20mm×10mm 线槽。

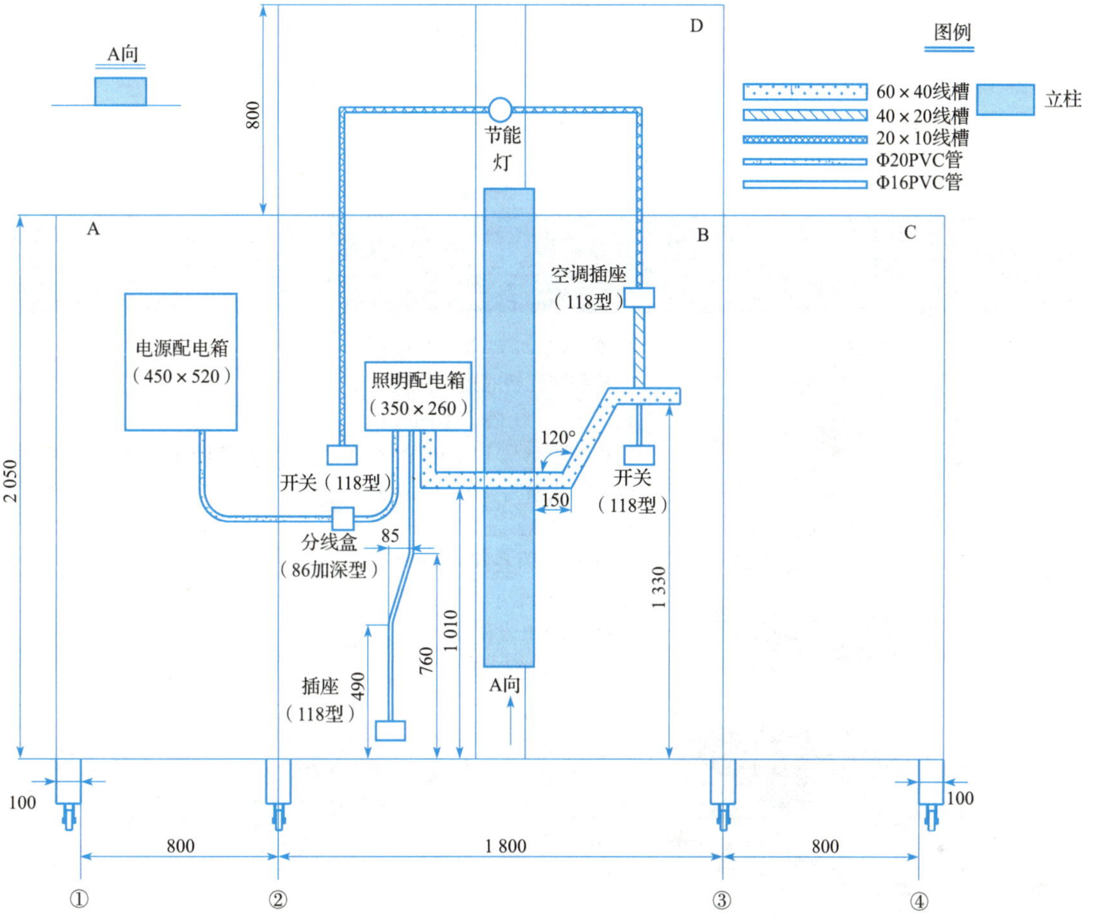

图 A1-2-3　照明平面示意图

（2）需准备的工具：卷尺、手电钻、锉刀、手锯、水性笔。

（3）领取设备和耗材并填写表 A1-2-1。

表 A1-2-1　设备和耗材申请表

申请人：________　　　　　　　　　　　　　　　领取时间：______年______月______日

设备/耗材	规格/型号	数量	归还时间	是否完好	备注

问题情境一： 安装过程中的安全注意事项有哪些？

问题情境二： 各工具在线槽安装过程中的作用是什么？

2. 60 线槽平面直角安装

60 线槽平面直角安装步骤，见表 A1-2-2。

表 A1-2-2　60 线槽平面直角安装步骤

序号	安装步骤	图示	操作方法说明	材料工具	质量标准
1	根据图纸确定60×40线槽安装尺寸	 	1. 根据图纸要求，照明配电箱到网孔板底边的距离是1 230mm，线槽 1 到网孔板底边的距离是 1 010mm，可以算出线槽的长边的距离是220mm，短边的距离是160mm。用卷尺在线槽上量出相应尺寸，用铅笔在线槽上画出点位线 2. 用水性笔标识	铅笔卷尺、水性笔	按照图纸要求，60 线槽 2 段底边距网孔板底 1 010mm，误差不大于±5mm
2	锯槽	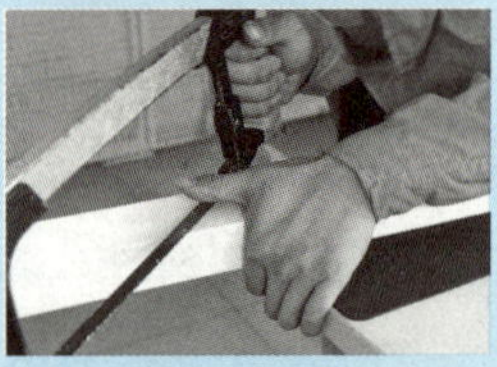	1. 用卷尺测量切割尺寸 2. 用铅笔在线槽上标记要切割的尺寸 3. 用手锯按照画线进行切割	手锯、卷尺、铅笔	测量准确，画线清晰，锯槽动作标准
3	打磨毛刺		用砂纸或者锉刀打磨线槽边缘的毛刺	砂纸、锉刀	线槽打磨后，边缘光滑、没有毛刺
4	圆锥钻孔		1. 将切割好的线槽放到网孔板指定位置 2. 用圆锥按照要求进行钻孔	圆锥	1. 40 以下线槽（包括 40 线槽）两个螺丝之间距离小于 0.5m 2. 40 以上线槽要双排打螺丝，两个螺丝间距离小于 1m
5	打螺丝	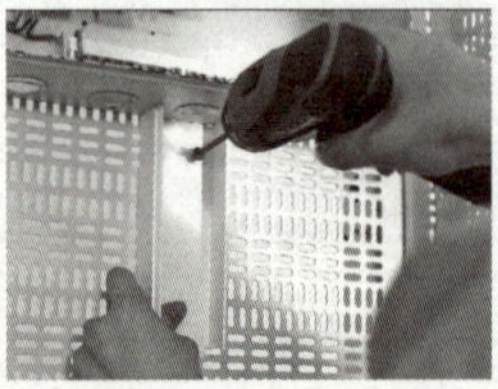	用手电钻将自攻螺丝对准螺丝孔打入	手电钻	手电钻力度调节合适，螺丝不打滑

续表

序号	安装步骤	图示	操作方法说明	材料工具	质量标准
6	切割盖板	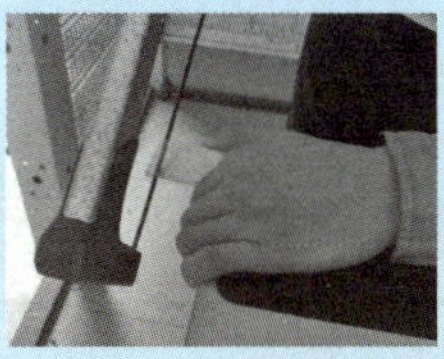	将线槽盖板按照规定尺寸进行切割，切割后用锉刀进行修补	手锯锉刀	线槽接缝（含直线、转弯、折角和三通）应小于 0.5mm

问题情境三： 安装线槽顺序应如何定？为什么？

A1－2：线槽平面直角转弯

拓展提升——线槽的分类

线槽种类按型号款式分为：绝缘配线槽、拨开式配线槽、迷你型配线槽、分隔型配线槽、室内装潢配线槽、一体式绝缘配线槽、电话配线槽、明线配线槽、圆形配线管、展览会用隔板配线槽、圆形地板配线槽、盖式配线槽等。

线槽种类按材质分为：PVC 线槽（塑料）、钢制金属线槽、无卤 PPO 线槽、无卤 PC/ABS 线槽等。

PVC 线槽型号分为：PVC－20 系列、VC－25 系列、PVC－25F 系列、PVC－30 系列、PVC－40 系列、PVC－40Q 系列等。

学习结果评价

“60 线槽平面直角安装”学习结果评价见表 A1－2－3。

表 A1－2－3 “60 线槽平面直角安装”学习结果评价

序号	评价内容	分值	得分
1	60mm×40mm 线槽位置尺寸与标示尺寸误差是否小于±5mm	20	
2	60mm×40mm 线槽与照明配电箱边的接缝是否小于 1mm	20	
3	60mm×40mm 线槽连接接口处缝隙是否小于 1mm	20	
4	线槽盖板是否完全盖好，且没有翘起、未完全盖住或缺盖板现象	20	

续表

序号	评价内容	分值	得分
5	线槽上是否干净，且无施工遗留痕迹	10	
6	60mm×40mm 线槽是否采用双排螺钉固定，且固定点与端部距离不大于 50mm，直线段两固定点间距不大于 500mm	10	
总　计		100	

注：各项在设备断电情况下进行，若所列元器件没有安装，则视为不符合要求。

课后作业

1. 60mm×40mm 线槽位置尺寸与标示尺寸误差小于________ mm。

A. ±5　　B. ±10　　C. ±15　　D. ±20

2. 60mm×40mm 与 60mm×40mm 线槽接缝应小于________ mm。

A. 1　　B. 2　　C. 3　　D. 4

3. 60mm×40mm 线槽与照明配电箱边的接缝应小于________ mm。

A. 0.2　　B. 0.5　　C. 1　　D. 2

4. 40mm×20mm 与 60mm×40mm 线槽接缝应小于________ mm。

A. 0.2　　B. 0.5　　C. 1　　D. 2

职业能力 A1－3　能规范完成塑料线槽的过柱安装

核心概念

塑料线槽过柱安装：塑料线槽敷设过程中遇到墙面有柱时常常要采用过柱安装方式，将线槽绕着柱进行敷设。

学习目标

能规范完成塑料线槽过柱安装。

基本知识

一、塑料线槽内角、外角安装方式

1. 内角安装方式

内角安装方式是线槽敷设遇到墙内角时常用的安装方式，有 45°角拼接和直角叠合拼接两种。直角叠合拼接方式比较简单，但是需要支剪使用娴熟，拼接的效果不如 45°角拼接方式美观，一般推荐使用 45°角拼接方式，如图 A1－3－1 所示。

图 A1－3－1　内角安装（45°角拼接方式）

2. 外角安装方式

线槽敷设遇到柱或者梁时，或者墙面外角转弯时，可利用线槽的外角安装方式。它同样分 45°角拼接方式和直角叠合拼接方式，一般推荐使用 45°角拼接方式，如图 A1－3－2 所示。

图 A1－3－2　外角安装（45°角拼接方式）

二、60mm×40mm 线槽过柱安装

1. 装槽顺序

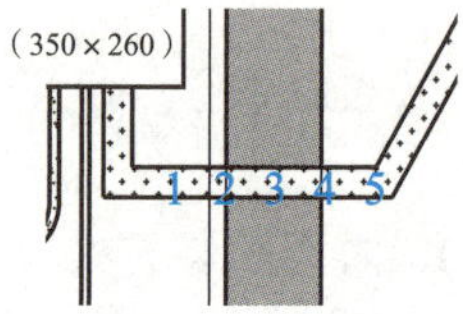

图 A1－3－3　安装顺序图

按图 A1－3－3 所示 1、5、2、4、3 顺序安装，因为 1 段和 5 段槽有尺寸，要保证尺寸准确；2、4 段槽一边为内角另外一边为外角，尺寸固定；最后处理 3 段槽，尺寸固定。

2. 60mm×40mm 线槽过柱安装步骤

（1）按照图纸要求，用卷尺测量出第 1、5 段线槽的尺寸，用铅笔在 60 线槽上画好标记。

（2）用卷尺测量立柱的侧面宽度，用铅笔在 60mm×40mm 线槽上画出第 2、4 段线槽标记，贴网孔板的边要做成内角，另一边做成外角。

（3）用卷尺测量立柱的正面宽度，用铅笔在 60mm×40mm 线槽上画出第 3 段线槽标记，两边都要做成外角。

（4）用手锯按照画线标记进行切割，用锉刀打磨去掉毛刺，先安装第 1 段和第 5 段。

（5）安装第 2 段和第 4 段，安装的过程中发现有地方对不齐，可以取下 2、4 段反复用锉刀进行打磨，直到可以无缝拼接为止。

（6）安装第 3 段，安装的过程中如果发现有地方对不齐，可以取下 3 段反复用锉刀进行打磨，直到可以无缝拼接为止。

能力训练

一、任务描述

根据产能需求，某生产车间新增一套照明线路，要求配套安装相应的塑料线槽，请你根据照明平面示意图 A1－3－4，规范完成塑料线槽过柱安装。

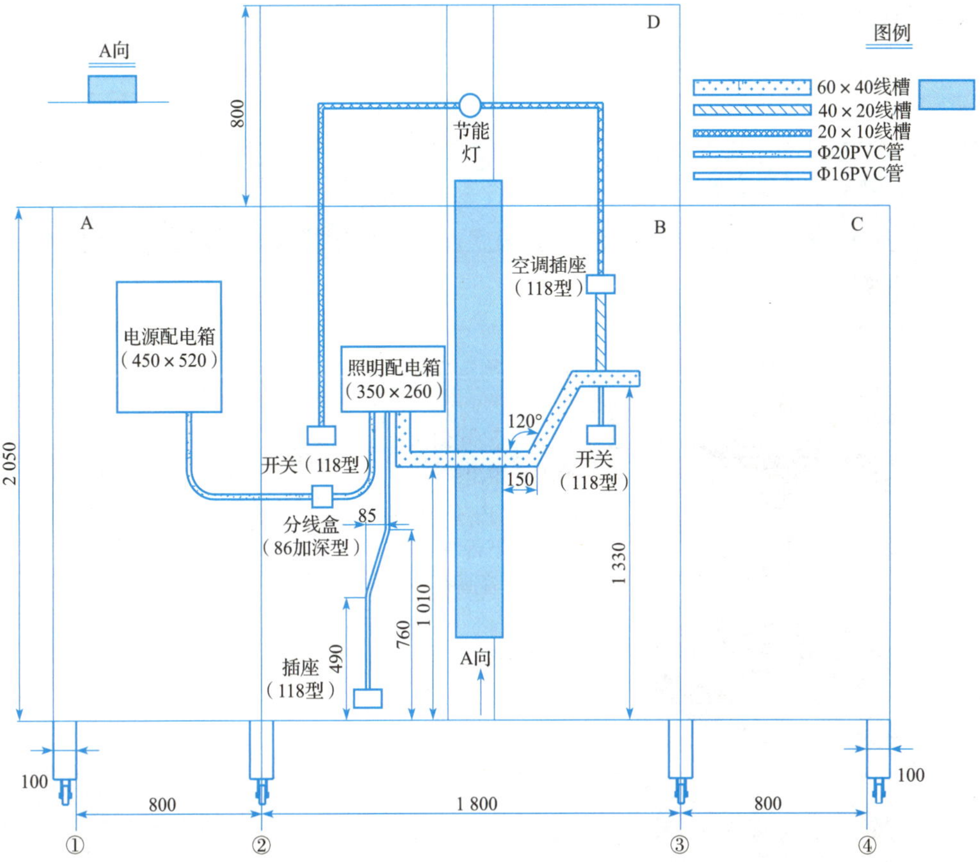

图 A1-3-4　照明平面示意图

二、操作过程

1. 准备

（1）需准备的材料：根据照明平面示意图 A1-3-4 选择立柱一条；选择塑料线槽的规格为：60mm×40mm。

（2）需准备的工具：钢直尺、卷尺、手电钻、锉刀、手锯、水性笔、圆锥。

（3）领取设备和耗材并填写表 A1-3-1。

表 A1-3-1　设备和耗材申请表

申请人：________　　　　　　　　　　　领取时间：______年______月______日

设备/耗材	规格/型号	数量	归还时间	是否完好	备注

2. 塑料线槽过柱安装

塑料线槽过柱安装步骤，见表 A1－3－2。

表 A1－3－2　塑料线槽过柱安装步骤

序号	安装步骤	图示	操作方法说明	材料工具	质量标准
1	线槽内角安装（左）	  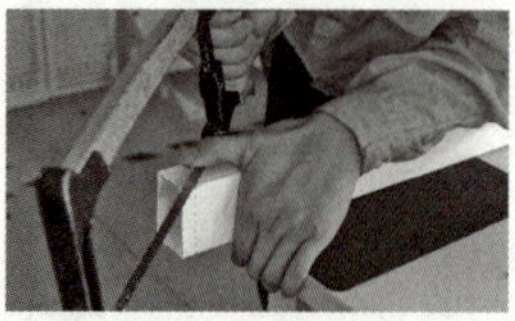	1. 用钢直尺测量立柱左边面的尺寸 2. 将测量的尺寸用水性笔在线槽上标识出来 3. 用直角尺内 45°分别在线槽两边画平行线 4. 用手锯沿着画线在线槽两边切割 5. 用锉刀打磨	钢直尺、手锯、锉刀、水性笔	尺寸误差小于 1mm，线槽打磨后，边缘光滑，没有毛刺
2	线槽内角安装（右）	 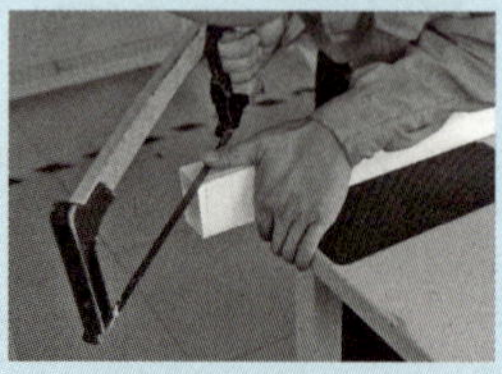	1. 用钢直尺测量立柱右边面的尺寸 2. 将测量的尺寸用水性笔在线槽上标识出来 3. 用直角尺内 45°分别在线槽两边画平行线 4. 用手锯沿着画线在线槽两边切割 5. 用锉刀打磨	钢直尺、手锯、锉刀、水性笔	尺寸误差小于 1mm，线槽打磨后，边缘光滑，没有毛刺
3	线槽外角安装	 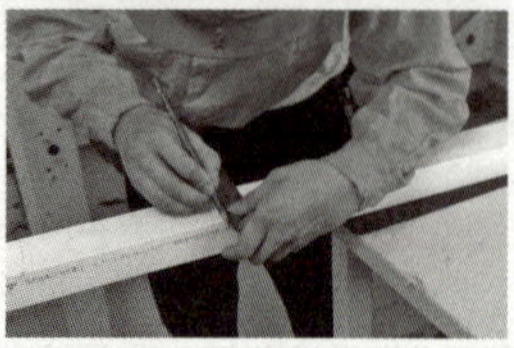	1. 用钢直角尺测量立柱中间面的尺寸 2. 将测量的尺寸用水性笔在线槽上标识出来 3. 用直角尺内 45°分别在线槽画线端向外画线 4. 用手锯按照画线在线槽两边切割 5. 用锉刀打磨	钢直尺、手锯、锉刀、水性笔	尺寸误差小于 1mm，线槽打磨后，边缘光滑，没有毛刺

续表

序号	安装步骤	图示	操作方法说明	材料工具	质量标准
4	钻孔	 	1. 将切割好的线槽放到网孔板指定位置 2. 用圆锥按照要求进行钻孔	圆锥	1. 40 以下线槽（包括 40 线槽）两个螺丝之间距离小于 0.5m 2. 40 以上线槽要双排打螺丝，两个螺丝间距离小于 1m
5	打螺丝	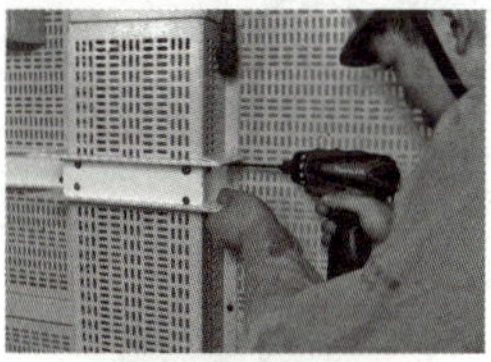 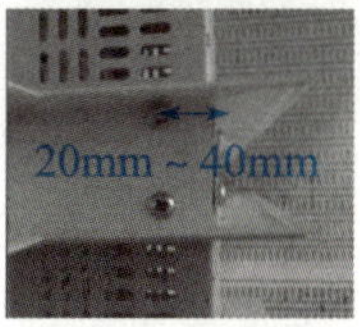	用手电钻将自攻螺丝对准螺丝孔打入	手电钻	线槽弯角两端均有固定点，固定点与线槽端部平行距离 20mm～40mm，固定点应对称（图示为 60mm×40mm 线槽）
6	切割盖板		将线槽盖板按照规定尺寸进行切割，切割后用锉刀进行修补	手锯、锉刀	线槽接缝（含直线、转弯、折角和三通）小于 0.5mm

A1－3：塑料线槽过柱

拓展提升——60mm×40mm 线槽过梁安装（见图 A1－3－5）

（1）按照图纸要求，用卷尺测量出第 1 段、第 5 段线槽的尺寸，用铅笔在线槽上画好标记。

（2）用卷尺测量梁的侧面宽度，用铅笔在线槽上画出第 2 段、第 4 段线槽标记，贴网孔板的边要做成内角，另一边做成外角。

(3) 用卷尺测量梁的正面宽度，用铅笔在线槽上画出第3段线槽标记，两边都要做成外角。

(4) 用手锯按照画线标记进行切割，用锉刀打磨去掉毛刺，先安装第1段和第5段。

(5) 安装第2段和第4段，安装的过程中发现有地方对不齐，可以取下第2段、第4段反复用锉刀进行打磨，直到可以无缝拼接为止。

(6) 最后安装第3段，安装的过程中发现有地方对不齐，可以取下第3段反复用锉刀进行打磨，直到可以无缝拼接为止。

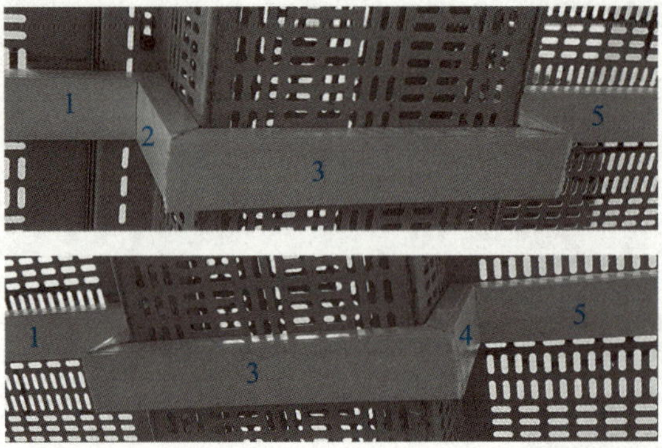

图 A1-3-5　60mm×40mm 线槽过梁安装

学习结果评价

"塑料线槽过柱安装"学习结果评价见表A1-3-3。

表 A1-3-3　"塑料线槽过柱安装"学习结果评价

序号	评价内容	分值	得分
1	线槽1与照明配电箱的接缝是否小于1mm	10	
2	线槽1与线槽2拼缝是否小于0.5mm	10	
3	线槽2与线槽3拼缝是否小于0.5mm	10	
4	线槽3与线槽4拼缝是否小于0.5mm	10	
5	线槽4与线槽5拼缝是否小于0.5mm	10	
6	线槽盖板是否完全盖好、没有翘起	10	
7	线槽是否无歪斜或松动现象	10	
8	线槽上是否干净，且无施工遗留痕迹	5	
9	网孔板是否干净，且无施工遗留痕迹	5	
10	在线槽或明盒上开孔或开槽时，是否固定后再进行	10	
11	线槽弯角两端是否均有固定点，且固定点与线槽端部边平行距离20mm～40mm	10	
总　计		100	

注：各项在设备断电情况下进行，若所列元器件没有安装，则视为不符合要求。

课后作业

1. 20mm×10mm、39mm×19mm 线槽固定点最大间距应小于________ m。

A. 0.2　　B. 0.5　　C. 1　　D. 2

2. 60mm×40mm 线槽均采用双排螺丝固定或单排螺丝交替固定，且每段线槽固定螺丝不少于________颗。

A. 1　　B. 2　　C. 3　　D. 4

3. 线槽两端都有固定螺丝，且固定螺丝离槽端的距离为________ mm。

A. 5～10　　B. 5～20　　C. 10～20　　D. 20～40

4. 40mm×20mm 线槽位置尺寸与标示尺寸误差应小于________ mm。

A. ±5　　B. ±10　　C. ±15　　D. ±20

职业能力 A1-4　能规范完成塑料线槽任意角度的安装

核心概念

塑料线槽 120°角拼接：塑料线槽在平面敷设过程中遇到障碍物需要改变方向，为了美观、实用，常常采用 120°角的向上或向下的安装方式。

学习目标

1. 能规范完成塑料线槽 120°角拼接。
2. 能规范完成塑料线槽任意角度拼接。

基本知识

塑料线槽任意角度的拼接

塑料线槽在平面敷设过程中遇到障碍物需要改变方向，为了美观、实用，常常采用 120°角、135°角或者 150°角的向上或者向下的安装方式。但是有时采用三种方式都不能正常安装时候，就需要采用任意角度拼接的方式进行安装。

能力训练

一、任务描述

根据产能需求，某生产车间新增一套照明线路，要求配套安装相应的塑料线槽将导线规范整理，请你根据照明平面示意图，规范完成塑料线槽任意角度的安装。

二、操作过程

1. 准备

（1）需准备的材料：根据图 A1-4-1 所示照明平面示意图选择塑料线槽的规格为 60mm×40mm。

（2）需准备的工具：卷尺、量角器、手电钻、锉刀、手锯、水性笔、开孔器。

（3）领取设备和耗材并填写表 A1-4-1。

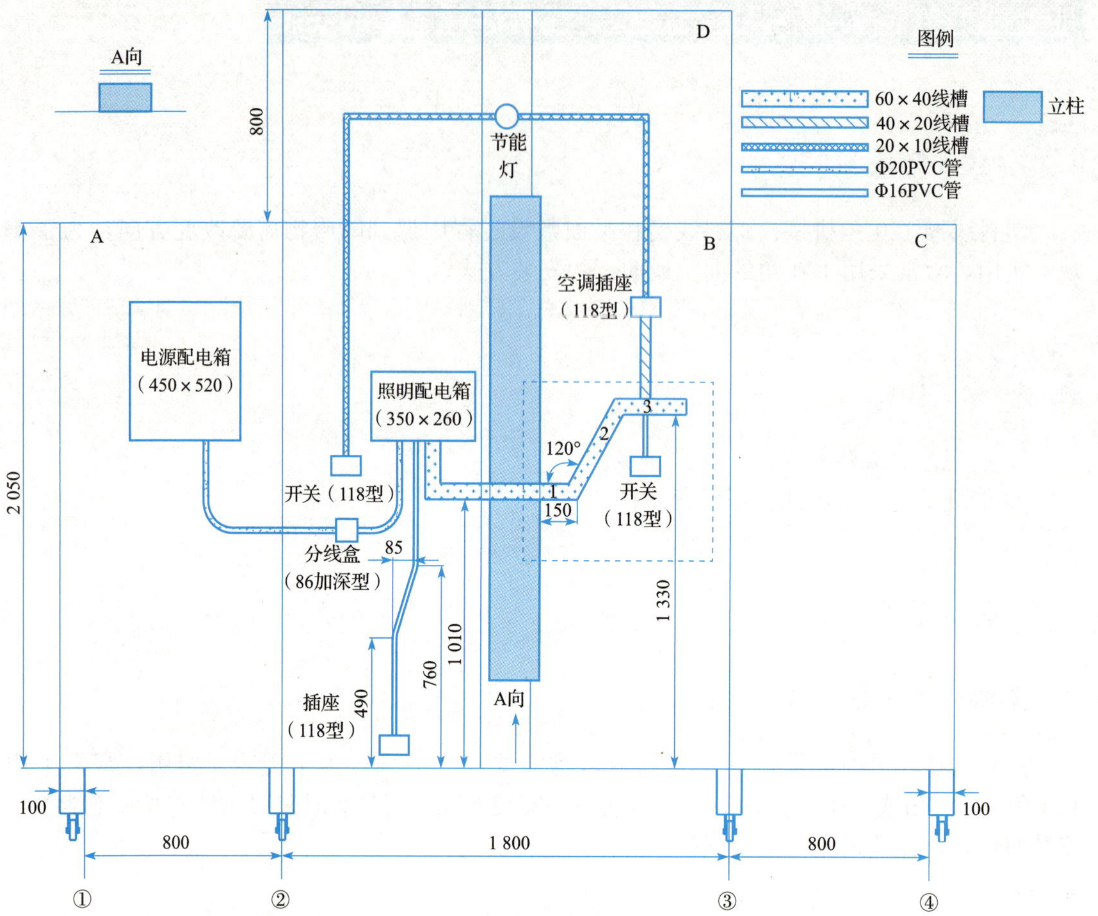

图 A1-4-1 照明平面示意图

表 A1-4-1 设备和耗材申请表

申请人：________ 领取时间：______年______月______日

设备/耗材	规格/型号	数量	归还时间	是否完好	备注

2. 60mm×40mm 线槽 120°角拼接安装

60mm×40mm 线槽 120°角拼接安装步骤，见表 A1-4-2。

表 A1-4-2　60mm×40mm 线槽 120°角拼接安装步骤

序号	安装步骤	图示	操作方法说明	材料工具	质量标准
1	对线槽 1 进行长度测量和画线	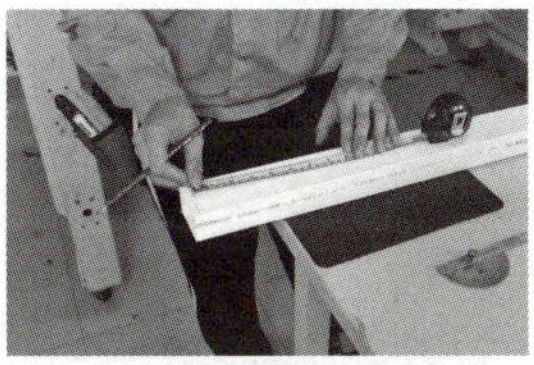 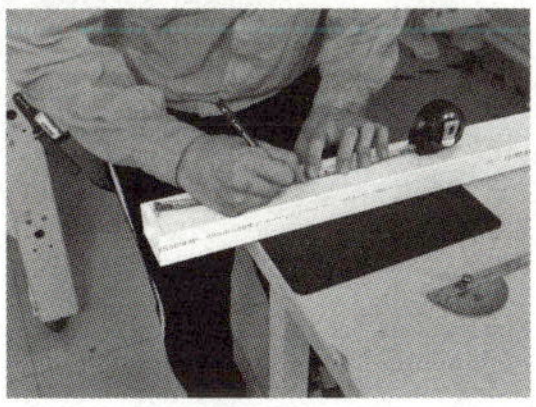	用卷尺测量、用水性笔标识要切割的线槽的长度	卷尺、水性笔	按照施工图纸要求，60mm×40mm 线槽底边的长度为 150mm，尺寸误差不大于±5mm
2	用量角器量出两个 60°角		以直线的下面点为中心点，向上两边分别量出 60°角，画出两条直线	水性笔、量角器	测量角度为 60°，尺寸误差不大于 0.5°
3	切割线槽 1 两边，切割线槽 2 左边	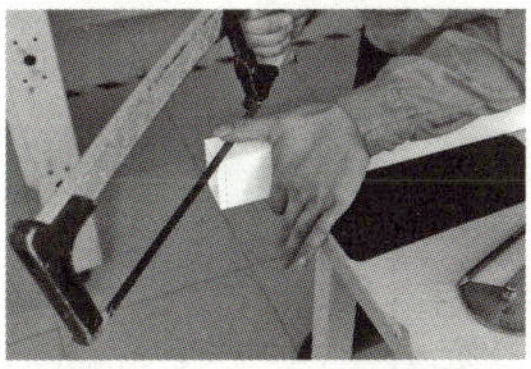 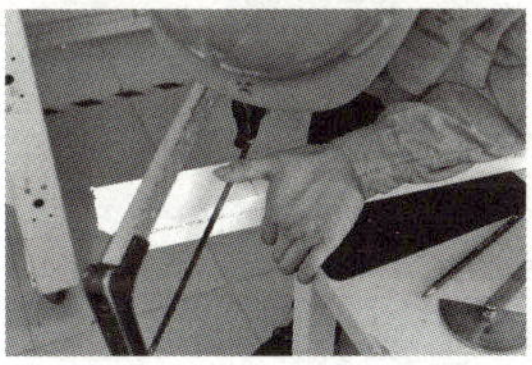	1. 用手锯进行切割 2. 用锉刀进行修补	手锯、锉刀	尺寸误差不大于±1mm
4	安装线槽第 1 段	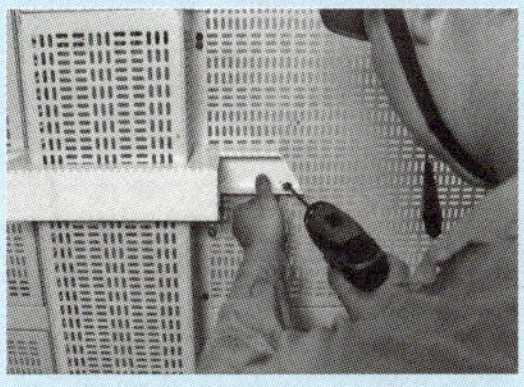	用手电钻将线槽第 1 段固定在网孔板上	手电钻	尺寸误差不大于±1mm

续表

序号	安装步骤	图示	操作方法说明	材料工具	质量标准
5	对线槽 2、3 进行长度测量和画线	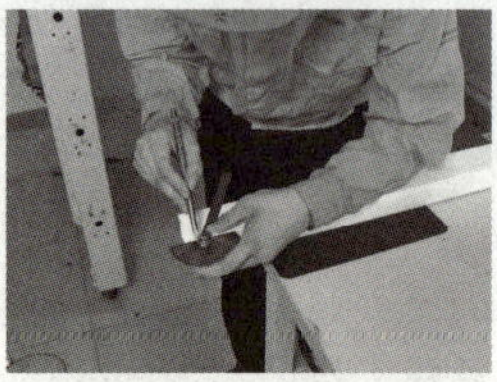 	1. 在网孔板上从下到上在测量 1 330mm 处画一条横线 2. 测出 A 点到 1 300mm 的距离	卷尺、水性笔	尺寸误差不大于±1mm
6	切割线槽 2 右边和线槽 3 两边	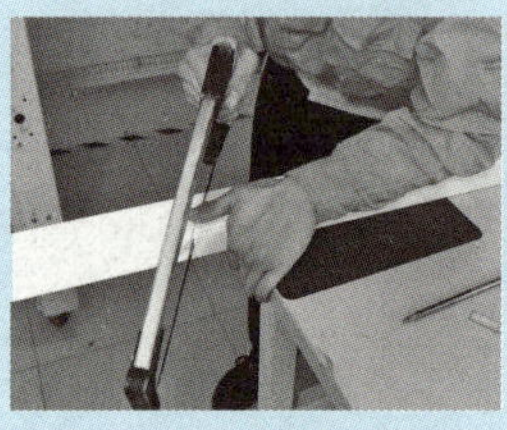	1. 用手锯进行切割 2. 用锉刀进行修补	卷尺、手锯、锉刀	锯槽动作标准，锉刀使用正确
7	安装线槽第 2 段、第 3 段	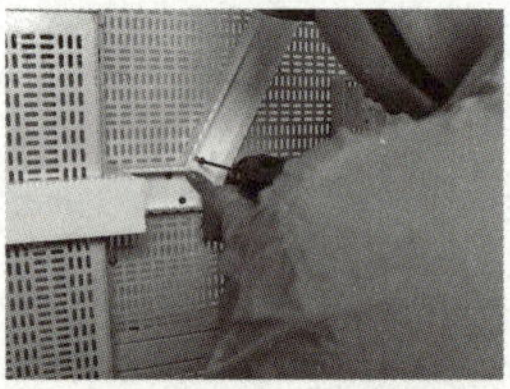 	用手电钻将线槽第 2 段、第 3 段固定在网孔板上	手电钻	手电钻力度调节合适，螺丝不打滑

问题情境一： 135°角线槽需要测量出多大的角度？

问题情境二： 150°角线槽需要测量出多大的角度？

A1－4：塑料线槽平面 120°角的拼接

拓展提升——线槽角度计算的直角三角形常用公式

一、勾股定理在线槽角度计算中的应用

勾股定理：在平面上的一个直角三角形中，两个直角边边长的平方加起来等于斜边长的平方。如果设直角三角形的两条直角边长度分别是 a 和 b，斜边长度是 c，那么可以用数学语言表达：$a^2+b^2=c^2$。勾股定理在线槽角度计算中常用于计算线槽长度。

二、直角三角形的正弦或余弦公式在线槽角度计算中的应用

直角三角形的正弦公式 $\sin A=a/c$（即角 A 的对边比斜边），直角三角形的余弦公式 $\cos A=b/c$（即角 A 的邻边比斜边）。直角三角形的正弦或余弦公式是在知道角度线槽水平方向的长度或者垂直方向的高度以及角度时计算角度线槽长度的常用公式。

三、直角三角形的正切或余切公式在线槽角度计算中的应用

直角三角形的正切公式：$\tan A=a/b$（即角 A 的对边比邻边）；直角三角形的余切公式：$\cot A=b/a$（即角 A 的邻边比对边）。直角三角形的正切或余切公式常用于知道角度线槽水平方向的长度和垂直方向的高度时计算其拼接角度。

学习结果评价

“塑料线槽 120°角拼接”学习结果评价见表 A1-4-3。

表 A1-4-3　“塑料线槽 120°角拼接”学习结果评价

序号	评价内容	分值	得分
1	线槽 1 与线槽 2 拼缝是否小于 0.5mm	10	
2	线槽 2 与线槽 3 拼缝是否小于 0.5mm	10	
3	线槽 3 与底边的距离是否为 1 330mm，且误差小于 2mm	10	
4	线槽 1 固定螺丝是否不少于 4 颗，且固定点与线槽端部边平行距 20mm～40mm，固定牢固，无倾斜或松动现象	10	
5	线槽 2 固定螺丝是否不少于 4 颗、且固定点与线槽端部边平行距 20mm～40mm，固定牢固，无倾斜或松动现象	10	
6	线槽 3 固定螺丝是否不少于 4 颗、且固定点与线槽端部边平行距 20mm～40mm，固定牢固，无倾斜或松动现象	10	
7	线槽 1 的尺寸是否正确，且误差小于 2mm	10	
8	线槽 1 和线槽 2 的角度是否为 120°，且误差小于 2°	10	
9	线槽 2 和线槽 3 的角度是否为 120°，且误差小于 2°	10	
10	网孔板是否干净，且无施工遗留痕迹	10	
总　计		100	

注：各项在设备断电情况下进行，若所列元器件没有安装，则视为不符合要求。

课后作业

1. 线槽与线槽拼缝应小于________ mm。

A. 0.3　　B. 0.5　　C. 0.8　　D. 1

2. 线槽和线槽的角度为 120°，误差应小于________。

A. 1°　　B. 2°　　C. 3°　　D. 4°

3. 按图纸布线，在机架上的安装尺寸和方位偏离误差应小于________。

A. 1°　　B. 2°　　C. 3°　　D. 4°

4. 线槽和线槽的角度为 150°，误差应小于________。

A. 1°　　B. 2°　　C. 3°　　D. 4°

5. 线槽和线槽的角度为 135°，误差应小于________。

A. 1°　　B. 2°　　C. 3°　　D. 4°

职业能力 A1－5　能规范完成塑料线槽的 T 形安装

核心概念

塑料线槽的 T 形安装：塑料线槽在平面敷设过程中需要改变方向时，为了美观又实用，常常采用 T 形向上或者向下的安装方式。

学习目标

1. 能规范完成 39mm×19mm 与 60mm×40mm 塑料线槽的 T 形安装。
2. 能规范完成 20mm×10mm 与 60mm×40mm 塑料线槽的 T 形安装。

基本知识

39mm×19mm（20mm×10mm）与 60mm×40mm 塑料线槽的 T 形安装

塑料线槽在平面敷设过程中需要改变方向的时候，为了美观又实用，常常采用 T 形向上或者向下的安装方式，要求 39mm×19mm 塑料线槽的底槽要插入到 60mm×40mm 塑料线槽里面 5～10mm。

能力训练

一、任务描述

根据产能需求，某生产车间新增一套照明线路，要求配套安装相应的塑料线槽将导线规范整理，请你根据照明平面示意图，规范完成塑料线槽的 T 形安装。

二、操作过程

1. 准备

（1）需准备的材料：根据图 A1－5－1 所示照明平面示意图选择塑料线槽的规格有三种，分别为 60mm×40mm、39mm×19mm、20mm×10mm。

（2）需准备的工具：卷尺、手电钻、锉刀、手锯、水性笔、开孔器。

（3）领取设备和耗材并填写申请表 A1－5－1。

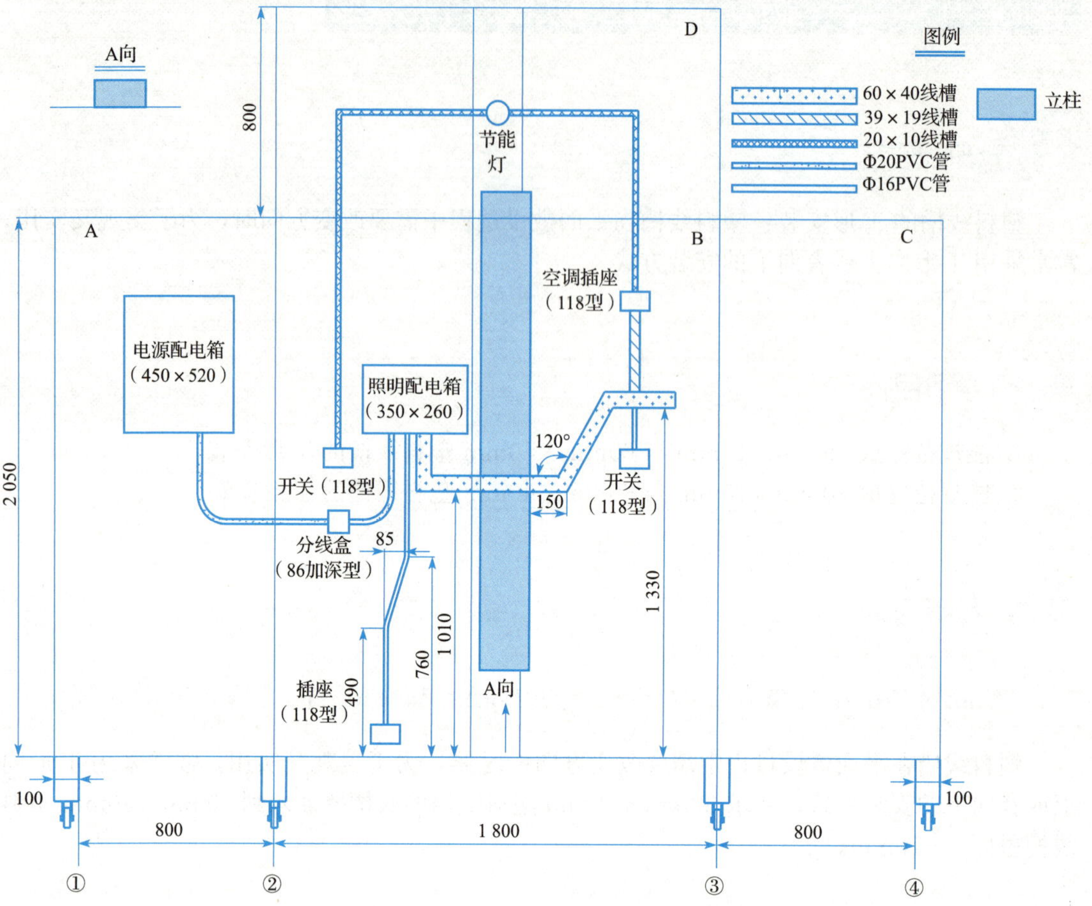

图 A1－5－1　照明平面示意图

表 A1－5－1　设备和耗材申请表

申请人：________　　　　　　　　　　领取时间：______年______月______日

设备/耗材	规格/型号	数量	归还时间	是否完好	备注

问题情境一：图纸里总共有几处小线槽进大线槽？

问题情境二：装槽顺序应如何确定？为什么？

2. 39mm×19mm 与 60mm×40mm 塑料线槽的 T 形安装

39mm×19mm 与 60mm×40mm 塑料线槽的 T 形安装步骤，见表 A1－5－2。

表 A1－5－2　39mm×19mm 与 60mm×40mm 塑料线槽的 T 形安装步骤

序号	安装步骤	图示	操作方法说明	材料工具	质量标准
1	先将 60mm×40mm 线槽固定在网孔板上的指定位置		用手电钻将 60mm×40mm 线槽固定在网孔板上的指定位置	手电钻	按照图纸要求，尺寸误差不大于±2mm
2	将 39mm×19mm 线槽进 60mm×40mm 线槽的矩形点位标记在 60mm×40mm 线槽上，然后拆下 60mm×40mm 线槽	 	用水性笔在 60mm×40mm 线槽上画矩形	水性笔	矩形线要画得准确
3	将 60mm×40mm 线槽固定在台虎钳上，在线槽画线处进行切割，切割完后打磨去掉毛刺，用自攻螺丝将线槽安装回原来位置	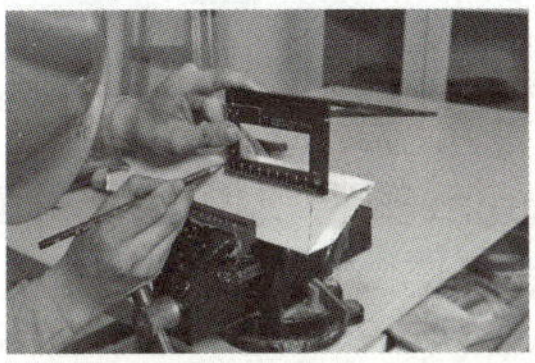 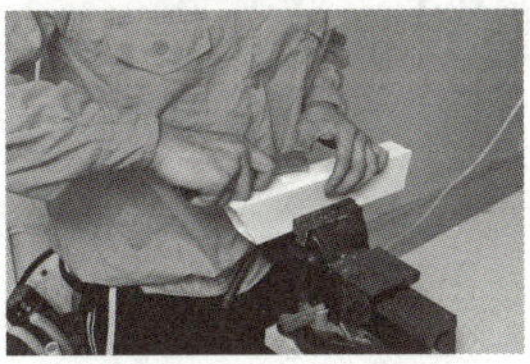 	1. 将 60mm×40mm 线槽固定在台虎钳上 2. 在线槽画线处进行切割 3. 切割完后打磨去掉毛刺 4. 用自攻螺丝将线槽安装回原来位置	台虎钳、手电钻、开孔器	按照施工图纸要求，尺寸误差不大于±2mm

续表

序号	安装步骤	图示	操作方法说明	材料工具	质量标准
4	将 39mm × 19mm 线槽的底槽插入到 60mm×40mm 线槽底槽中 5～10mm，固定 39mm× 19mm 线槽	 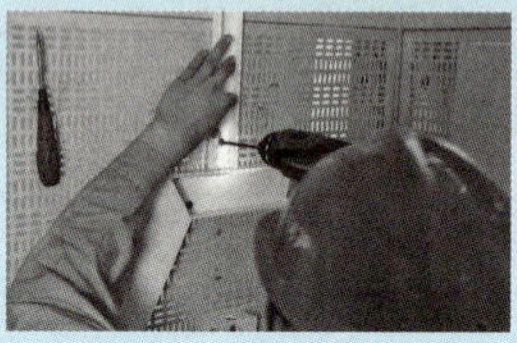	1. 将 39mm×19mm 线槽的底槽插入到 60mm×40mm 线槽底槽中 5～10mm 2. 用卷尺测量 39mm×19mm 线槽与顶棚的尺寸，用水性笔做好记号 3. 用手锯按照记号进行切割 4. 用手电钻将 39mm×19mm 线槽底槽进行固定	手电钻、卷尺、手锯、水性表	尺寸误差不大于±2mm
5	测量 60mm×40mm 线槽与开关底盒的距离，在槽盖上做好标记		用卷尺测量线槽与开关底盒的距离，用水性笔做好标记	卷尺、水性笔	尺寸误差不大于±0.5mm
6	切割并安装		用手电钻按照记号进行切割，并安装	手电钻	尺寸误差不大于±0.5mm

问题情境三：20mm×10mm 与 60mm×40mm 塑料线槽的 T 形安装步骤是怎样的?

A1－5：39mm×19mm 与 60mm×40mm 塑料线槽的 T 形安装

拓展提升——60mm×40mm 与 60mm×40mm 塑料线槽的 T 形安装

塑料线槽在平面敷设过程中需要改变方向的时候，为了美观、实用，常常采用 T 形的向上或者向下的安装方式，要求两个 60mm×40mm 塑料线槽的底槽要紧紧贴在一起，缝隙不能超过 1mm。

学习结果评价

“39mm×19mm 与 60mm×40mm 塑料线槽 T 形安装”学习结果评价见表 A1-5-3。

表 A1-5-3 “39mm×19mm 与 60mm×40mm 塑料线槽 T 形安装”学习结果评价表

序号	评价内容	分值	得分
1	60mm×40mm 与 39mm×19mm 线槽拼缝是否小于 0.5mm	10	
2	39mm×19mm 线槽底槽是否伸入与之相连的 60mm×40mm 线槽内 5～10mm	10	
3	20mm×10mm 线槽底槽是否伸入与之相连的 60mm×40mm 线槽内 5～10mm	10	
4	60mm×40mm 线槽固定螺丝是否不少于 4 颗，且固定点与线槽端部边平行距离 20～40mm，固定牢固，无倾斜或松动现象	10	
5	39mm×19mm 线槽固定螺丝是否不少于 4 颗，且固定点与线槽端部边平行距离 20～40mm，固定牢固，无倾斜或松动现象	10	
6	20mm×10mm 线槽固定螺丝是否不少于 4 颗，且固定点与线槽端部边平行距离 20～40mm，固定牢固，无倾斜或松动现象	10	
7	60mm×40mm 线槽的尺寸是否正确，且误差小于 2mm	10	
8	39mm×19mm 线槽的尺寸是否正确，且误差小于 2mm	10	
9	39mm×19mm、20mm×10mm 线槽的固定螺丝是否成一直线，并与线槽走向平行，且相邻固定螺丝间的距离小于 500mm	10	
10	网孔板是否干净，且无施工遗留痕迹	10	
总　计		100	

注：各项在设备断电情况下进行，若所列元器件没有安装，则视为不符合要求。

课后作业

1. 20mm×10mm 线槽底槽伸入与之相连的 40mm×20mm 线槽内________ mm。

A. 5～10　　B. 5～15　　C. 5～20　　D. 2～5

2. 39mm×19mm 线槽底槽伸入与之相连的 60mm×40mm 线槽内________ mm。

A. 5～10　　B. 5～15　　C. 5～20　　D. 2～5

3. 20mm×10mm 线槽底槽伸入与之相连的 60mm×40mm 线槽内________ mm。

A. 5～10　　B. 5～15　　C. 5～20　　D. 2～5

4. 行线槽的安装位置与相应模块距离为________ mm。

A. 10±5　　B. 5±5　　C. 5±10　　D. 10±10

5. 行线槽长度合适，与对应器件两端对齐，误差≤________ mm。

A. 1　　B. 2　　C. 5　　D. 10

工作任务A2

塑料线管的安装

安全规范

1. 首先检查电气安装与维修理实一体化实训室的设备是否安全坚固。

2. 实施任务前，学生穿好电工服、绝缘鞋，戴好安全帽，如图 A2－1 所示。老师进行安全教育，对实训室进行6S管理。

3. 检查三项五线制电源是否处于断开状态，“禁止合闸，有人工作”指示牌是否放置在正确位置，如图 A2－2 所示。

图 A2－1　安全着装

图 A2－2　指示牌放置位置

4. PLC、触摸屏软件提前安装并调试正常，定期检查计算机是否携带病毒。

5. 亚龙 YL－156A 型电气安装与维修实训考核装置安装底架做好安全接地设施，如图 A2－3 所示，一旦发生短路，漏电开关可跳闸保护。

6. 操作完成离开实训室之前确保已关闭设备及电源，操作台摆放整齐，室内清洁干净，如图 A2－4 所示。

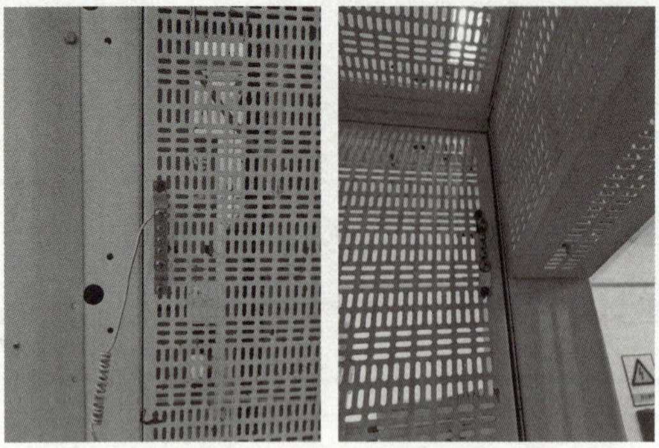

图 A2-3　安全接地设施

图 A2-4　整理实训台

教学条件及组织

教学条件：电气安装与维修理实一体化实训室、16 台 YL-156A 教学设备、计算机、32 套工具。

1. 异质分组。根据实际情况进行异质分组，每组两人，一名安装员，一名质量检测人员。

2. 协作分工。安装员负责塑料线管的安装，质检员负责检测线管安装质量，各成员要协作分工、角色轮换。

3. 质量检测。质检员严格把控安装质量，包括安装工艺、线管规格、定位标准，并做好记录。

4. 任务小结。各成员总结塑料线管的安装步骤，强调安全生产、克难攻艰的职业素养。

职业能力 A2-1 能准确选择塑料线管的规格并完成元器件的定位安装

核心概念

线管：即建筑用绝缘电工套管，又名穿线管。电线埋墙必须使用线管，它具有防腐蚀、防漏电的作用。线管分为塑料线管、不锈钢线管、碳钢线管，可用于室内正常环境和高温、多尘、有震动及有火灾危险的场所，也可在潮湿的场所使用。注意，线管不得在特别潮湿，有酸、碱、盐腐蚀和有爆炸危险的场所使用。

塑料线管：即 PVC（Polyvinyl chloride）线管，主要成分为聚氯乙烯，其色泽鲜艳、耐腐蚀、牢固耐用。在装修时使用 PVC 线管能对电线起到很好的保护作用，避免酸碱对电线的腐蚀，并能防止鼠虫对电线的啃咬，有效地避免漏电，因其还具有阻燃特点，能更好地保障家庭电路的安全。

学习目标

1. 能正确选择塑料线管的规格。
2. 能规范定位安装塑料线管及相关元器件。

基本知识

一、塑料线管的规格

塑料线管的材料学名叫聚氯乙烯，是一种热塑性树脂材质，它有着非常好的机械性能，抗张强度 60MPa 左右。在制管的过程中添加一些辅助剂会使塑料管材具有难燃、耐酸碱、耐磨的性能，还有对线管来说最重要的绝缘性。这些优异的特点使得 PVC 线管占领了巨大的市场。塑料线管有 A 管和 B 管之分，A 管是国标管，壁厚 3mm；B 管是企标管，壁厚 2.8mm。A 管相对 B 管用料要好、厚度稍厚、强度也略高。

根据塑料线管 JG3050 标准规定，按电线特性分，可以分为轻型、中型、重型，根据线管的公称外径规格，每个型号又可以分为 Φ16、Φ20、Φ25、Φ32、Φ40、Φ50、Φ63、Φ75、Φ110。其中，外径规格为 Φ16 和 Φ20，一般用于室内照明线路；外径规格为 Φ25，常用于插座或是室内主线管；外径规格为 Φ32，常用于进户线的线管，也用于弱电线管；外径规格为 Φ50、Φ63、Φ75，常用于电盘至户内的线管。

二、塑料线管的选择

选择塑料线管时，如果施工图纸有明确表示，则按施工图纸要求选择即可，否则需按照线管容纳导线的根数和横截面积来确定线管的规格和型号。塑料线管内线截面面积不能超过电线管截面面积的 40%。部分塑料线管最大容纳导线根数，见表 A2-1-1。

表 A2-1-1　部分塑料线管最大容纳导线根数

导线规格		超五类/五类芯径：0.511			六类线芯径：0.574		
容线比		25%	30%	40%	25%	30%	40%
线管型号	16	2	2	3	1	1	2
	20	3	3	5	2	2	3
	25	4	5	7	3	3	5
	32	8	9	12	5	6	8
	40	12	15	20	8	9	13
	50	19	23	31	12	15	20

三、塑料线管（阻燃型）的切割

塑料线管可以使用钢锯条和专用 PVC 剪刀进行切割，使用 PVC 剪刀进行切割更为方便。PVC 剪刀的使用方法如图 A2-1-1 所示。

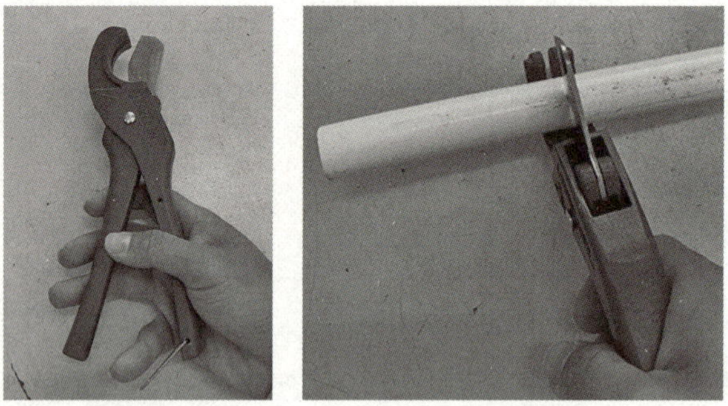

图 A2-1-1　PVC 剪刀的使用方法

用 PVC 剪刀时，应边慢慢转动管子边进行裁剪，这样剪刀口更容易切入管壁。切入管壁后，应停止转动管子，以保证切口平整，并继续裁剪，直至管子被切断为止。

四、塑料线管的定位要求

塑料线管的定位要求见表 A2-1-2。

表 A2-1-2　塑料线管的定位要求

定位	图示	工艺规范
按图纸要求	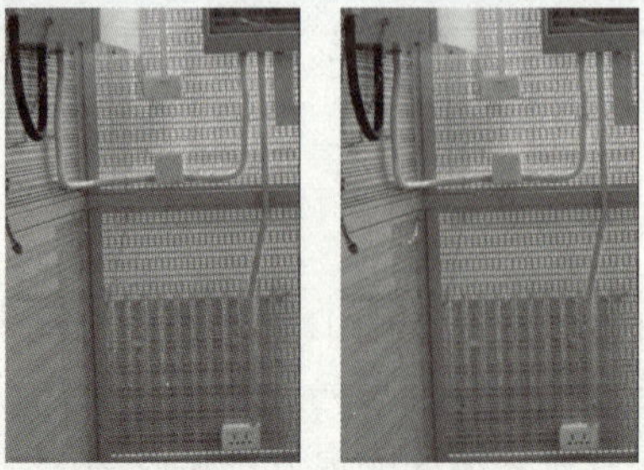	线管在建筑物上的分布及方位应按图纸要求，偏离误差不大于±5mm

续表

定位	图示	工艺规范
平铺	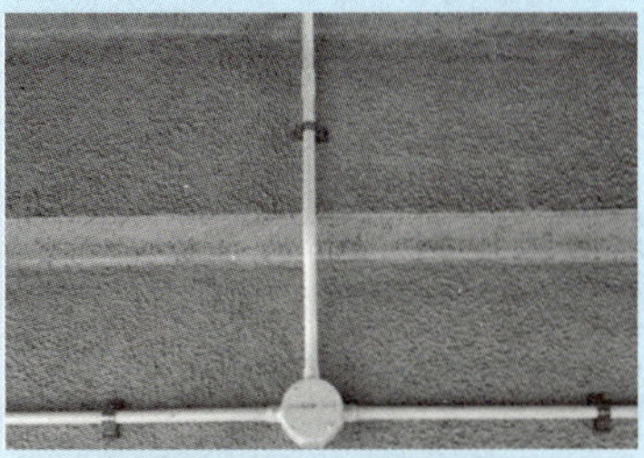	线管的安装要求横平竖直，尽量美观工整
排铺	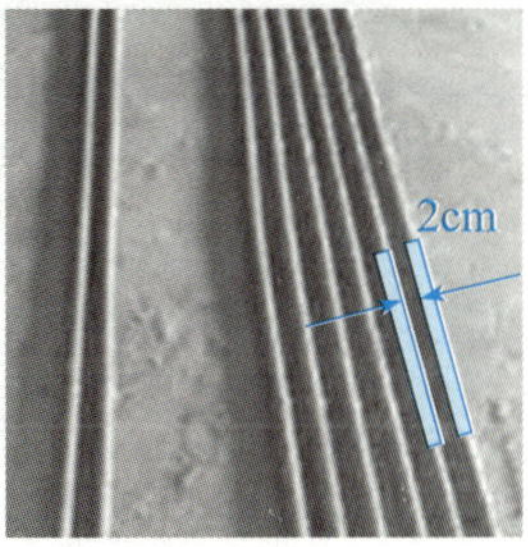	成排管路的同一位置，要求管与管之间有2cm的间距（如图标注）

五、元器件的定位要求

元器件要根据照明平面示意图尺寸要求进行定位，具体定位要求见表 A2-1-3。

表 A2-1-3　元器件定位要求

箱体在建筑物上的安装位置	按图纸要求，照明配电箱定位和方位正确，误差不得大于±5mm		 错误
	按照图纸要求，电源配电箱定位和方位正确，误差不大于±5mm 且安装牢固		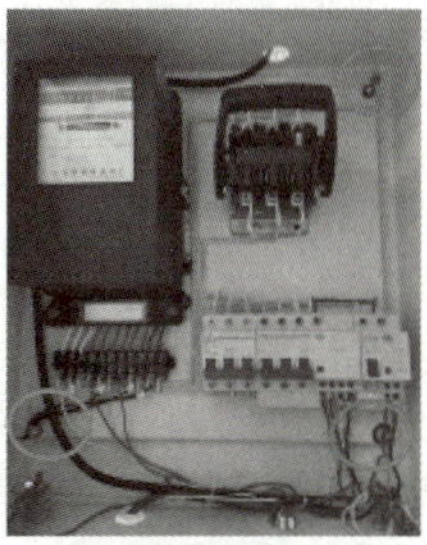 安装牢固

能力训练

一、任务描述

根据产能需求，某生产车间新增一套照明线路，要求配套安装相应的塑料线管将导线规范整理，请你根据电气设备与器件安装位置示意图（见图 A2－1－2）和照明平面示意图（见图 A2－1－3），规范完成塑料线管的选择及元器件定位安装。

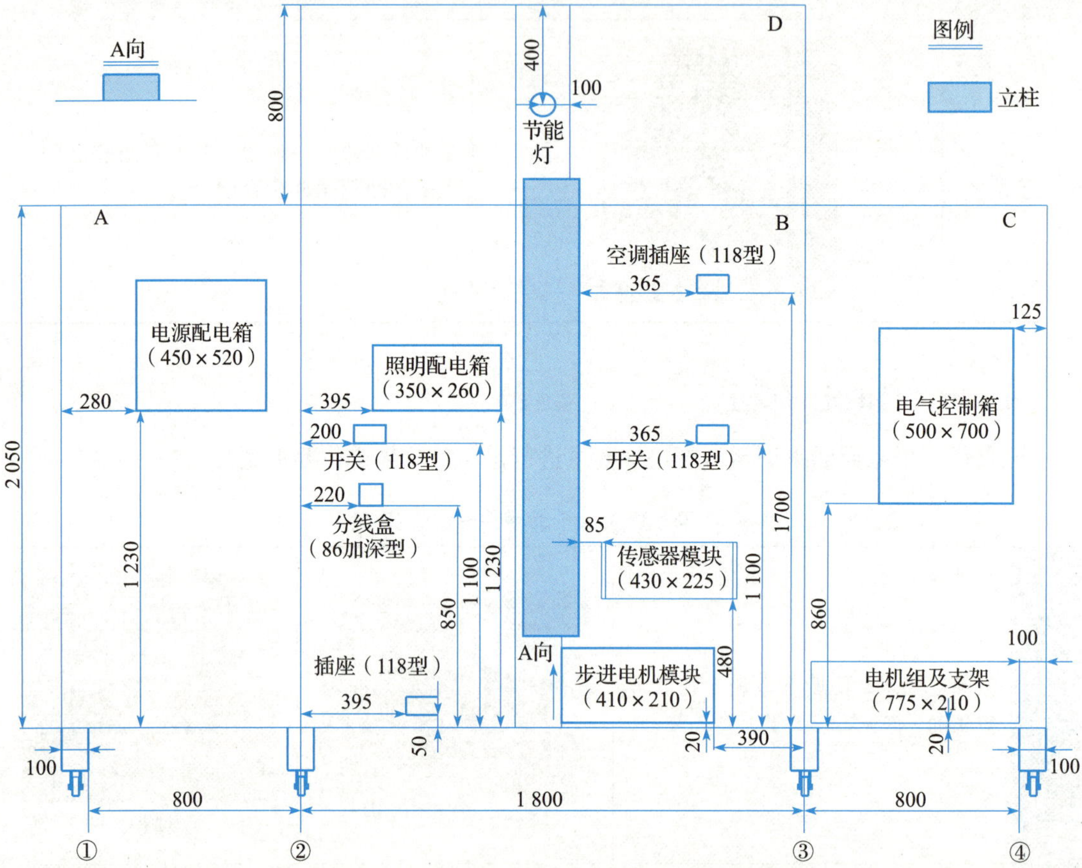

图 A2－1－2　电气设备与器件安装位置示意图

二、操作过程

1. 准备材料

（1）需准备的材料：根据电气设备与器件安装位置示意图选择元器件包括 1 个 118 型开关、1 个 2 孔位插座、1 个分线盒；根据照明平面示意图选择塑料线管的规格有两种，分别为 Φ16 和 Φ20。

（2）需准备的工具：卷尺、手电钻、锉刀、手锯、水性笔、开孔器。

（3）领取设备和耗材，并填写申请表 A2－1－4。

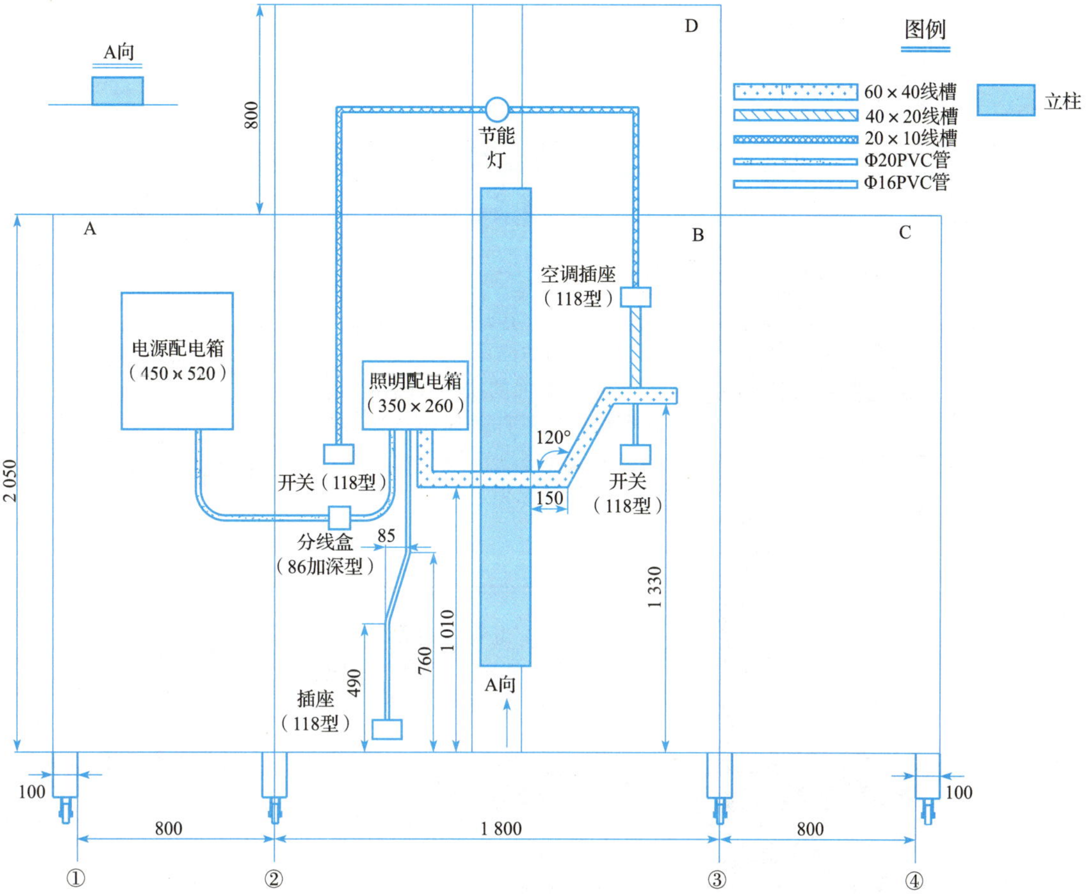

图 A2-1-3 照明平面示意图

表 A2-1-4 设备和耗材申请表

申请人：________ 领取时间：______年______月______日

设备/耗材	规格/型号	数量	归还时间	是否完好	备注

问题情境一： 实操前应该悬挂哪些指示牌？

问题情境二： 如何确定耗材数量和种类？

问题情境三： 如何确定元器件数量和种类？

问题情境四： 如何能精准给元器件定位安装？

2. 元器件的定位安装

元器件的定位安装步骤，见表 A2－1－5。

表 A2－1－5　元器件的定位安装步骤

序号	安装步骤	图示	操作方法说明	材料工具	质量标准
1	根据图纸确定元器件安装尺寸	 	1. 测量 A 墙面的尺寸，确定电源配电箱的位置 2. 测量 B 墙面的尺寸，确定照明配电箱、开关插座、分线盒的位置 3. 用水性笔标识	卷尺、水性笔	按照图纸要求，插座、分线盒、配电箱的箱体在建筑物上，定位和方位正确，误差不大于±5mm。固定螺丝不少于 3 颗、固定牢固、无倾斜或松动现象
2	定位安装电源配电箱		1. 拆卸电源配电箱固定面板的 4 颗螺钉 2. 取下电源配电箱固定面板 3. 布置元器件 4. 定位安装电源配电箱	手电钻、卷尺、水性笔	电源配电箱在图纸 A 面，距网孔板左边 280mm；距网孔板底 1 230mm，尺寸误差不大于±5mm
3	定位安装照明配电箱	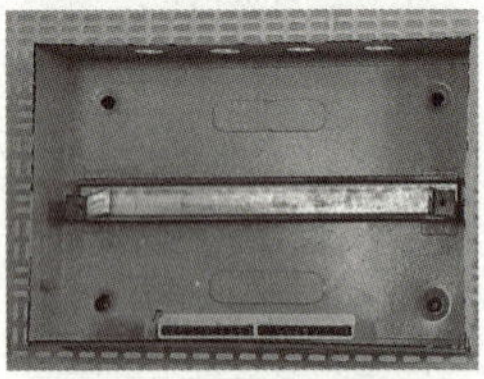	1. 拆卸螺丝 2. 布置元器件 3. 定位安装照明配电箱，用水性笔在网孔板上画出两次测量的交叉点	手电钻 卷尺 水性笔	照明配电箱在图纸 B 面，距网孔板左边 395mm；距网孔板底 1 230mm，尺寸误差不大于±5mm
4	定位安装分线盒	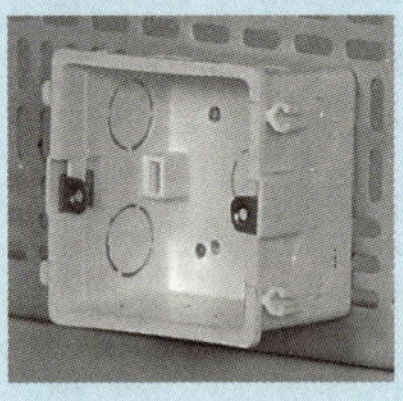	1. 用开孔器在分线盒底盒两边分别开圆形孔 2. 定位安装分线盒，用水性笔在网孔板上画出两次测量的交叉点	手电钻 手锯 锉刀 卷尺 水性笔 开孔器	分线盒在图纸 B 面，距网孔板左边 220mm；距网孔板底 850mm，尺寸误差不大于±5mm
5	定位安装 2 孔位插座	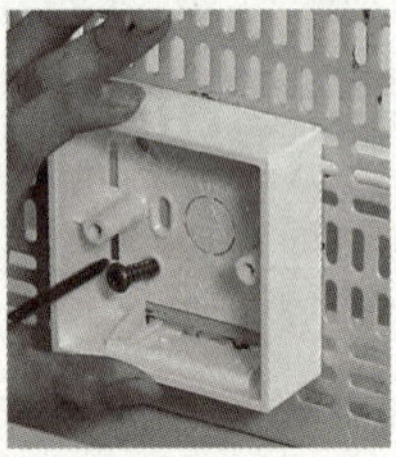	1. 用台虎钳将插座底盒固定 2. 用开孔器在插座底盒中间开圆孔 3. 定位安装 2 孔位插座，用水性笔在网孔板上画出两次测量的交叉点	台虎钳 手电钻 手锯 锉刀 卷尺 水性笔 开孔器	2 孔位插座在图纸 B 面，距网孔板右边 395mm；距网孔板底 50mm，尺寸误差不大于±5mm

续表

序号	安装步骤	图示	操作方法说明	材料工具	质量标准
6	定位安装右边开关		定位安装右边开关，用水性笔在网孔板上画出两次测量的交叉点	手电钻 锉刀 卷尺 水性笔	右边开关在图纸 B 面，距立柱右边 365mm；距网孔板底 1 100mm，尺寸误差不大于±5mm

A2－1：元器件的定位安装步骤

拓展提升——金属电线管敷设的材料要求和作业条件

一、材料要求

（1）钢管壁厚均匀、焊缝均匀，无劈裂、沙限、棱刺和凹扁现象。除锌管外其他管材需预先除锈并刷防锈漆（现浇混凝时，可不刷防锈漆，但应除锈）。线管外表层完整无剥落现象，并有产品合格证。

（2）使用通丝管箍。丝口清晰、不乱扣，锌层完整，无剥落、无劈裂，两端无毛刺，并有合格证。

（3）锁紧螺母外形完好无损、丝口清晰，并有产品合格证。

（4）护口要完整无损，并有合格证。

（5）盒、箱、圆钢、扁钢、角钢，螺栓、螺丝、螺母、垫等材料应符合有关规定，并有产品合格证。

（6）其他材料无过期变质现象。

二、作业条件

（1）配合土建安装好预埋件。

（2）暗配管时注意与土建专业的配合工作。

（3）吊顶内或护墙内配管与土建做好配合。

学习结果评价

“元器件的定位安装”学习结果评价见表 A2－1－6。

表 A2-1-6 “元器件的定位安装”学习结果评价

序号	评价内容	分值	得分
1	电源配电箱定位和方位是否正确	15	
2	照明配电箱定位和方位是否正确	15	
3	插座盒定位和方位是否正确	15	
4	分线盒定位和方位是否正确	15	
5	电源配电箱固定螺丝是否不少于 3 颗，且固定牢固，无倾斜或松动现象	15	
6	照明配电箱固定螺丝是否不少于 3 颗，且固定牢固，无倾斜或松动现象	15	
7	分线盒、插座面板安装是否无倾斜、倒装、松动现象	5	
8	网孔板是否干净，且无施工遗留痕迹	5	
总　计		100	

注：各项在设备断电情况下进行，若所列元器件没有安装，则视为不符合要求。

课后作业

1. 一般用于室内照明线路的塑料线管规格为________。

A. Φ20 和 Φ32　　B. Φ20 和 Φ25　　C. Φ16 和 Φ20　　D. Φ32 和 Φ40

2. 成排管路的同一位置，要求管与管之间有________的间距。

A. 1cm　　B. 2cm　　C. 3cm　　D. 4cm

3. 塑料线管内线截面面积不能超过电线管截面面积的________。

A. 20%　　B. 30%　　C. 40%　　D. 50%

4. 塑料线管的选择原则是什么？

职业能力 A2-2 能规范完成塑料线管的固定安装

核心概念

管卡：俗称马鞍卡，是水电安装中常用的一种管件，用以固定管道和线管，保证其铺设能很好地达到横平竖直的效果。管卡还能稳固管道，避免管道因后期施工造成移位等现象。

学习目标

1. 能正确选择管卡的种类和型号。
2. 能规范定位安装管卡。

基本知识

一、管卡的种类和型号

管卡是固定管道的一种标准零部件，样式多种多样。其按材质可分为碳钢、不锈钢、塑料、铝合金、尼龙等；按外形可分为 U 形管卡、扁钢管卡、钩钉、法兰管卡等；按使用场合可分为轻型、双联型、重型等。轻型管卡应用于 6 种尺寸系列的普通机械压力管子，管子外径 6～57mm；双联型管卡应用于 5 种尺寸系列的机械压力管子，管子外径 6～42mm；重型管卡应用于 8 种尺寸系列的高机械压力管子，管子外径 8～273mm。轻型管卡适用于中压、低压管道固定，具有易于安装、适用性强、耐高温、耐低温、防振、抗压、抗磁等特点，是使用较多的管卡系列。

常用管卡的外形及安装方式见表 A2-2-1。

表 A2-2-1 常用管卡的外形及安装方式

管卡类型	图示	安装方式
扁钢管卡	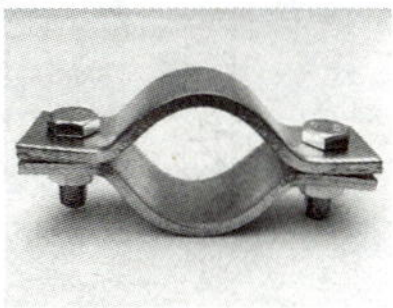	将管卡套在管道上，用螺栓对管卡上预先做好的螺栓孔进行拧紧、固定
U 形管卡		支架安装前钻好支架螺栓孔，支架安装后拧好螺栓

续表

管卡类型	图示	安装方式
钩钉		多用于支托小口径的给水支管
法兰管卡		装配在焊接板上，嵌上管卡身的下半部分，放上需固定的管子，再放上另一半管卡身和盖板，用螺钉拧紧

二、管卡的选择

选择管卡时，要根据使用场合和线管类型选择适合的型号、材质、尺寸和性能参数。管卡的性能参数有密度、弯曲强度、抗高温（低温）性、冲击韧性、压缩强度、弹性模量、拉伸强度、耐温、颜色等。在电气安装与维修中，常用的管卡是金属材质和塑料材质的U形管卡，见表A2-2-2。

表A2-2-2　常用U形管卡

金属管卡		塑料管卡	
龙骨卡		平卡	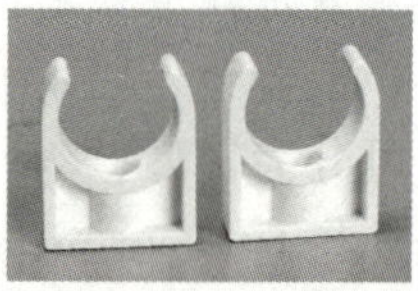
国标U形管卡	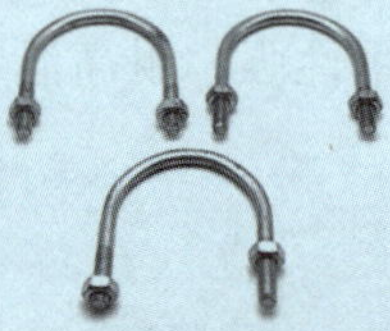	立卡	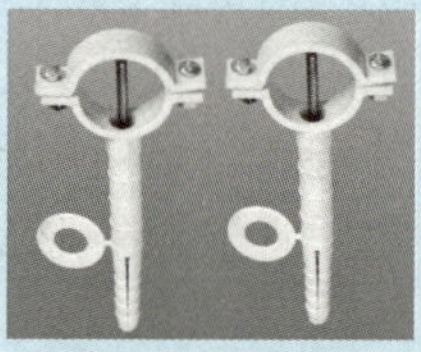
铁皮U形管卡		排卡	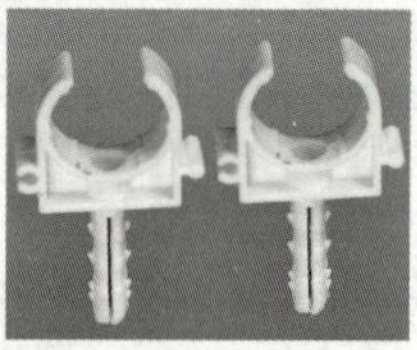
		双边型管卡	

管卡的尺寸根据线管的大小选择，如图A2-2-1所示。线管的外径多大，就选择内径多大的管卡，无法直接测量外径的情况下，可以测量线管的周长，再计算外径。

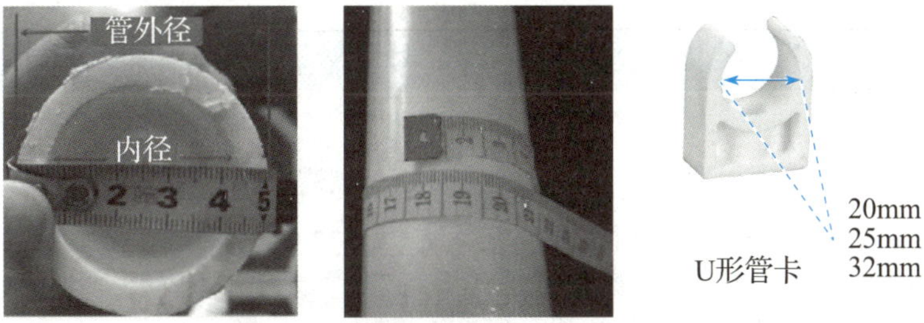

图 A2-2-1　线管外径的测量及管卡尺寸选择

三、塑料线管的定位要求

塑料线管的定位要求见表 A-2-3。

表 A2-2-3　塑料线管的定位要求

	规范	图示	
管卡固定	线管直线两端要装管卡固定	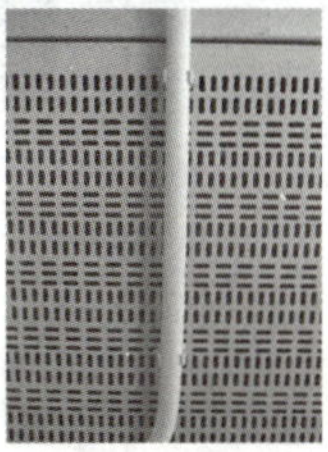	
	线管拐弯处两端需有管卡固定，且管卡分布基本对称，误差不超过 20mm	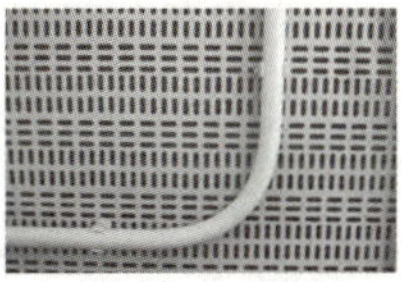	 错误
	线管应完全压入管卡内		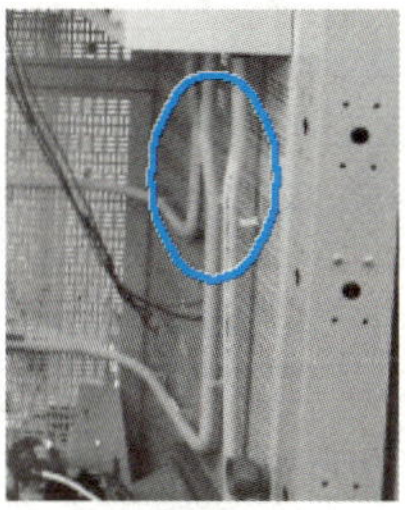 错误
	转弯处两端管卡应对称，管卡与转弯点距离应大于 50mm	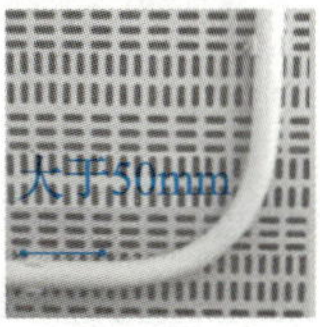	

续表

	规范	图示	
管卡固定	线管直接进盒（箱、槽）需管卡固定，进盒（箱、槽）前的固定管卡中心孔与盒（箱）边距离大于 80mm	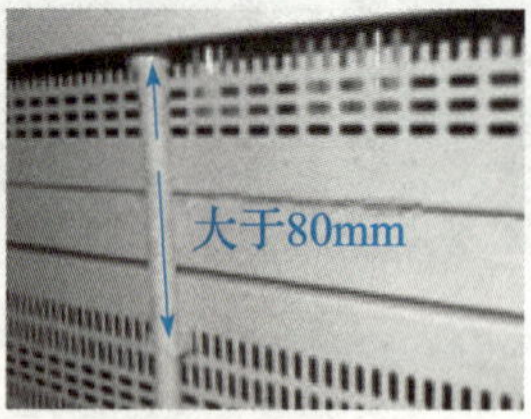	
	弯进盒（箱）的线管进盒（箱）前要有管卡固定，管卡固定孔与盒（箱）边距离为 180～300mm	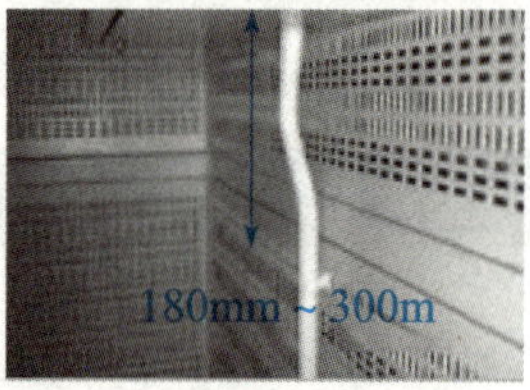	
	在同一处多根线管的管卡分布要统一协调	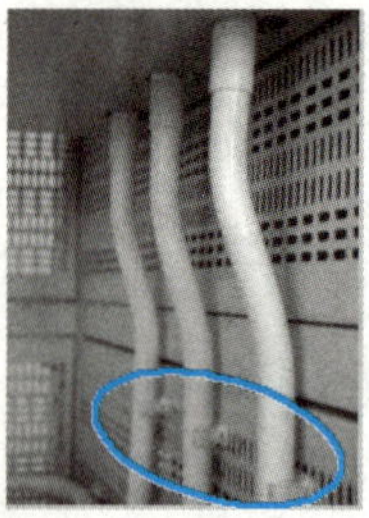	

能力训练

一、任务描述

根据产能需求，某生产车间新增一套照明线路，要求配套安装相应的塑料线槽将导线规范整理，根据图 A2－2－2 所示照明平面示意图的要求，规范完成管卡的定位及安装。

二、操作过程

1. 准备

（1）需准备的材料：根据照明平面示意图中塑料线管的规格选择管卡的尺寸及数量。

（2）需准备的工具：卷尺、水性笔、手电钻。

（3）领取设备和耗材并填写申请表 A2－2－4。

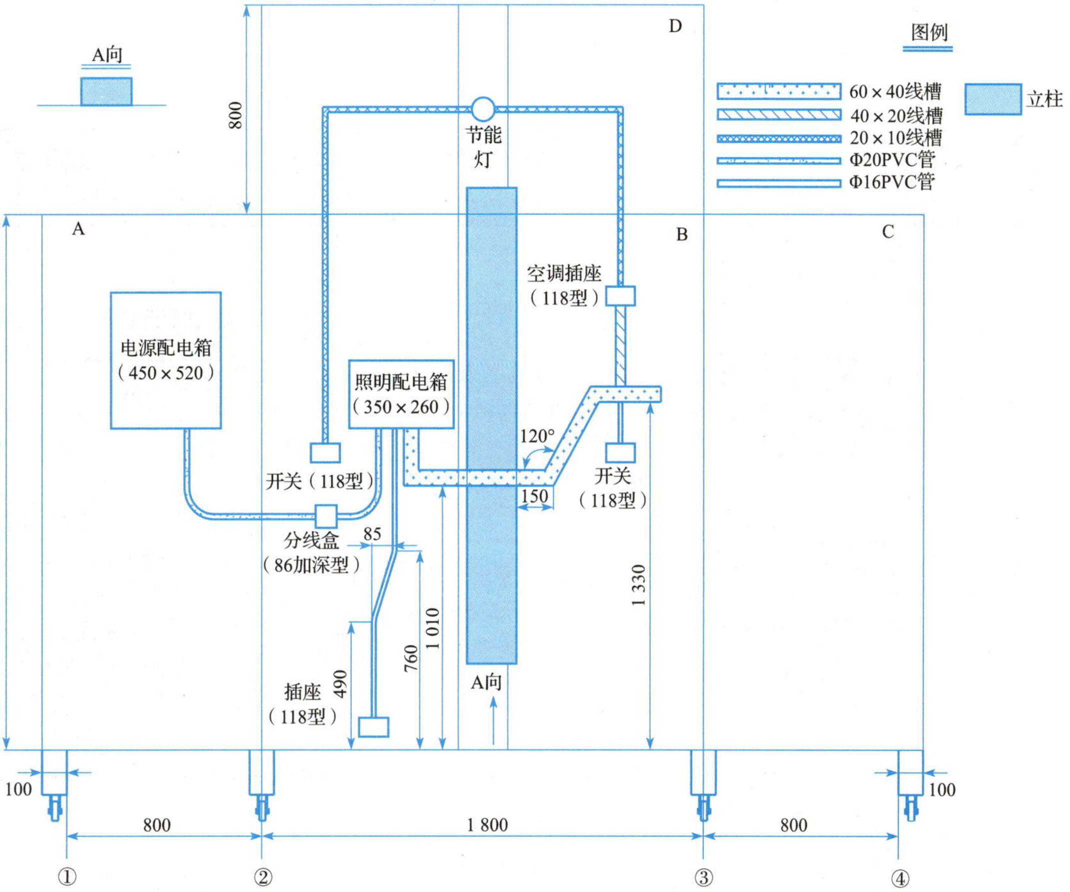

图 A2－2－2　照明平面示意图

表 A2－2－4　设备和耗材申请表

申请人：________　　　　　　　　　　　　　领取时间：______年______月______日

设备/耗材	规格/型号	数量	归还时间	是否完好	备注

问题情境一：实操前应该悬挂哪些指示牌？

问题情境二：如何确定耗材数量和种类？

问题情境三：如何能精准定位管卡位置？

2. 管卡的定位安装

管卡的定位安装步骤见表 A2－2－5。

表 A2－2－5　管卡的定位安装步骤

序号	安装步骤	图示	操作方法说明	材料工具	质量标准
1	根据图纸确定A墙面管卡的安装位置	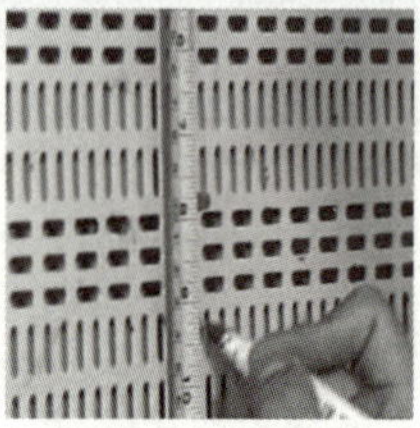	1. 测量A墙面线管长度及按图纸确定尺寸，根据安装工艺确定管卡位置及尺寸 2. 用水性笔标识	卷尺、水性笔	按照图纸要求，定位管卡和方位正确，误差不大于±5mm
2	安装A墙面管卡		1. 根据图纸要求，选择管卡的种类、型号及数量 2. 按工艺安装管卡 3. 用螺丝固定	手电钻、管卡、	根据图纸选择塑料材质的U形管卡，选择三分管固定Φ16线管，四分管固定Φ20线管。三分管安装前必须安装垫片，以固定管卡，四分管可以直接螺丝安装
3	根据图纸确定B墙面管卡的安装位置	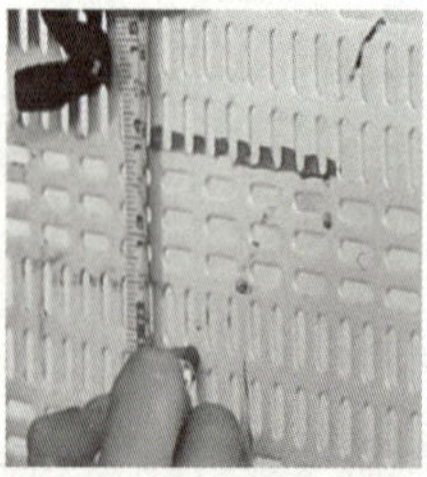	1. 测量B墙面线管长度及按图纸确定尺寸，根据安装工艺确定管卡位置及尺寸 2. 用水性笔标识	卷尺、水性笔	按照图纸要求，定位管卡和方位正确，误差不大于±5mm
4	安装B墙面管卡	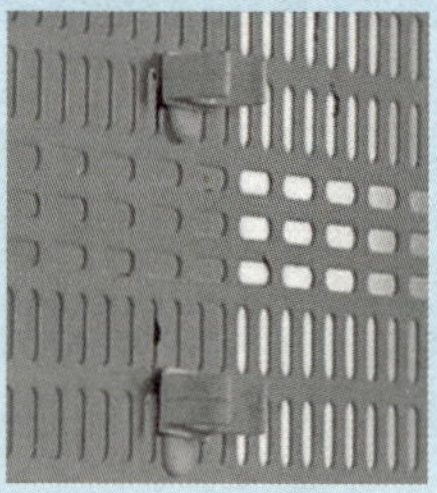	1. 根据图纸要求，选择管卡的种类、型号及数量 2. 按工艺安装管卡 3. 用螺丝固定	手电钻、管卡、	根据图纸选择塑料材质的U形管卡，选择三分管固定Φ16线管，四分管固定Φ20线管。三分管安装前必须安装垫片，以固定管卡，四分管可以直接螺丝安装

A2－2：管卡的定位安装步骤

拓展提升——金属线管敷设的质量标准

一、保证项目

（1）导线间和导线对地间绝缘电阻值必须大于 0.5MΩ。

检查方法：实测或检查绝缘电阻测试记录。

（2）壁钢管严禁熔焊连接。

检查方法：明设的观察检查，暗设的检查隐蔽工程记录。

二、基本项目

（1）连接紧密、管口光滑、护口齐全，明配管及其支架、吊架应平直牢固、排列整齐，管子弯曲处无明显折皱，油漆防腐完整，暗配管保护层大于 15mm。

（2）盒、箱设置正确，固定可靠，管子进入盒、箱处顺直，在盒、箱内露出的长度小于 5mm；用锁紧螺母固定的管口，管子露出锁紧螺母的螺纹位 2～4 扣；线路进入电气设备和器具的管口位置正确。

检验方法：观察和尺量检查。

（3）管路的保护应符合以下规定：穿过变形缝处有补偿装置，补偿装置能活动自如、平整，管口光滑，护口牢固，与管子连接可靠；穿过建筑物和设备基础处，应加保护管，加保护管处在隐蔽工程记录中标示正确。

检查方法：观察检查和检查隐蔽工程记录。

（4）金属电线保护管、盒、箱及支架接地（接零），地线敷设应符合以下规定：连接紧密牢固，接地（接零）线截面选用正确，需防腐的部分涂漆均匀、无遗漏，线路走向合理，色标准确，涂刷后不污染设备和建筑物。

检验方法：观察检查。

学习结果评价

“管卡的定位安装”学习结果评价见表 A2-2-6。

表 A2-2-6 “管卡的定位安装”学习结果评价

序号	评价内容	分值	得分
1	管卡的安装位置是否符合工艺要求	20	
2	管卡的尺寸是否正确	20	
3	管卡的安装是否固定牢固且无倾斜或松动现象	20	
4	管卡有无漏装	30	
5	网孔板是否干净，且无施工遗留痕迹	10	
总　计		100	

注：各项在设备断电情况下进行，若所列元器件没有安装，则视为不符合要求。

课后作业

1. 线管转弯处两端管卡应对称，管卡与转弯点距离应________ mm。

A. 大于 30　　B. 小于 30　　C. 大于 50　　D. 小于 50

2. 线管的管卡固定孔与盒（箱）边的距离为________ mm。

A. 100～200　　B. 150～250　　C. 180～300　　D. 200～300

3. 管卡的选择原则是什么？

职业能力 A2-3 能规范完成塑料线管的连接安装

核心概念

塑料线管的连接：为避免出现电线外漏、连接不稳等情况，塑料线管明配敷设过程中，线管与线管、线管与盒、线管与箱、线管与线槽、线管与行线槽的连接都有对应的工艺规范和质量要求。

塑料线管连接件：塑料线管的连接有专门的成品连接件，如管套、管盒连接件等。在使用时，选择规格合适的连接件，按工艺安装，再涂上专用的胶合剂即可完成线管的连接。

学习目标

1. 能正确选择连接塑料线管的连接件。
2. 能规范完成塑料线管的连接。

基本知识

一、线管连接的规格

在线管的敷设施工时如遇长度不够可以对线管进行连接。线管连接件与线管一样，材质多种多样，最常见的有金属材质、塑料材质。其中塑料材质的连接件在电气安装中使用最为广泛。

连接件的规格与线管对应，如塑料管连接件，就可对应连接 Φ16、Φ20、Φ25、Φ32、Φ40 等规格的线管。一般情况下，连接件上表明的尺寸即连接件的内径，对应同尺寸的线管即可使用。除此之外，连接件的厚度及长度也有一定划分，按壁厚及长度的不同，分为标准型、加厚型和加长型。

二、线管连接件的选择

一般来说，塑料线管的生产厂家标配有直管连接件、弯管连接件等配件。连接前，应对管材和管件及附属设备按设计要求进行核对，并在施工现场进行外观检查，符合要求方可使用。主要检查项目包括耐压等级、外表面质量、配合质量、材质的一致性等。选择塑料线管连接件时，如果施工图纸有明确表示，则按施工图纸要求选择即可，若没有，就需要根据使用场合和线管类型选择适合外形、材质和尺寸的连接件。直管的连接采用直管接头，弯管的连接采用弯管接头，线管入盒时采用管盒连接件，连接件的材质一般与线管的材质相同。为了安装稳定，连接件的尺寸选择要与线管对应，线管的外径应与连接件的内径保持一致。

在电气安装中，根据线管连接的位置及质量要求，常用的塑料连接件（见图 A2-3-1）

可分为以下几类：

(1) 直管接头：供管路直线段的管与管之间的连接。接头的管内径与导管外径相匹配，接头中间有一道深度与导管壁厚一致的凹槽。

(2) 弯管接头：供管路弯曲段的管与管之间的连接。弯管接头采用优质管材经滚压成型，为90°弯曲，有四倍弯、六倍弯两种，其弯曲半径分别是管径的4倍、6倍。

(3) 螺纹接头：供管与盒之间的连接。接头中间有一道深度与导管壁厚一致的凹槽。接头与导管连接的一端，同于直管接头；接头与盒连接的一端，其内壁加工有螺纹丝扣，外廓呈六边形，并配有一个爪形螺母。

(4) 三通连接件：又称为管件三通，供三条相同或不同管路汇集处的连接，分T形和Y形两种，有等径管口，也有异径管口。三通连接件的主要作用是改变流体方向。

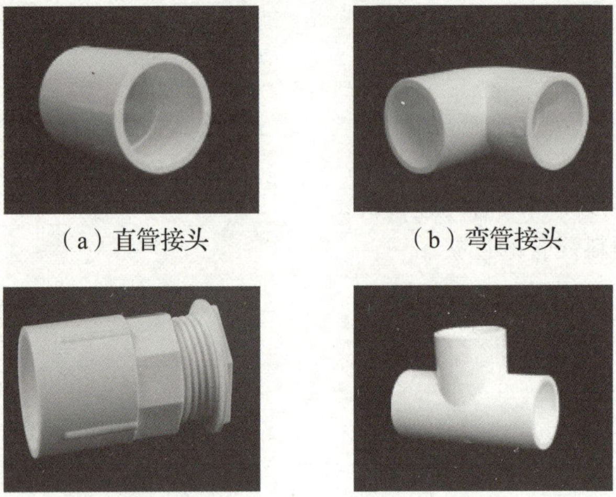

(a) 直管接头　(b) 弯管接头

(c) 螺纹接头　(d) 三通连接件

图 A2-3-1　常用塑料连接件

三、线管的连接安装工艺

塑料线管的连接可以分为以下几个步骤：

(1) 连接前，清理管套和管材套；

(2) 精确测量承口的深度，并标识管端；

(3) 擦胶黏剂，涂层要匀称；

(4) 将线管插入连接件并固定好；

(5) 将线管静放，直至界面干固。

塑料线管的连接质量要求如下：

(1) 管与盒（箱）的连接处，应顺直进入，不应该斜插到盒（箱）内。

(2) 连接管的外径要与盒（箱）的敲落孔相一致，管口平整、光滑，一管一孔顺直插入盒（箱）内，在盒（箱）内露出长度应小于5mm。

(3) 多根管进入配电箱时应长度一致，排列间距均匀。

(4) 管与盒（箱）连接应牢固，盒（箱）未被用到的敲落孔盖不应该被破坏。

塑料线管连接工艺要求见表A2-3-1。

表 A2-3-1　塑料线管连接工艺要求

连接	图示	工艺规范
直管连接		直管连接要用连接件，并用专用胶水固定
弯管连接		弯管连接要用连接件，并用专用胶水固定
管与盒、箱的连接	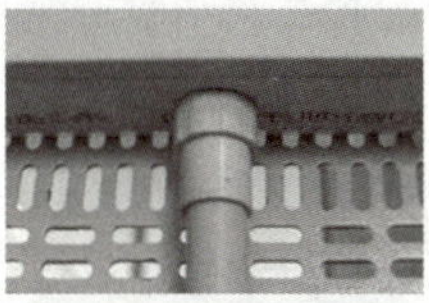 	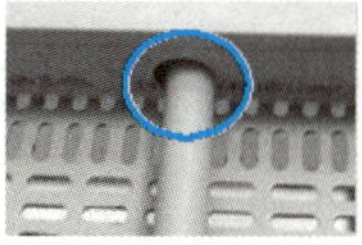 错误 管入盒、箱时，必须加装连接件
	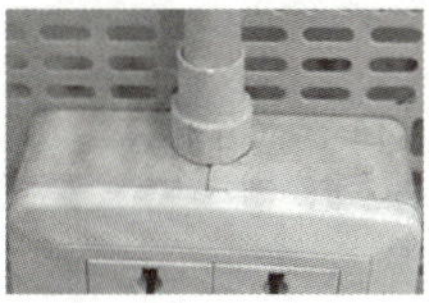	 错误 线管入盒时，必须对准盒的中心
管与线槽、行线槽的连接	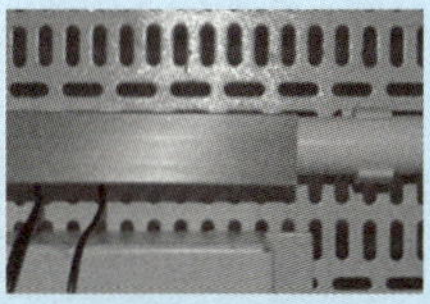	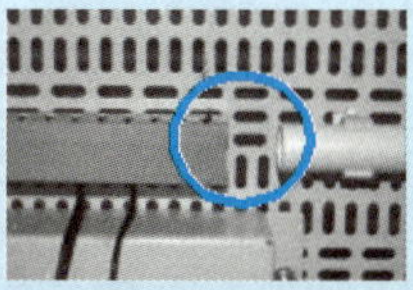 错误 线管与行线槽直线连接时，需伸入行线槽内

能力训练

一、任务描述

根据产能需求，某生产车间新增一套照明线路，要求配套安装相应的塑料线槽将导线规范整理，根据图 A2－3－2 所示照明平面示意图，规范完成线管进盒、箱等连接件的选择及安装。

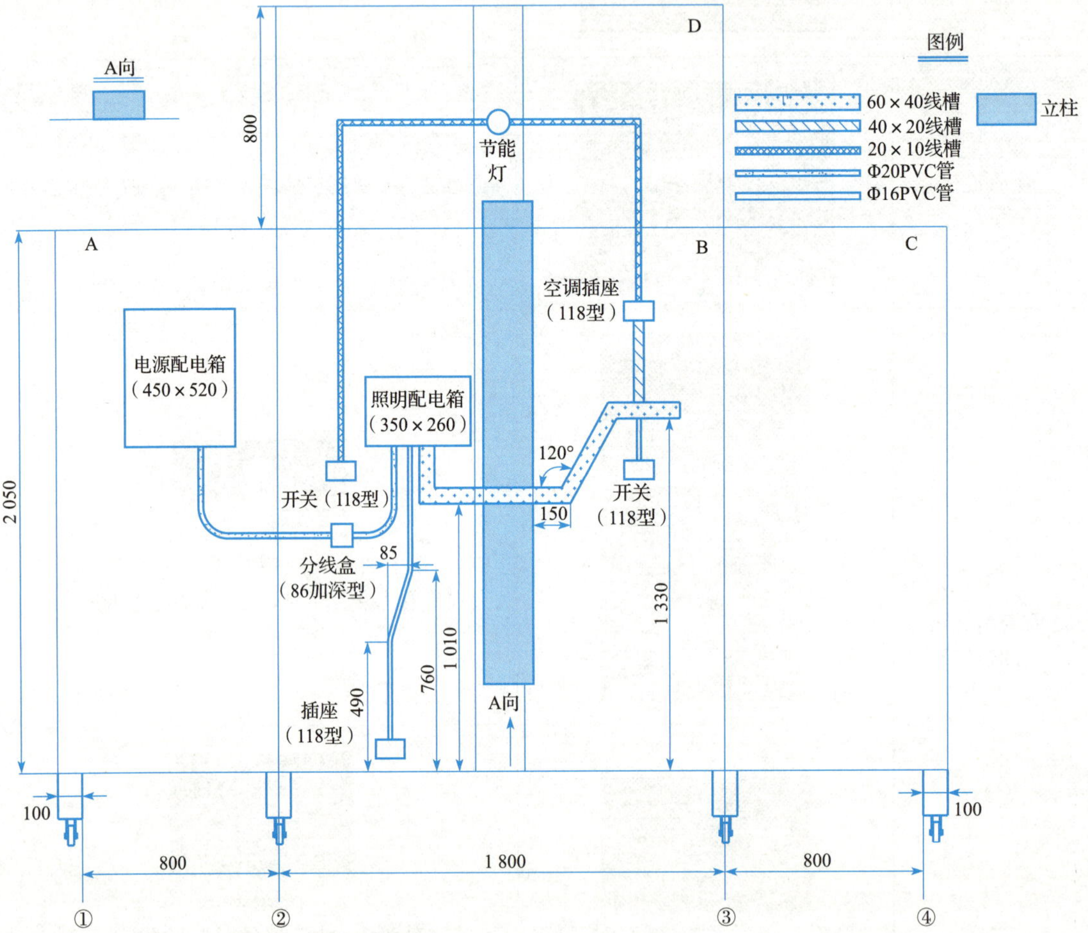

图 A2－3－2　照明平面示意图

二、操作过程

1. 准备

（1）需准备的材料：根据照明平面示意图选择塑料线管的规格有两种，分别为 Φ16 和 Φ20；根据照明平面示意图选择适合两种塑料线管的连接件。

（2）领取设备和耗材并填写表 A2－3－2。

表 A2 - 3 - 2 设备和耗材申请表

申请人：________ 领取时间：______年______月______日

设备/耗材	规格/型号	数量	归还时间	是否完好	备注

问题情境一：实操前应该悬挂哪些指示牌？

问题情境二：如何确定耗材数量和种类？

问题情境三：如何能精准给连接件定位安装？

2. 连接件的定位安装

连接件的定位安装步骤，见表 A2 - 3 - 3。

表 A2 - 3 - 3 连接件的定位安装步骤

序号	安装步骤	图示	操作方法说明	材料工具	质量标准
1	安装 B 墙面线管与开关的连接件	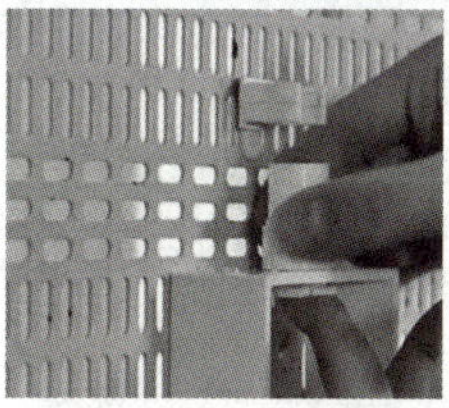	1. 按安装图纸确定连接件，根据安装工艺确定连接件位置 2. 安装连接线管和开关的连接件	螺纹接头	根据图纸选择塑料材质的尺寸合适的螺纹接头，线管入盒时，必须对准盒的中心垂直安装
2	安装 B 墙面线管与线槽的连接件	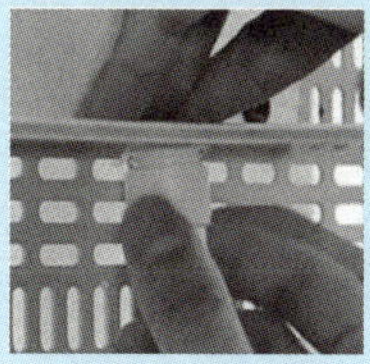	1. 按安装图纸确定连接件，根据安装工艺确定连接件位置 2. 安装连接线管和线槽的连接件	螺纹接头	按照施工图纸要求，定位连接件，误差不大于 ±5mm。选择塑料材质的尺寸合适的螺纹接头
3	安装 B 墙面线管与分线盒的连接件	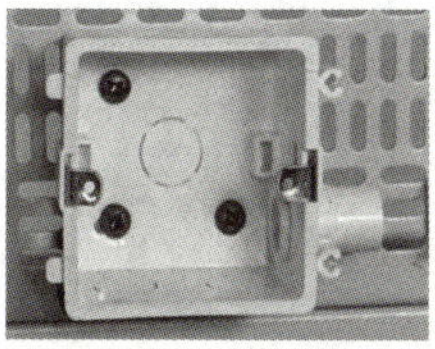	1. 按安装图纸确定连接件，根据安装工艺确定连接件位置 2. 安装连接线管和分线盒的连接件	螺纹接头	根据图纸选择塑料材质的尺寸合适的螺纹接头，线管入盒时，必须对准盒的中心垂直安装

续表

序号	安装步骤	图示	操作方法说明	材料工具	质量标准
4	安装B墙面线管与插座的连接件	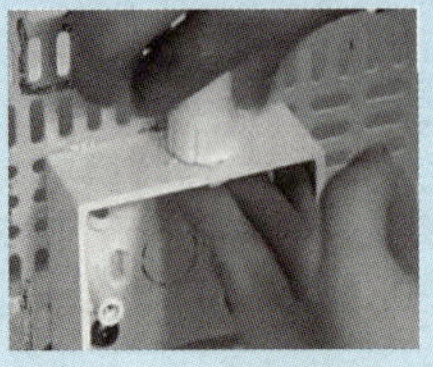	1. 按安装图纸确定连接件，根据安装工艺确定连接件位置 2. 安装连接线管和插座的连接件	螺纹接头	根据图纸选择塑料材质的尺寸合适的螺纹接头，线管入盒时，必须对准盒的中心垂直安装
5	安装B墙面线管与照明配电箱的连接件	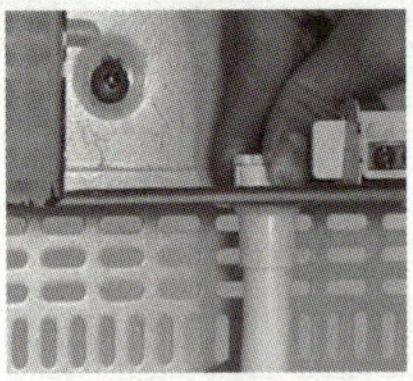	1. 观察B墙面线管敷设，按安装图纸确定连接件，根据安装工艺确定连接件位置 2. 安装连接线管和照明配电箱的连接件	螺纹接头	按照施工图纸要求，定位连接件，误差不大于±5mm。选择塑料材质的尺寸合适的螺纹接头，线管入盒时，必须对准盒的中心垂直安装
6	安装A墙面线管与电源配电箱的连接件		1. 观察A墙面线管敷设，按安装图纸确定连接件，根据安装工艺确定连接件位置 2. 安装连接线管和电源配电箱的连接件	螺纹接头	按照施工图纸要求，定位连接件，误差不大于±5mm。选择塑料材质的尺寸合适的螺纹接头，线管入盒时，必须对准盒的中心垂直安装

A2－3：PVC线管的连接安装步骤

拓展提升——配电线路的敷设

一、一般规定

配电线路的敷设，应符合下列条件：

（1）与场所环境的特征相适应；

（2）与建筑物和构筑物的特征相适应；

（3）能承受短路可能出现的机电应力；

（4）能承受安装期间或运行中布线可能遭受的其他应力和导线的自重。

配电线路的敷设环境，应符合下列规定：

（1）应避免由外部热源产生的热效应带来的损害；

（2）应防止在使用过程中因水的侵入或因进入固体物带来的损害；

(3) 应防止外部的机械性损害;
(4) 在有大量灰尘的场所，应避免由于灰尘聚集在布线上对散热带来的影响;
(5) 应避免由于强烈日光辐射带来的损害;
(6) 应避免腐蚀或污染物存在的场所对布线系统带来的损害;
(7) 应避免有植物和（或）霉菌衍生存在的场所对布线系统带来的损害;
(8) 应避免有动物的情况对布线系统带来的损害。

二、穿管布线

除下列回路的线路可穿在同一根导管内外，其他回路的线路不应穿于同一根导管内：

(1) 同一设备或同一流水作业线设备的电力回路和无防干扰要求的控制回路。

(2) 穿在同一管内绝缘导线总数不超过 8 根，且为同一照明灯具的几个回路或同类照明的几个回路。

在同一个槽盒里有几个回路时，其所有的绝缘导线应采用与最高标称电压回路绝缘相同的绝缘。

学习结果评价

“线管的连接安装”学习结果评价见表 A2-3-4。

表 A2-3-4 “线管的连接安装”学习结果评价

序号	评价内容	分值	得分
1	连接件的安装位置是否符合工艺要求	20	
2	连接件的尺寸是否正确	20	
3	连接件的安装是否固定牢固，且无倾斜或松动现象	20	
4	连接件有无漏装	30	
5	网孔板是否干净，且无施工遗留痕迹	10	
总计		100	

注：各项在设备断电情况下进行，若所列元器件没有安装，则视为不符合要求。

课后作业

1. 塑料线管入盒、箱时必须加装________。

A. 管卡　　B. 连接件　　C. 线槽　　D. 线管

2. 线管入盒（箱）时，在盒（箱）内露出长度应小于________ mm。

A. 3　　B. 4　　C. 5　　D. 6

3. 供三条相同或不同管路汇集处的连接件称为________。

A. 弯管接头　　B. 直管接头　　C. 三通接头　　D. 螺纹接头

4. 塑料线管的连接有哪些步骤?

职业能力 A2－4　能规范完成塑料线管任意角的安装

核心概念

塑料线管的任意角：塑料线管的任意角是指 PVC 塑料线管在不使用转弯连接件的情况下，根据施工现场的需求和安装标准采用弯管弹簧等工具将线管弯曲成符合要求的合适的角度。

塑料线管的弯管：使用弯管器等辅助工具或其他有效加工方式将 PVC 塑料线管弯曲成所需形状的过程。

学习目标

1. 能完成阻燃型塑料线管（PVC 管）的弯曲。
2. 能规范安装塑料线管弯管。

基本知识

一、线管弯曲类型

1. 鸭脖弯

在线管入盒（箱、槽）时需要做鸭脖弯，有时也称为“S”弯，其外形如图 A2－4－1（a）所示，弯曲的角度要根据盒（箱、槽）入孔位置决定。需要注意的是，在同一位置，多个线管入同一个箱体时，鸭脖弯形状、位置应一致，做到整齐美观。

2. 直角弯

在线管的敷设过程中，为了达到横平竖直的安装效果，需要制作线管直角弯，其外形如图 A2－4－1（b）所示。为保证直角的圆滑，不产生折皱、凹穴或裂缝、裂纹，直角弯的制作一般需要弹簧弯管器。

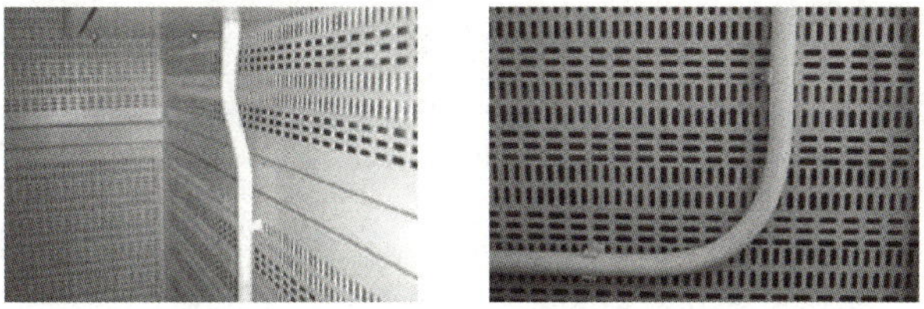

（a）鸭脖弯　　（b）直角弯

图 A2－4－1　弯管外形

二、阻燃型塑料线管的弯曲方法

塑料线管的弯曲方法分冷弯法和热弯法两种。热弯法主要适用于管径比较大（32mm 以上）的塑料线管；冷弯法适用于小批量的、管径比较小（25mm 及以下）的塑料线管弯管。这里主要介绍用弹簧弯管器冷弯的方法，如图 A2－4－2 所示。

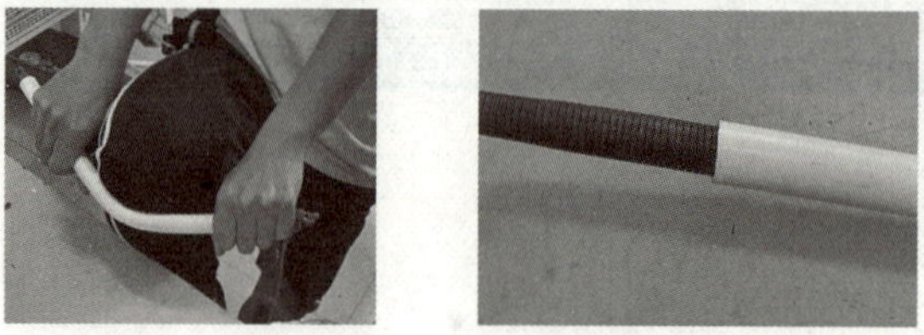

图 A2-4-2　弯管器的使用

弯管时，将与管子内径相应的弹簧弯管器插入管子需弯曲处，两手握住管子有弹簧弯管插入部位的两端，用手逐渐用力弯出需要的弯曲半径。若手力不够，可将弯曲部位顶在盖或硬物上再用手扳。弯曲的力度不能太猛，不要一次性就将角度弯出，要逐渐用力，逐渐弯曲，用力与受力点要均匀。一般情况下弯出的角度应比所需弯曲的角度略小，安装时再略做调整。待弯管回弹后，即可达到要求，然后将弹簧弯管器从塑料线管内抽出。

弯法注意要点：

(1) 长管冷弯。当弯曲较长的管子时，应用铁丝、细绳或稍大直径的塑料护套线系在弯管弹簧一端的圆环上，以方便弯管完成后将弹簧弯管器拉出。在弹簧弯管器未拉出前，不要用力使弹簧回复，否则容易损坏弹簧。当遇到弹簧不易拉出时，可逆时针转动弯管弹簧，使其外径收缩，同时向外用力即可拉出。

(2) 管子端部弯曲 90°或鸭脖弯。若要在硬质塑料线管的端部弯曲 90°或鸭脖弯，直接用手弯曲会比较困难，此时可用内径比管子外径略大而长度较长的钢管套在塑料线管被弯端部（起省力的作用），手握住管子，手动弯管，即可在管端弯出长度适当的 90°或鸭脖弯。

(3) 低温下弯管。若在低温下施工，进行冷弯容易使管子破裂，因此需要先用布将管子需要弯曲处摩擦生热，再进行管子的弯曲加工。

三、塑料线管弯管安装工艺要求

塑料线管弯管安装工艺要求见表 A2-4-1。

表 A2-4-1　塑料线管弯管安装工艺要求

直角弯安装工艺	线管弯曲处需圆滑		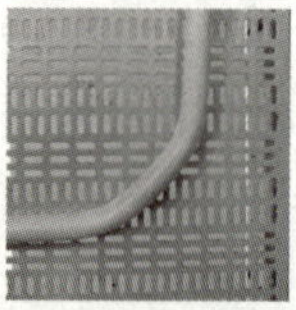 错误
	线管的弯曲处不能有折皱、凹陷或裂缝、裂纹，弯曲处弯扁的长度不大于管子外径的 10%	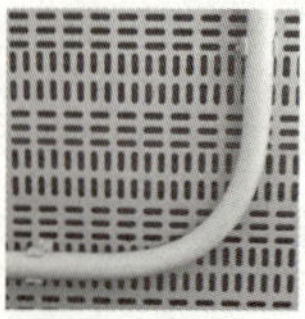	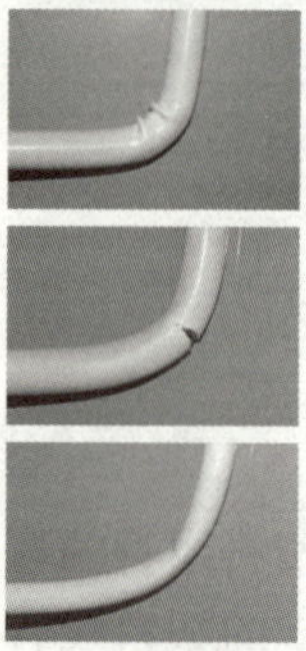 错误

续表

直角弯安装工艺	线管的弯曲半径应为线管外径的 4～5 倍	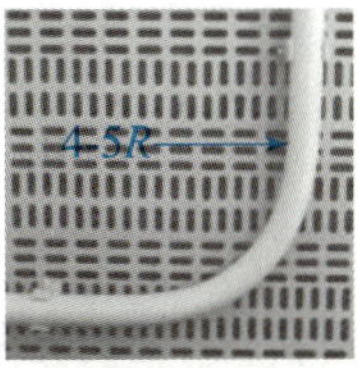	
	转弯处两端管卡应对称，管卡对转弯点距离应大于 50mm	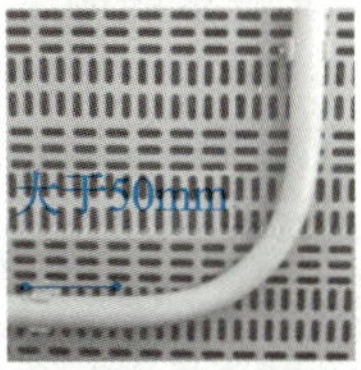	
	直角转弯的偏差角度不大于 ±5°	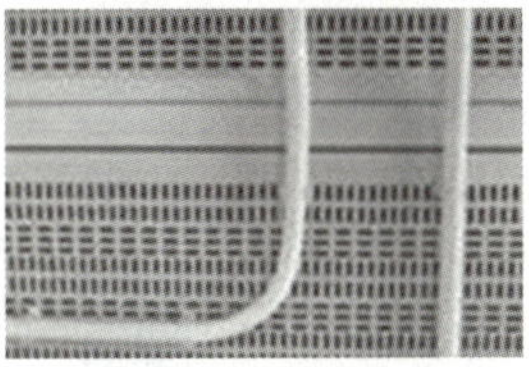	 错误
鸭脖弯安装工艺	线管不能直接入盒（箱）时必须做鸭脖弯处理	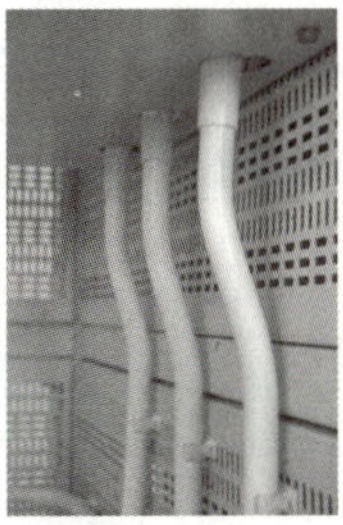	 错误
	同一位置，多个线管入同一个箱体时，鸭脖弯形状、位置应一致	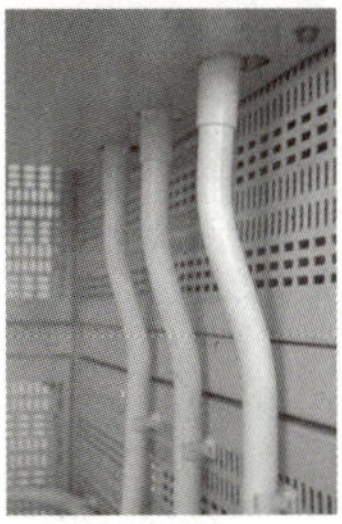	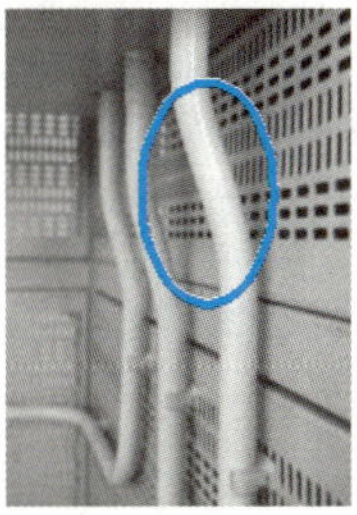 错误
	鸭脖弯进盒（箱）的线管进盒（箱）前要有管卡固定，管卡固定孔与盒（箱）边距离为 180～300mm	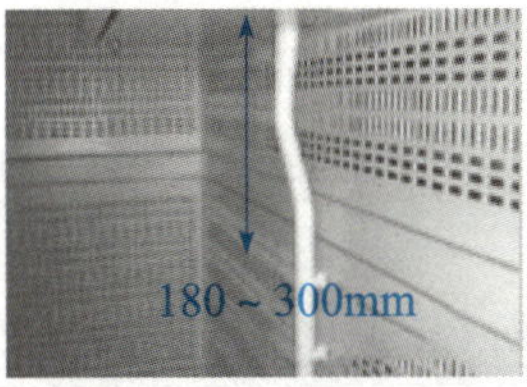	

能力训练

一、任务描述

根据产能需求，某生产车间新增一套照明线路，要求配套安装相应的塑料线槽将导线规范整理，请你根据图 A2－4－3 所示照明平面示意图，规范照明平面示意图完成鸭脖弯及直角弯的制作及安装。

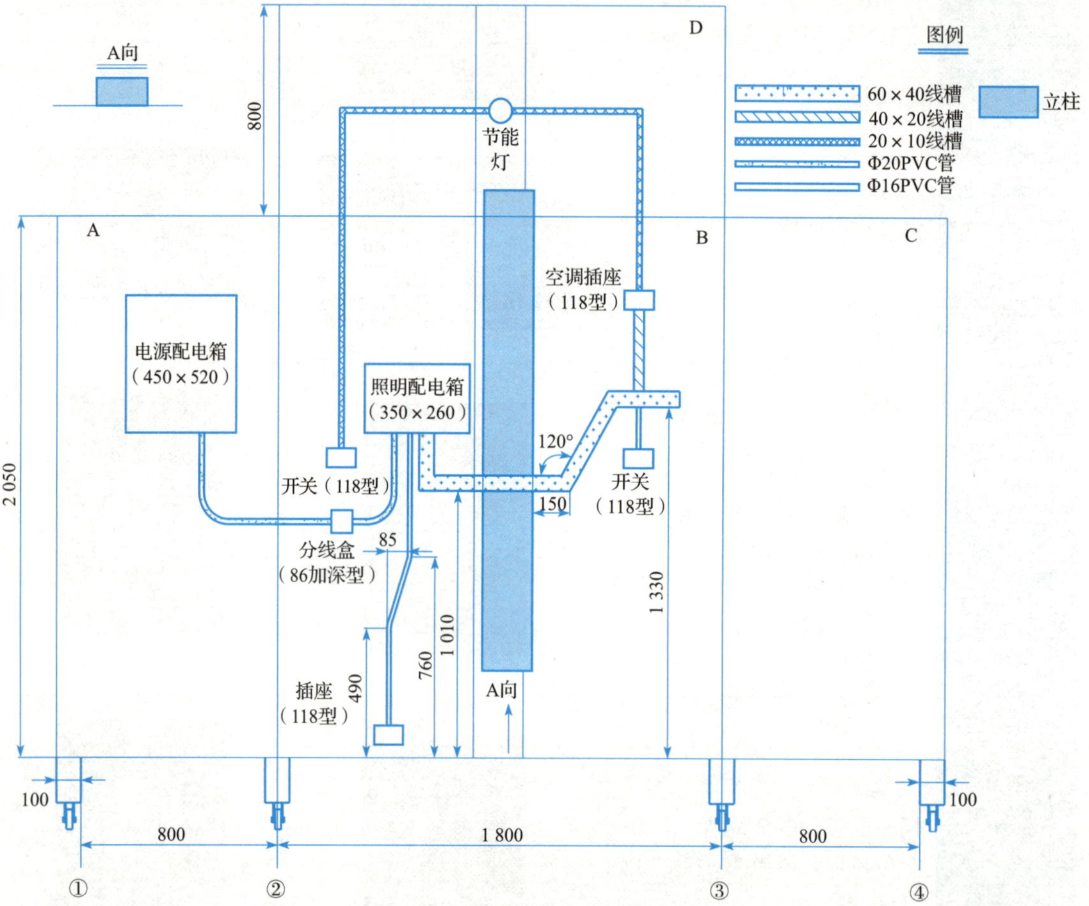

图 A2－4－3　照明平面示意图

二、操作过程

1. 准备

（1）需准备的材料：根据照明平面示意图选择塑料线管的规格有两种，分别为 Φ16 和 Φ20。

（2）需准备的工具：卷尺、水性笔、PVC 管剪刀、铅笔、弯管器。

（3）领取设备和耗材并填写表 A2－4－2。

表 A2-4-2　设备和耗材申请表

申请人：________　　　　领取时间：______年______月______日

设备/耗材	规格/型号	数量	归还时间	是否完好	备注

问题情境一： 实操前应该悬挂哪些指示牌？
问题情境二： 如何确定弯管的类型？
问题情境三： 如何确定实现弯管的工艺？

2. 弯管的定位安装

弯管的定位安装步骤见表 A2-4-3。

表 A2-4-3　弯管的定位安装步骤

序号	安装步骤	图示	操作方法说明	材料工具	质量标准
1	测量 A 墙面线管入电源配电箱的鸭脖弯尺寸及 A-B 直角弯尺寸	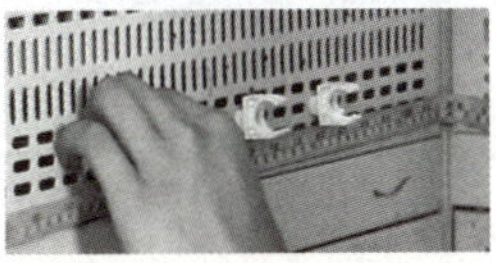 	1. 用卷尺测量弯管位置 2. 用水性笔标识	卷尺、水性笔	按照图纸要求，确定弯管位置，误差不大于±5mm
2	制作 A 墙面线管入电源配电箱的鸭脖弯及 A-B 直角弯	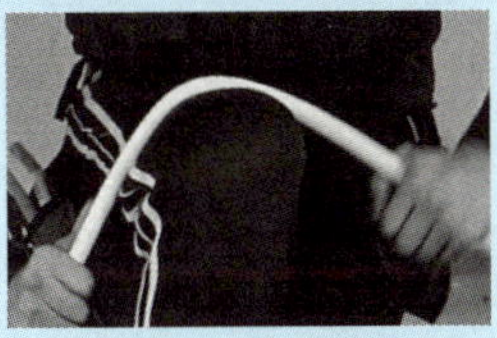 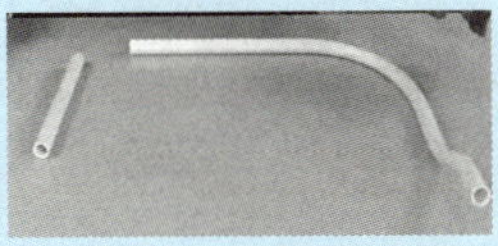	1. 按工艺制作鸭脖弯 2. 按工艺制作直角弯	PVC 管剪刀、弯管器、PVC 线管	按工艺要求制作鸭脖弯，线管弯曲处需圆滑

续表

序号	安装步骤	图示	操作方法说明	材料工具	质量标准
3	安装A墙面线管入电源配电箱的鸭脖弯及A-B直角弯		按安装工艺安装线管	管卡	鸭脖弯进盒（箱）的线管进盒（箱）前要有管卡固定，管卡固定孔与盒（箱）边距离为180～300mm
4	测量及制作B墙面分线盒与照明配电箱间的弯管	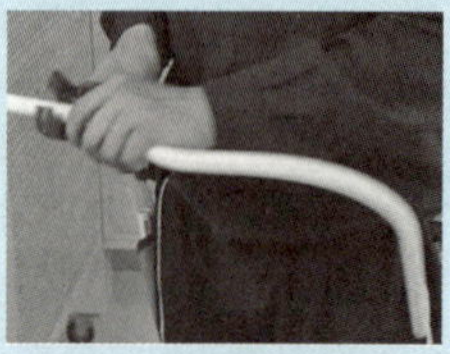	1. 用卷尺测量弯管安装位置，水性笔标识 2. 按工艺安装固定管卡 3. 按工艺安装鸭脖弯和直角弯	卷尺、水性笔、PVC管剪刀、弯管器、PVC线管	按照图纸要求，确定弯管位置，误差不大于±5mm，按工艺要求制作直角弯，线管弯曲处需圆滑
5	安装B墙面分线盒与照明配电箱间的弯管	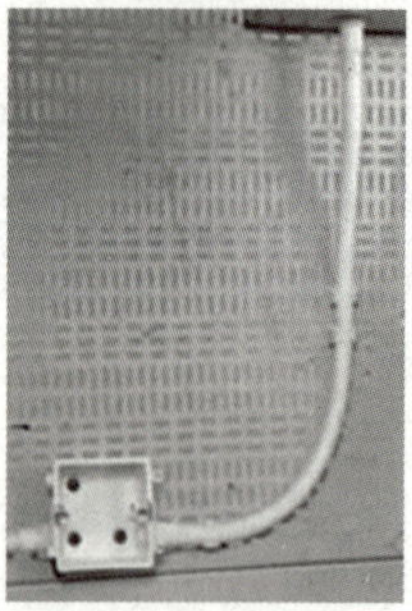	按安装工艺安装线管	管卡	转弯处两端管卡应对称，管卡对转弯点距离应大于50mm，直角转弯的偏差角度不大于±5°
6	测量及制作B墙面插座与照明配电箱间的弯管	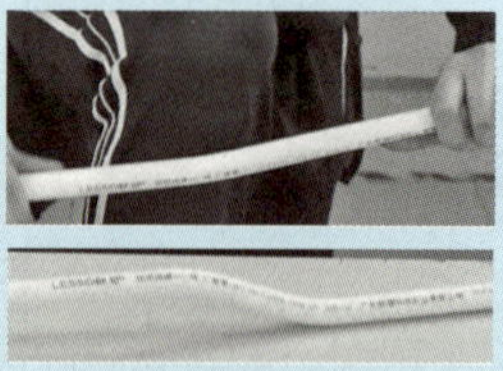	1. 用卷尺测量弯管位置 2. 用水性笔标识 3. 按工艺制作弯管	卷尺、水性笔、PVC线管剪刀、弯管器、PVC线管	按照图纸要求，确定弯管位置，误差不大于±5mm，按工艺要求制作直角弯，线管弯曲处需圆滑
7	安装B墙面插座与照明配电箱间的弯管	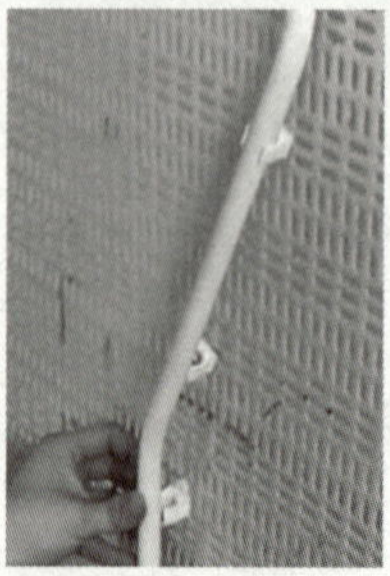	按安装工艺安装线管	管卡	弯管两端需有管卡固定，安装时须完全压入管卡内

续表

序号	安装步骤	图示	操作方法说明	材料工具	质量标准
8	安装 B 墙面线槽与开关间的线管	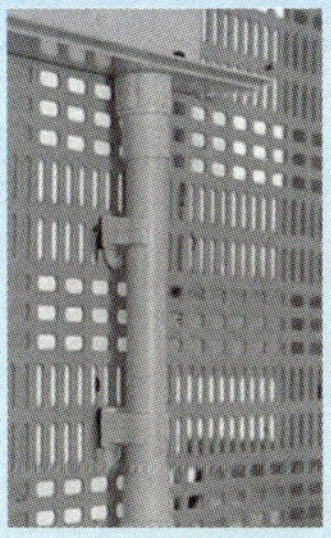	按安装工艺安装线管	连接件管卡	线管入槽须安装连接件并有管卡固定

A2－4：弯管的定位安装步骤

拓展提升——金属电线管敷设的操作工艺

一、敷设金属暗配管

（1）金属暗配管敷设在多尘和潮湿场所时，应做密封处理。

（2）暗配的管子宜沿最近的路线敷设并应减少弯曲，埋入管或混凝土内的管子离表面距离不应小于 15mm。

（3）金属暗配管埋入地下时，管不宜穿过设备基础，如必须过基础时应加保护管。

（4）管子煨弯、切断、套丝应符合要求，管口无毛刺、光滑，管内无铁屑，丝扣清晰干净，不过长。

（5）金属电线的管路连接时需注意丝扣连接应上好管箍，并焊接牢固；管路超过一定长度应加装接线盒。

（6）金属暗配管的敷设方式有：随墙配管、大模板混凝土墙配管、现浇混凝土楼板配管、预制圆孔板上配管。

（7）敷设金属暗配管要做好变形缝处理和地线连接。

二、敷设金属明配管

（1）金属明配管的敷设要根据设计图加工支架、吊架、抱箍及弯管。

（2）金属明配管弯管半径不小于管外径的 6 倍：扁铁支架不小于 30mm×3mm，角钢支架不小于 25mm×25mm×3mm。

（3）根据设计测出盒、箱与出线口等的准确位置，根据测定的盒、箱位置，把管路的垂直、水平走向标识出来，按照安装标准规定的尺寸要求，计算确定支架、吊架的具体位置。固定点的距离应均匀，管卡与终端、转弯中点、电气器具或接线盒边缘的距离为 150～

300mm。钢管中间管卡最大距离见表 A2－4－4。

表 A2－4－4　钢管中间管卡最大距离

钢管名称	钢管直径/mm			
	15～20	25～30	40～50	65～100
厚钢管	1500	2000	2500	3500
薄钢管	1000	1500	2000	—

（4）金属明配管固定方法有胀管法、木砖法、预埋铁件焊接法、稳注法、剔注法、抱箍法。

（5）金属明配管管路连接时需要检查管子有无毛刺，镀锌层或防锈漆是否完整，钢管不准焊接在其他管道上。

（6）金属明配管与设备连接应加软管，潮湿处或室外应做防水处理。

（7）金属明配管敷设要做好变形缝处理。

（8）敷设吊顶内、护墙板内管路时，材质、固定方式可参照金属明配管敷设工艺；连接弯度、走向等可参照金属暗配管敷设工艺，接线盒可使用暗盒。

学习结果评价

“弯管的定位安装”学习结果评价见表 A2－4－5。

表 A2－4－5　“弯管的定位安装”学习结果评价

序号	评价内容	分值	得分
1	是否按工艺制作直角弯，且无折皱、凹陷或裂缝、裂纹	20	
2	直角转弯的偏差角度是否小于±5°	20	
3	线管进槽、盒是否做成鸭脖弯	20	
4	是否按工艺要求工艺制作鸭脖弯	20	
5	是否按工艺安装弯管，且管卡位置正确	15	
6	网孔板是否干净，且无施工遗留痕迹	5	
总　计		100	

注：各项在设备断电情况下进行，若所列元器件没有安装，则视为不符合要求。

课后作业

1. 为保证直角的圆滑，直角弯的制作一般需要________。

A. 卷尺　　B. 剪刀　　C. 管卡　　D. 弹簧弯管器

2. 转弯处两端管卡应对称，管卡对转弯点距离应大于________。

A. 30cm　　B. 50mm　　C. 40cm　　D. 80cm

3. 直角转弯的偏差角度不大于________。

A. ±5°　　B. ±3°　　C. ±8°　　D. ±10°

4. 线管不能直接入盒（箱）时必须做________处理。

工作任务A3

金属桥架的安装

安全规范

1. 首先检查电气安装与维修理实一体化实训室的设备是否安全坚固。

2. 实施任务前，学生穿好电工服、绝缘鞋，戴好安全帽，如图 A3 - 1 所示。老师进行安全教育，对实训室进行 6S 管理。

3. 检查三项五线制电源是否处于断开状态，“禁止合闸，有人工作”指示牌是否放置在正确位置，如图 A3 - 2 所示。

图 A3 - 1　安全着装

图 A3 - 2　指示牌放置位置

4. PLC、触摸屏软件提前安装并调试正常，定期检查计算机是否携带病毒。

5. 亚龙 YL - 156A 型电气安装与维修实训考核装置安装底架做好安全接地设施，如图 A3 - 3 所示，一旦发生短路，漏电开关可跳闸保护。

6. 操作完成离开实训室之前确保已关闭设备及电源，操作台摆放整齐，室内清洁干净，如图 A3 - 4 所示。

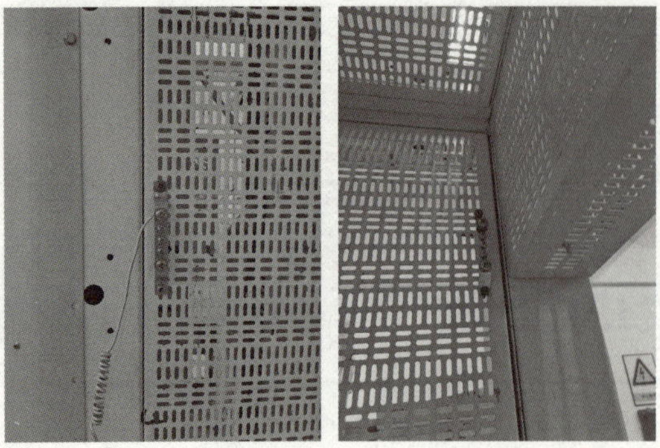

图 A3-3　安全接地设施

图 A3-4　整理实训台

教学条件及组织

教学条件：电气安装与维修理实一体化实训室、16 台 YL-156A 教学设备、计算机、32 套工具。

1. 异质分组。根据实际情况进行异质分组，每组两人，一名安装员，一名质量检测人员。

2. 协作分工。安装员负责金属桥架的安装，质检员负责检测金属桥架的安装质量，各成员要协作分工、角色轮换。

3. 质量检测。质检员严格把控安装质量，包括安装工艺、桥架规格、定位标准，并做好记录。

4. 任务小结。各成员总结金属桥架的安装步骤，强调规范操作、节约能源的职业素养。

职业能力 A3－1　能根据图纸选择金属桥架的直线段及其配件

核心概念

电缆桥架：简称为桥架，是由槽式、托盘式或梯级式的直线段、弯通、三通、四通组件以及托臂（臂式支架）、吊架等构成具有密接支撑电缆的刚性结构系统。

金属桥架：现有桥架大多以金属制品做成，同时为了使桥架具备防腐、耐潮等性能，桥架表面需进行处理，主要有喷漆、喷塑、电镀锌、热镀锌、粉末静电喷涂等工艺。

学习目标

1. 能识别桥架及桥架配件的规格。
2. 能根据图纸计算并选择桥架及其配件的型号。

基本知识

电缆桥架大多以金属材料做成，主要材质有钢、铝、玻璃钢等，这里所学习的电缆桥架指的是金属桥架。

一、电缆桥架的分类

电缆桥架分为槽式、托盘式、梯架式和网格式等结构，由支架、托臂和安装附件等组成。建筑物内桥架可以独立架设，也可以附设在各种建（构）筑物和管廊支架上，应体现出结构简单、造型美观、配置灵活和维修方便等特点，其全部零件均需进行镀锌处理。安装在建筑物外露天的桥架，如果是邻近海边或位于腐蚀区，则材质必须具有防腐、耐潮气、附着力好、耐冲击强度高的特点。

二、金属桥架的规格

在工程设计中，桥架的布置应根据经济合理、技术可行、运行安全等因素综合比较，以确定最佳方案，还要充分满足施工安装、维护检修及电缆敷设的要求。桥架的规格种类比较多，很多厂家可以按客户要求生产非标准规格的桥架。部分金属桥架规格见表 A3－1－1。桥架中电缆填充率要求不超过有关标准的规定值，动力电缆可取 40%～50%，控制电缆可取 50%～70%，另外需预留 10%～25%的发展余量。

表 A3－1－1　部分金属桥架规格表

钢板厚/mm	宽度/mm	高度/mm	钢板厚/mm	宽度/mm	高度/mm
1.0	50	25	1.4	150	75
1.2	100	50	1.6	200	100

续表

钢板厚/mm	宽度/mm	高度/mm	钢板厚/mm	宽度/mm	高度/mm
1.6	250	125	2.0	500	200
1.6	300	150	2.0	600	200
1.6	400	200	2.0	800	200

亚龙公司生产的1.0厚度金属桥架可用于敷设小量导线的走线。常用1.0厚度金属桥架及其配件的规格见表A3-1-2。桥架及桥架配件型号的选择可根据施工图纸计算得出。

表A3-1-2　常用1.0厚度金属桥架及其配件的规格

	类型	规格	单位	数量	图片
金属桥架（带盖）	桥架直线段	50×30×1 500	根		
		50×30×1 000	根		
		50×30×500	根		
		50×30×300	根		
		50×30×200	根		
		50×30×150	根		
	配件1	水平90°弯 100×100×30mm	只		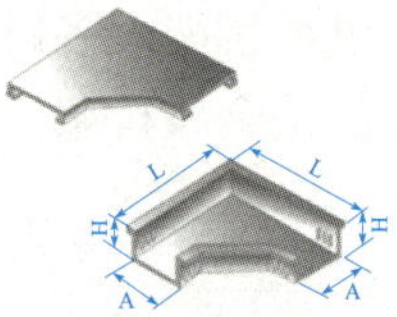
	配件2	水平135°弯 100×100×30mm	只		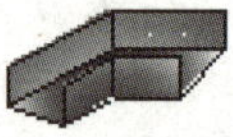
	配件3	垂直等径右上弯通	只		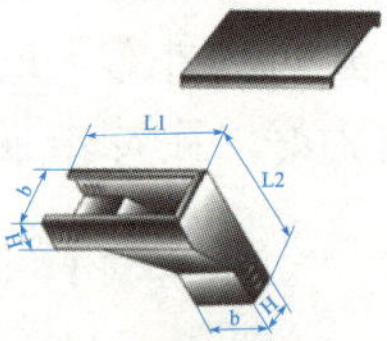
	配件4	垂直等径左上弯通	只		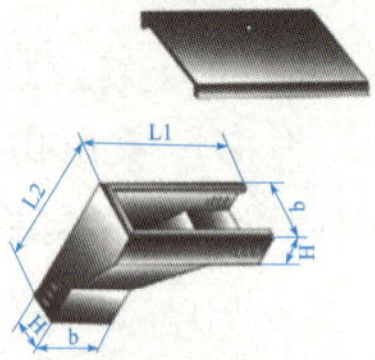
	配件5	垂直等径变向弯通 100×100×30mm	只		

续表

	类型	规格	单位	数量	图片
金属桥架（带盖）	配件 6	水平三通 150×100×30mm	只		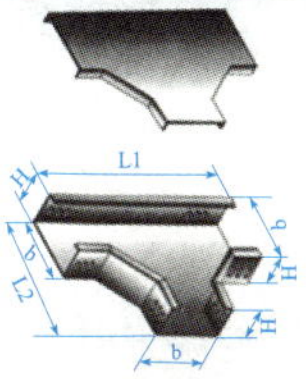
	配件 7	上边垂直等径三通	只		
	配件 8	桥架带孔封头 （端面）孔径 Φ23	只		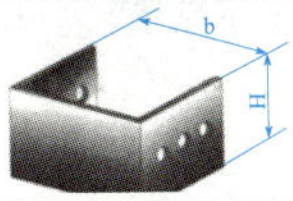
	配件 9	线槽支架（U 形托臂）1	只		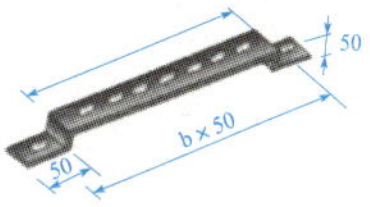
	配件 10	线槽支架（三角形托臂）2	只		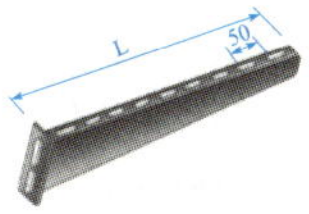
	配件 11	角钢立柱（桥架吊杆） 100×260×20mm	只		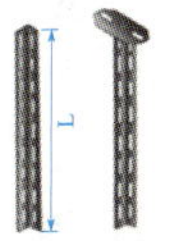
	配件 12	连接板 10×20×100mm	只		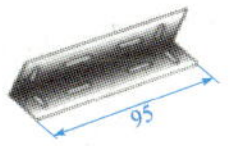
	配件 13	连接螺丝（专用）	套		M5×10，带自锁螺帽 1 只
	配件 14	铜制接地螺丝（专用）	套		M5×16，带帽 1 只、 平垫 2 只
	配件 15	桥架盖板安装卡	只		

三、金属桥架及其配件的计算方法

正常的桥架施工图通过四个视图展示出桥架的形状和位置尺寸，即主视图、俯视图、左视图和右视图。我们需要根据主视图或俯视图把握桥架的主体形状，再计算出桥架的配件和直线段规格和尺寸，具体的计算方法如下：

（1）用铅笔在桥架图上画出桥架配件的位置，并标出其尺寸。

（2）标出墙和三个箱的水平定位尺寸以备计算未知尺寸。

（3）通过总长 1 800mm 减去定位尺寸和主视图或俯视图上配件的横向尺寸求出桥架主视图或俯视图的各段未知尺寸，然后再分别计算出左视图和右视图的桥架尺寸。

（4）根据桥架模型按照直线段至少需要两个支撑，转弯前和转弯后都需要放置支撑，水平方向的桥架用三角形托臂支撑（大于 30mm 时加吊杆），垂直方向的桥架用 U 形托臂支撑，支撑架向里固定安装（不影响放线）等的要求计算出 U 形托臂、三角形托臂、吊杆的数量。

（5）根据桥架连接要求计算出桥架连接片、桥架螺丝的数量。

能力训练

一、任务描述

根据产能的需要，某车间要扩大生产线，要求配套安装相应的金属桥架用于导线的布线，请你根据金属桥架的动力布线示意图 A3－1－1，计算并选择金属桥架的直线段及其配件。

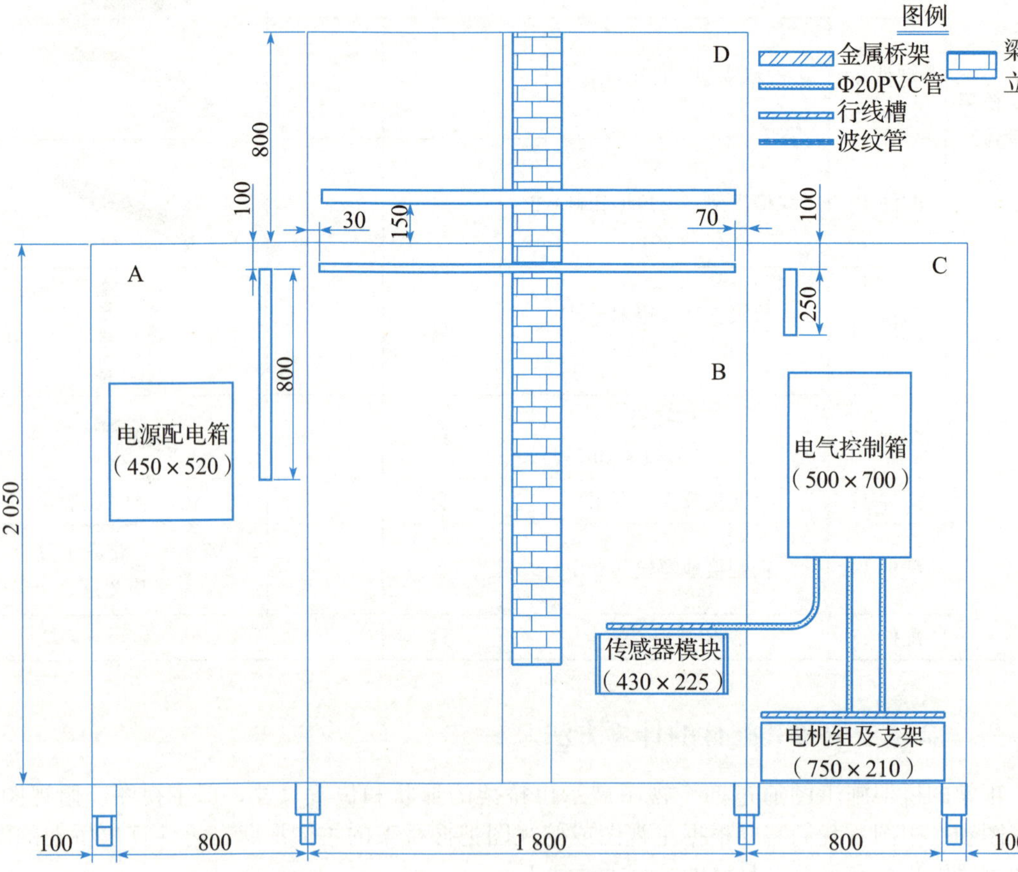

图 A3－1－1　动力布线示意图

二、操作过程

根据动力布线示意图，使用亚龙公司的桥架规格进行计算并选出所需的金属桥架及其配件的数量。

1. 根据图纸计算出金属桥架及其配件的型号

根据动力布线示意图计算出金属桥架直线段和配件的数量，桥架及其配件的计算过程如下：

（1）示意图中的主视图能够更直观地反映出桥架的形位尺寸。虽然主视图和俯视图都能够反映出桥架的主要形状，但是主视图所包含的定位尺寸更多，靠近 A 面和 C 面都有定位尺寸，便于计算。

（2）计算桥架的配件。桥架的左右两端都用到了垂直等径变向弯通的配件，它的横向和纵向尺寸都为 100mm。

（3）计算桥架的直线段。桥架直线段的长度为总长度减去定位尺寸和配件的横向尺寸，具体计算为：1 800－30－100－100－70＝1 500（mm），根据桥架的规格，选择一根 1 500mm 的直线段。

（4）左视图桥架的计算等于总长度减去配件的纵向尺寸，具体计算为 800－100＝700（mm），选择一根 500mm、一根 200mm 的直线段进行组合。

（5）右视图桥架的计算也等于总长度减去配件的纵向尺寸：250－100＝150（mm），选择一根 150mm 的直线段。

（6）据桥架的形状，计算出支撑件的数量，并选择对应的型号。按照直线段需要最少 2 个支撑点的基本原则，计算出桥架最少需要 6 个支撑点；再根据支撑点位置，在左右视图的直线段选择 4 个 U 形托臂支撑，主视图的直线段选择 2 个三角形托臂加吊架进行吊撑。具体计算后的桥架尺寸图如图 A3－1－2 所示。

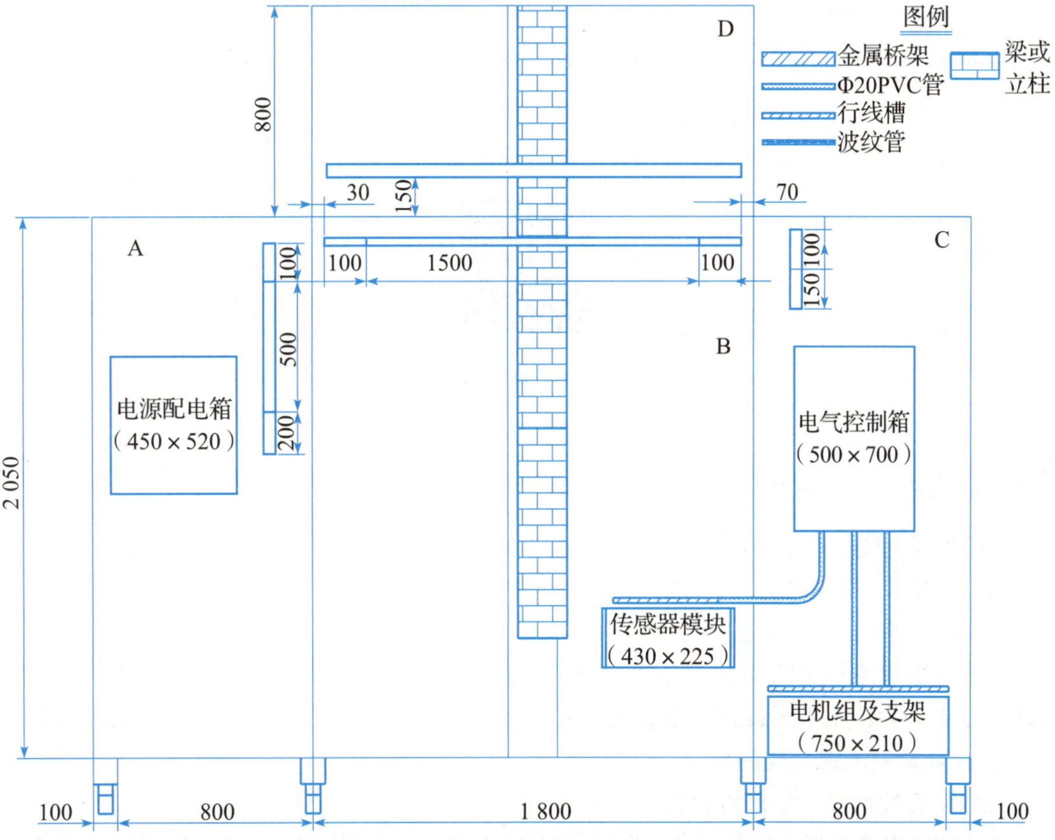

图 A3－1－2　桥架的尺寸图

经过以上计算，我们已经能够清晰地算出桥架的直线段和配件的型号分别为：

(1) 桥架直线段：一根 1 500mm、一根 500mm、一根 200mm、一根 150mm。

(2) 桥架配件：垂直等径变向弯通 2 个、U 形托臂 2 个、三角形托臂 2 个、吊架 2 个、桥架带孔封头 2 个、20 杯梳 2 个、桥架连接板 10 片（每两段桥架间使用两片）、桥架法兰螺丝若干套（用于连接片、封端片以及 U 形托臂和三角形托臂的安装）、桥架铜螺丝若干套（用于连接片、封端处的地线连接）。

2. 根据计算结果填写设备和耗材申请表

领取设备和耗材并填写表 A3－1－3。

表 A3－1－3　设备和耗材申请表

申请人：________　　　　　　　　　　领取时间：______年______月______日

设备/耗材	规格/型号	数量	归还时间	是否完好	备注

问题情境一： 如何确定桥架配件的型号和数量？

问题情境二： 如何确定桥架直线段的型号和数量？

A3－1：金属桥架配件及直线段的计算和选择

拓展提升——合金塑料电缆桥架

合金塑料电缆桥架是非金属防腐型电缆桥架，主要用于高腐蚀性电缆架设的支撑构件，适用于电力电缆以及控制电缆、照明配线、电信光缆等室内外架空电缆、电缆沟、隧道的敷设。

1. 合金塑料电缆桥架的类型

合金塑料电缆桥架的类型可分为：槽式、托盘、梯式、屏蔽、防火型等，还可根据工程现场需要分为：水平敷设式、垂直敷设式、转角、T 形、斗式分支及变径等多种样式。

2. 合金塑料电缆桥架的特点

(1) 耐腐蚀性高、使用寿命长。

合金塑料电缆桥架由于其本身不生锈、耐强酸弱碱的材料特点，在高腐蚀环境（如化工、煤炭、冶金、码头等）工程中，不参与化学反应，其使用的基本材料与电缆外层塑料化学基性类似，因此最适宜电缆敷设场所使用，使用年限远大于同结构的其他金属电缆桥架。

（2）阻燃。

合金塑料的氧指数高达 44，属于一级阻燃品（材料在成品状态下离火 1s 自动熄灭），当发生短路等电路故障引发明火时，能有效阻止火焰向外扩散造成进一步恶化。

（3）绝缘、抗干扰。

合金塑料桥架采用的是绝缘材料，可保护电缆在外层破损的情况下不会发生进一步反应（包括腐蚀、漏电等）。该种类的材料还具有较好的屏蔽性能（如抗辐射及其他电磁干扰等）。

（4）材质轻盈，便于安装。

与质量较大的铁质桥架相比，合金塑料桥架的重量小，可减少人员和机械设备的投入，加快安装速度，降低运输及安装成本。其在连接敷设过程中无需螺栓等连接件，且可以现场测量配件，减小了安装误差，简化了安装施工过程。

学习结果评价

“桥架及其配件型号和数量的选择”学习结果评价见表 A3-1-4。

表 A3-1-4 “桥架及其配件型号和数量的选择”学习结果评价

序号	评价内容	分值	得分
1	桥架直线段的型号和数量选用是否正确	20	
2	桥架配件的型号和数量选用是否正确	20	
3	桥架支架的型号和数量选用是否正确	20	
4	桥架螺丝的型号和数量选用是否正确	20	
5	作业完成后现场是否干净整洁，且无浪费材料	20	
总　计		100	

注：各项在设备断电情况下进行，若所列元器件没有安装，则视为不符合要求。

课后作业

1. 桥架中动力电缆线填充率是________。

A. 40%～50%　　B. 50%～70%　　C. 10%～25%

2. 对屏蔽干扰和重腐蚀环境中电缆的防护都有较好效果的桥架是________。

A. 托盘式电缆桥架　　B. 槽式电缆桥架　　C. 组合式电缆桥架

3. 本次课用到的桥架配件有________。

A. 垂直等径变向弯通　　B. 垂直等径右上弯通　　C. 水平 135°弯

4. 桥架的计算步骤有哪些？

职业能力 A3-2 能规范进行金属桥架的拼接

核心概念

金属桥架的拼接：将金属桥架的各直线段和配件按照规范逐节安装连接片、地线和螺丝，使桥架连成一体的过程。

学习目标

1. 能按照图纸正确搭建出金属桥架的模型。
2. 能规范进行金属桥架的拼接。

基本知识

一、金属桥架模型的搭建

金属桥架能否正确拼接，关键在于能否正确搭建出桥架的模型。搭建模型的过程是在地板上完成的，具体的步骤如下：

(1) 把选出的桥架直线段和配件的槽盖进行分离。

(2) 按照图纸要求在地板上摆出主视图的金属桥架模型。

(3) 摆出左视图和右视图的金属桥架模型。

(4) 复核桥架模型：

1) 将摆出的桥架模型与图纸进行对照，查看摆出的桥架模型形状和各节桥架的位置是否正确；

2) 拿尺子测量桥架长度尺寸是否符合要求，正常情况是小于 1 800mm。

复核确认没问题后即可进行桥架各段的拼接。

二、金属桥架的拼接

1. 桥架的连接

桥架的连接包含直线段之间的连接、直线段与配件以及配件与配件之间连接，如图 A3-2-1 所示，均使用桥架连接板进行连接，并用 M5 螺丝和法兰六角防松螺母紧固。注意螺母应安装于桥架的外侧，以便于使用工具进行紧固；连接过程中尽量减少桥架间隙，单侧安装 4 颗螺丝紧固，另一侧安装 2 颗螺丝紧固，预留两颗孔位用于安装连接地线。

2. 桥架支、吊架的安装

桥架吊装要求：

(1) 户内支、吊架直线段的支撑跨距一般采取 1.5～3m，户外立柱中跨距一般采取 6m。

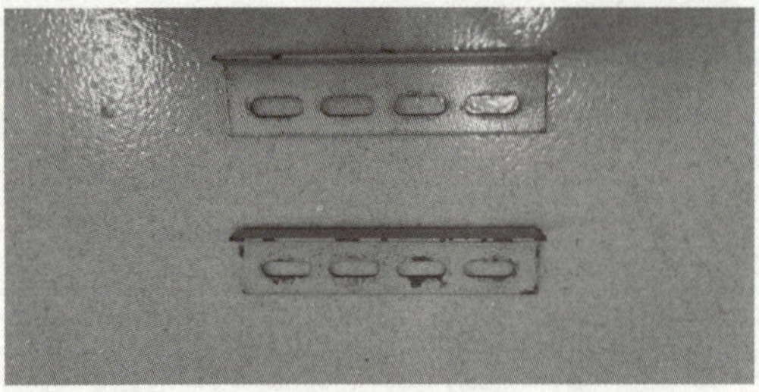

（a）桥架的连接板

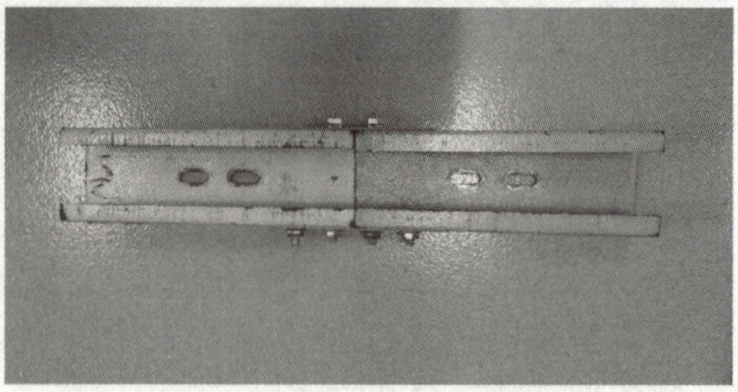

（b）桥架直线段的连接

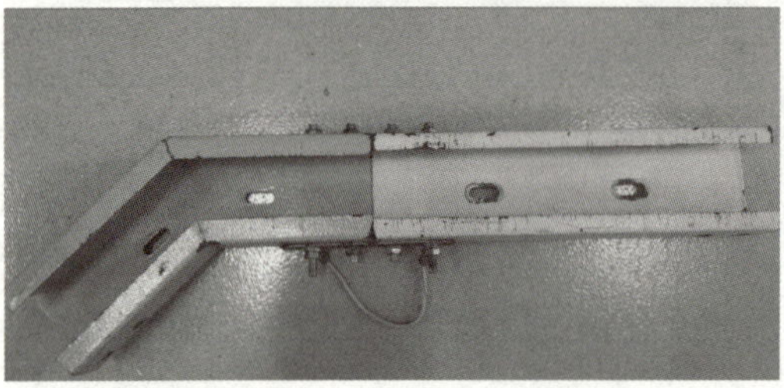

（c）桥架直线段与配件之间的连接

（d）桥架配件之间的连接

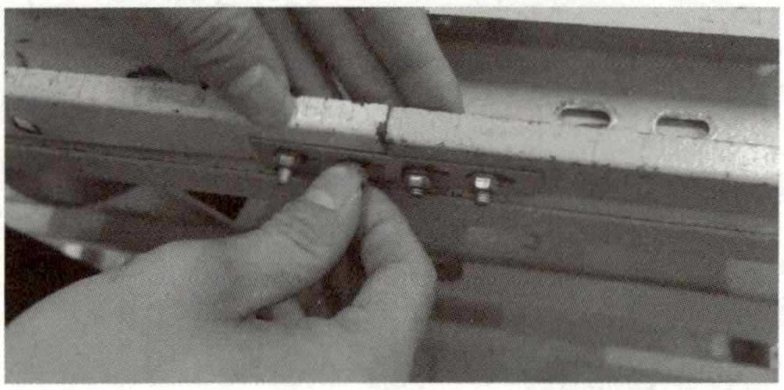

（e）在外侧使用螺母进行桥架的紧固

（f）预留的地线空位

图 A3-2-1　桥架段的连接

（2）非直线段的支、吊架配置遵循以下原则：当桥架宽度＜300mm 时，应在距非直线段与直线结合处 300～600mm 的直线段侧设置一个支、吊架。

（3）每段桥架上至少应有 2 处支、吊架对其进行固定。

（4）支架与吊架应安装牢固，保证横平竖直，在有坡度的建筑物上安装支架与吊架应与建筑物的坡度、角度一致。

（5）在进出接线盒、箱、柜、转角、转弯和变形缝两端及丁字接头的三端 500mm 以内应设固定支撑点。

桥架的支撑件有三种：三角形托臂、吊杆和 U 形托臂，如图 A3-2-2 所示。

3. 桥架的接地处理

电缆桥架及其支、吊架和引入或引出的金属电缆导管，必须进行可靠的保护接地，且必须符合下列规定：

（1）金属桥架及其支撑吊架全长应不少于 2 处与接地干线相连接。在桥架的首端、末端（或中间等位置）把桥架用导线接到地线上即可。

（2）非镀锌桥架间连接板的两端可不做接地跨接线，但每块连接板应有不少于 2 个防松螺帽或防松垫圈紧固连接的固定螺栓。

（a）三角形托臂

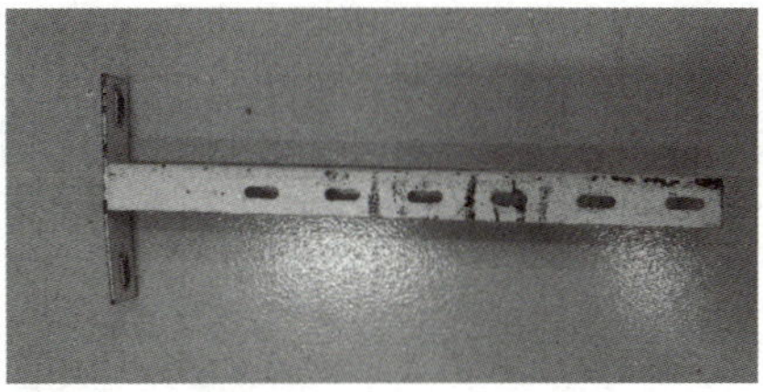

（b）吊杆

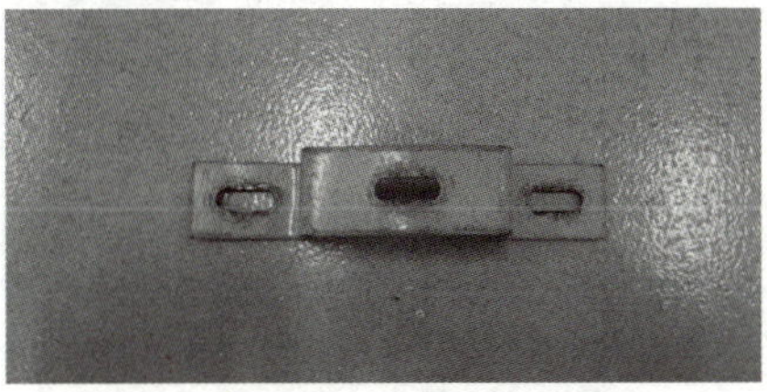

（c）U形托臂

图 A3－2－2　桥架的支撑件

桥架地线的安装如图 A3－2－3 所示。

图 A3－2－3　桥架地线的安装

三、金属桥架拼接的电工规范要求

金属桥架拼接有具体的电工规范要求，见表 A3－2－1。

表 A3－2－1　金属桥架拼接的电工规范要求

部件名称	规范与要求	与要求相符	与要求不符
桥架的组装工艺	桥架安装应平直，按图纸要求布线，安装尺寸误差不大于±10mm，不能出现倾斜、扭曲		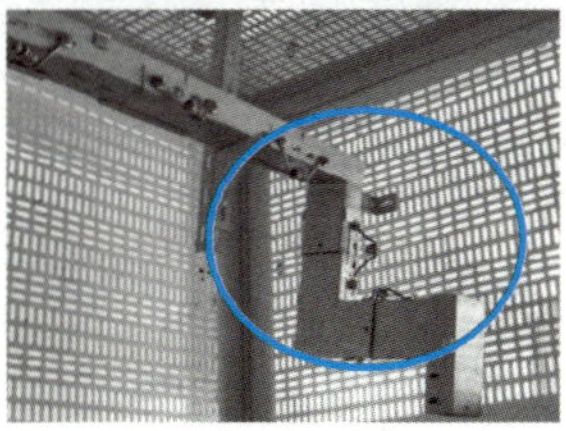
	桥架槽口应该向上或向外		

续表

部件名称	规范与要求	与要求相符	与要求不符
桥架之间接地线的处理	桥架连接应按要求使用连接片及安装螺丝，不允许少用	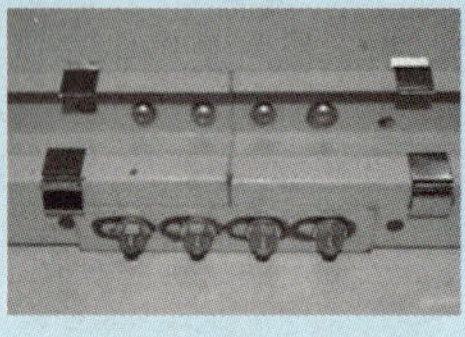	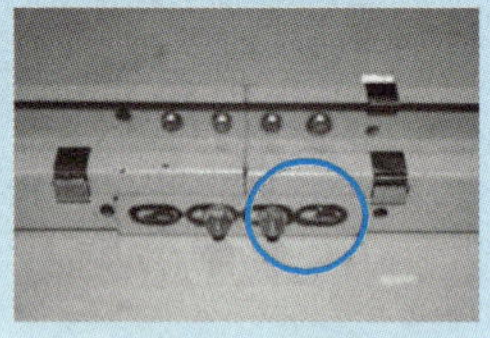
	桥架连接不能松动或出现明显缝隙		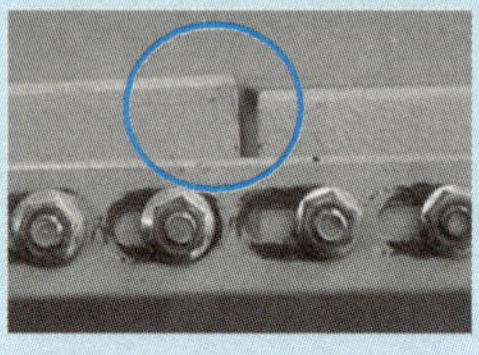
	紧固连接件的螺栓要向外		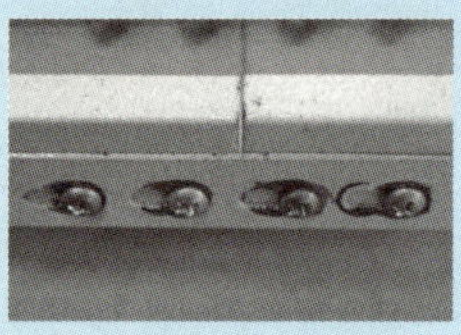
	桥架连接处需接地线跨接，并留有伸缩余量	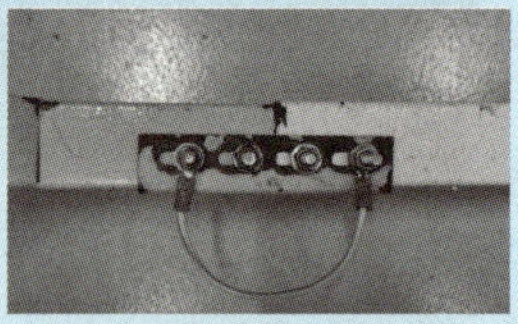	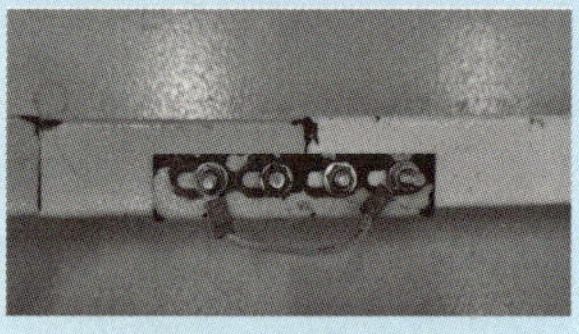
	连接接地线必须使用铜质螺栓、螺帽、垫片	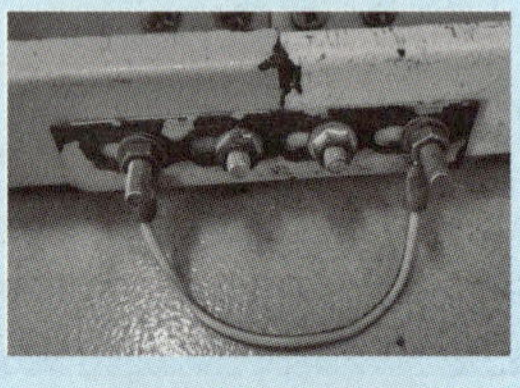	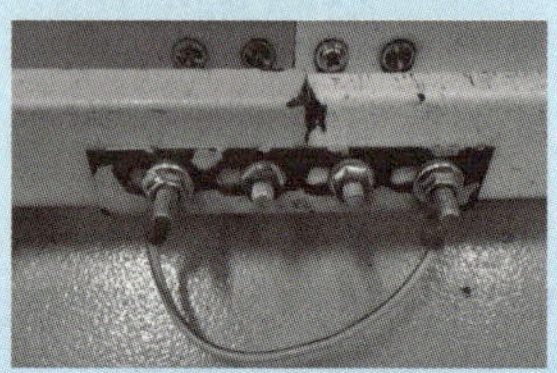
	连接接地线必须固定在两片铜质垫片之间并用螺帽压紧		
桥架的封端	桥架末端需用连接件封堵		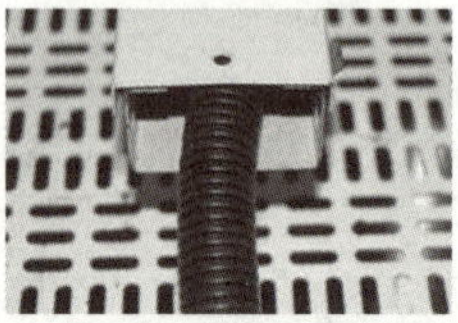

续表

部件名称	规范与要求	与要求相符	与要求不符
桥架支撑点的固定	支撑件需固定在桥架靠墙侧	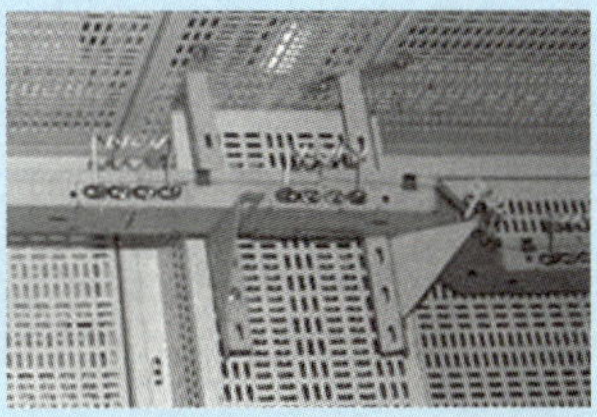	
	在可以固定的情况下，直线段两端需使用支撑件固定		
	在可以固定的情况下，转弯两段需使用支撑件固定		

能力训练

一、任务描述

根据产能的需要，某车间要扩大生产线，要求配套安装相应的金属桥架用于导线的布线，请你根据金属桥架的动力布线示意图 A3－2－4，规范进行金属桥架的拼接。

二、操作过程

1. 准备

（1）准备的材料：根据动力布线示意图选择元器件，包括桥架直线段以及配件、U 形托臂支撑、三角形托臂以及桥架法兰螺丝和桥架铜螺。

（2）需准备的工具：卷尺、水性笔、手电钻、十字风批头、螺母套筒、导线、压线钳、剥线钳。

（3）领取设备和耗材并填写申请表 A3－2－2。

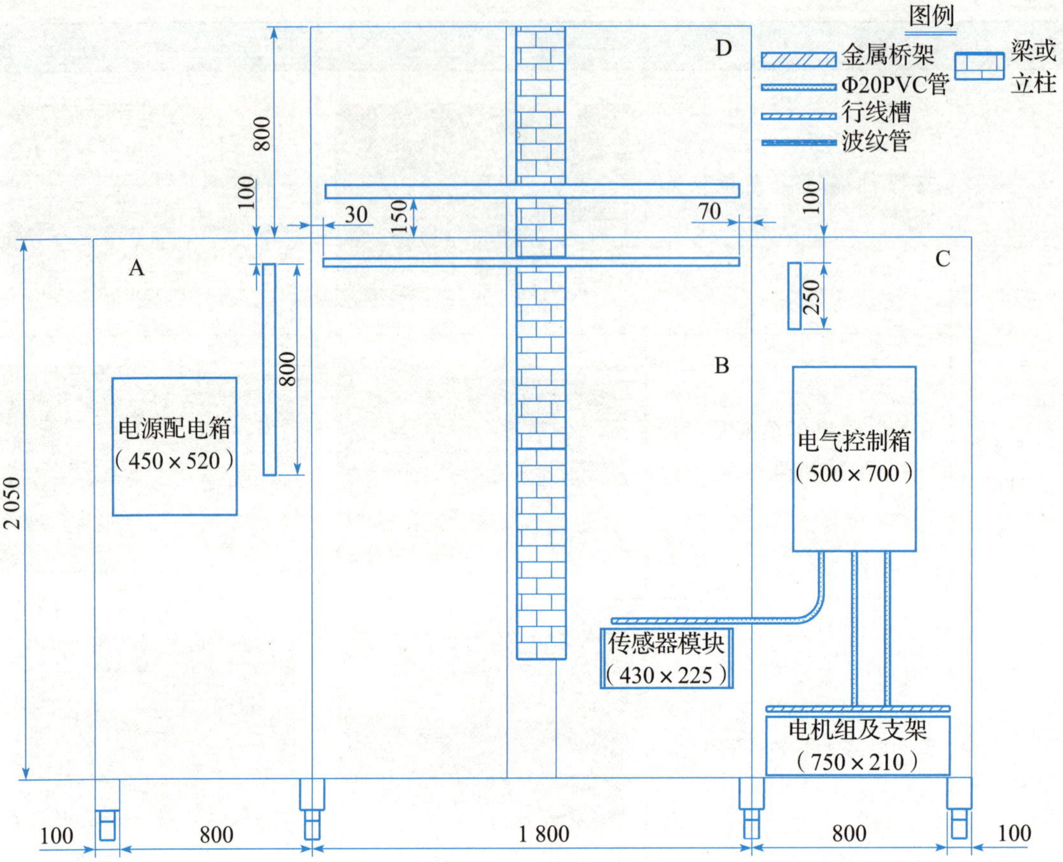

图 A3-2-4　动力布线示意图

表 A3-2-2　设备和耗材申请表

申请人：________　　　　　　　　　　　　　　　　领取时间：______年______月______日

设备/耗材	规格/型号	数量	归还时间	是否完好	备注

2. 金属桥架的拼接

金属桥架的拼接步骤见表 A3-2-3。

表 A3-2-3　金属桥架的拼接步骤

序号	安装步骤	图示	操作方法说明	材料工具	质量标准
1	按图纸在地上搭建出桥架模型	 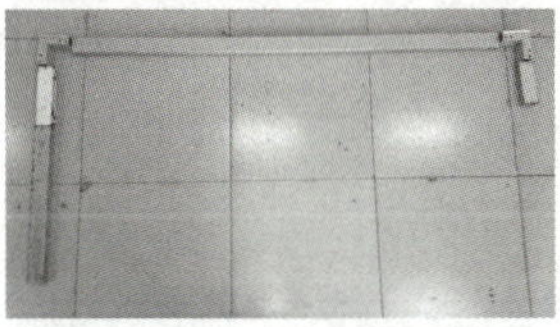	1. 把桥架直线段和配件的槽盖进行分离 2. 摆出主视图的金属桥架模型 3. 摆出左视图和右视图的金属桥架模型 4. 复核桥架模型尺寸是否正确	卷尺	按图纸要求在地板上正确摆出桥架模型，要求各段桥架的规格和位置正确
2	将搭建好的桥架模型逐段进行拼接	 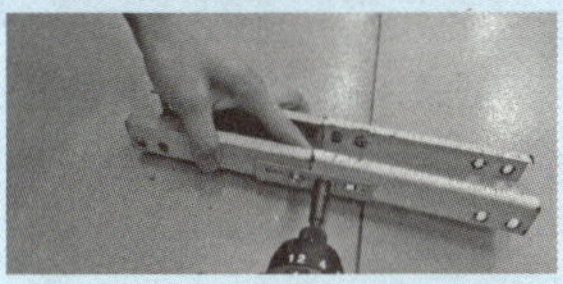 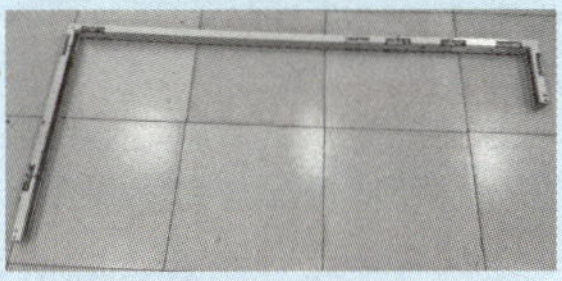	使用连接片和桥架螺丝将各节桥架紧密拼接起来： 1. 按照主视图桥架段→左视图桥架段→右视图桥架段的顺序进行拼接 2. 先安装桥架靠墙侧的四颗螺丝，再安装另一侧的两颗螺丝，预留两个孔位用于安装铜螺丝 3. 桥架螺丝的安装使用套筒工具进行上紧	手电钻、螺母、套筒	1. 桥架段选用正确 2. 所有桥架开口向上或向外 3. 相连桥架段使用连接件及连接螺丝选用正确、牢固且螺母在外 4. 相连桥架段之间的连接处没有明显缝隙
3	制作桥架间的连接地线	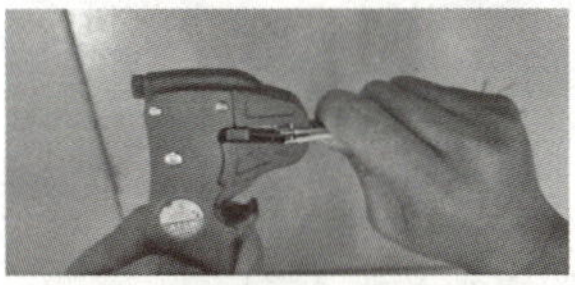 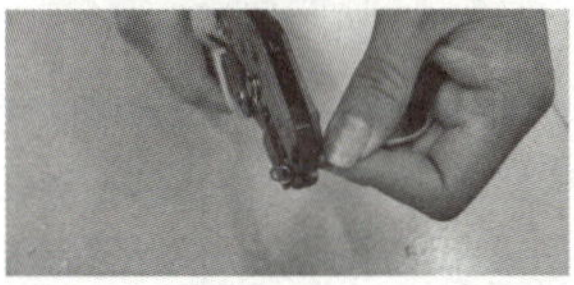	1. 按照桥架段数数出桥架连接地线的数量为 5 条（桥架段数减 1） 2. 裁剪出 5 根地线，注意桥架地线应留有适量余量 3. 使用 O 形连接端子压接好桥架地线的端子头	压线钳、剥线钳	桥架接地线外露铜不过长，也无压皮现象
4	安装桥架间的连接地线	 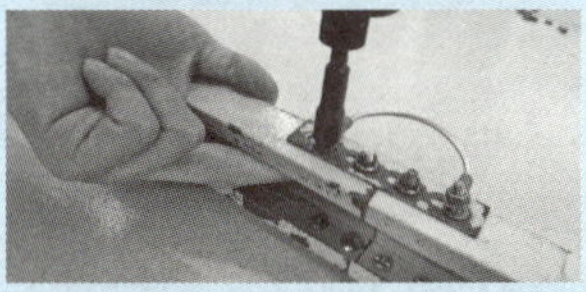 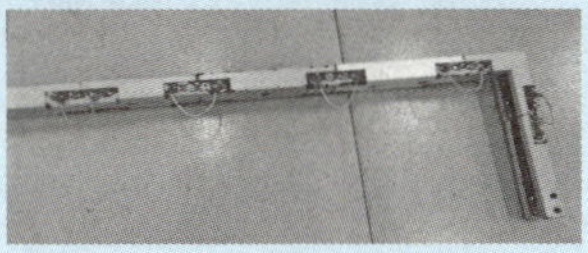	1. 桥架地线应使用铜螺丝、铜螺母和铜垫片进行安装 2. 安装顺序是：在孔位中放入铜螺丝→放入垫片 1→放入桥架地线 O 形端子→放入垫片 2→放入铜螺母→用套筒工具上紧	手电钻、螺母、套筒	1. 铜螺母安装在桥架外侧 2. 相邻桥架段之间有接地线连接，齐全无遗漏 3. 桥架接地线用铜螺丝连接，上下加垫片，齐全无遗漏

续表

序号	安装步骤	图示	操作方法说明	材料工具	质量标准
5	安装桥架封端	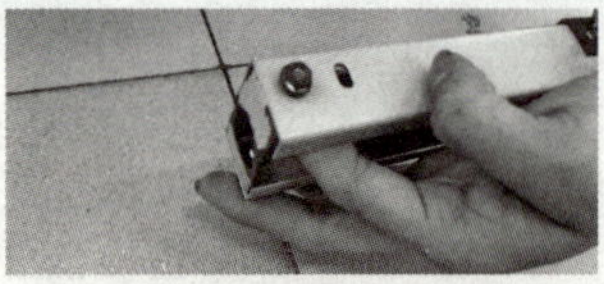 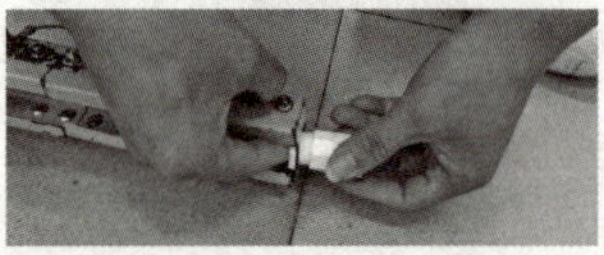	1. 把封端安装到桥架两边末端，使用 3 颗桥架螺丝进行紧固并预留一个靠近地排的空位用于安装铜螺丝 2. 安装 20 杯梳连接头到封端处	手电钻、螺母、套筒	螺丝选用正确、牢固且螺母在外
6	安装桥架的 U 形托臂支架	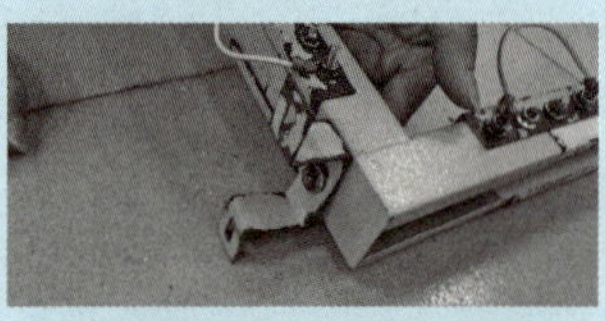 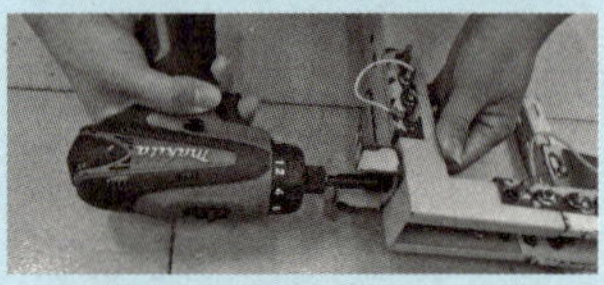	1. 在左视图桥架直线段的两端孔位各安装一个 U 形托臂：从桥架内侧放入桥架螺丝→在桥架底面装入 U 形托臂→放入法兰防滑螺母→使用套筒工具上紧 2. 以同样的方法安装好右端的两个 U 形托臂	手电钻、螺母、套筒	直线段最少安装两个支架支撑，直线段多于 3 节桥架的需在中间位增加支撑
7	安装桥架吊架支架	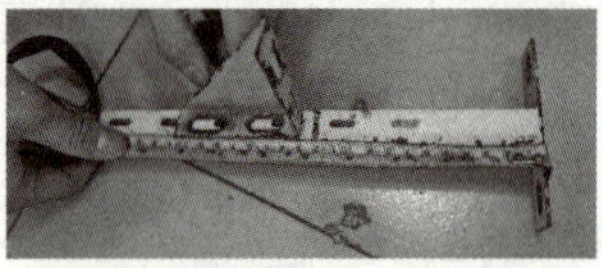 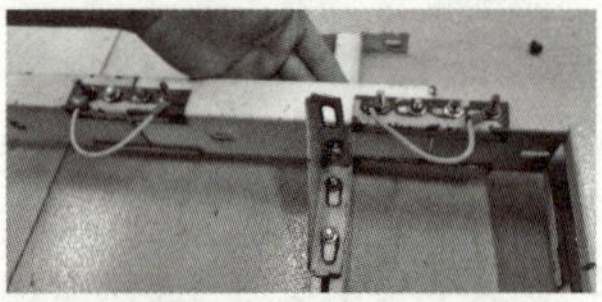 	1. 使用桥架螺丝将吊杆与三角形托臂安装到一起，正常情况下三角形托臂与吊杆垂直安装，安装的高度为 130mm（桥架高度 100mm+桥架厚度 30mm） 2. 使用桥架螺丝将吊架安装到桥架主视图的直线段中，安装位置为主视图直线段最左边、最右边以及靠中间的孔位，统一使用三角形托臂内侧的孔位进行安装	卷尺、手电钻、螺母、套筒	1. 吊架安装方式正确（吊架固定位可以与桥架方向平行或垂直） 2. 直线段最少安装两个支架支撑，直线段多于 3 节桥架的需在中间位增加支架

问题情境一： 如何搭建桥架模型？
问题情境二： 如何拼接桥架？
问题情境三： 如何安装桥架地线？
问题情境四： 金属桥架的支撑固定类型有多少种？各种类型的支撑是如何安装的？

A3－2：金属桥架的拼接

拓展提升——电缆桥架的安装要求及规范指导

电缆桥架作为布线工程的一个配套项目，目前尚无专门的规范指导，各个生产厂家的规格程式缺乏通用性，因此，设计选型过程应根据弱电各个系统缆的类型、数量，合理选定适用的桥架。

（1）确定方向：根据建筑平面布置图，结合空调管线和电气管线等设置情况、方便维修，以及电缆路由的疏密来确定电缆桥架的最佳路由。在室内，尽可能沿建筑物的墙、柱、梁及楼板架设，如许利用综合管廊架设时，则应在管道一侧或上方平行架设，并考虑引下线和分支线尽量避免交叉，如无其他管架借用，则需自设立（支）柱。

（2）荷载计算：计算电缆桥架主干线纵断面上单位长度的电缆重量。

（3）确定桥架的宽度：根据布放电缆条数、电缆直径及电缆的间距来确定电缆桥架的型号、规格，托臂的长度，支柱的长度、间距，桥架的宽度和层数。

（4）确定安装方式：根据场所的设置条件确定桥架的固定方式，选择悬吊式、直立式、侧壁式或是混合式，连接件和紧固件一般是配套供应的，此外，还应根据桥架结构选择相应的盖板。

（5）绘出电缆桥架平、剖面图，局部部位还应绘出空间图，列出材料表。

学习结果评价

“金属桥架的拼接”学习结果评价见表 A3－2－4。

表 A－2－4 “金属桥架的拼接”学习结果评价

序号	评价内容	分值	得分
1	桥架段选用是否正确	20	
2	所有桥架是否开口向上或向外	10	
3	相连桥架段使用连接件及连接螺丝是否选用正确、安装牢固，且螺母在外	10	
4	相连桥架段之间的连接处是否没有明显缝隙	10	
5	相邻桥架段之间是否有接地线连接，齐全、无遗漏，且有预留	20	
6	桥架接地线是否用铜螺丝连接，且上下加垫片，齐全、无遗漏	10	
7	桥架接地线外露铜是否无过长、压皮现象	10	
8	吊架和支架安装方式是否正确（吊架固定位可以与桥架方向平行或垂直）	10	
总　计		100	

注：各项在设备断电情况下进行，若所列元器件没有安装，则视为不符合要求。

课后作业

1. 桥架与桥架之间的连接需要使用________。

A. 三角形托臂　B. 连接片　C. 桥架配件　D. 自动螺丝

2. 金属桥架地线的安装必须使用________。

A. 自动螺丝　B. 连接片　C. 铜螺丝　D. 桥架螺丝

3. 金属桥架紧固连接件的螺栓要朝向________。

A. 里　B. 外　C. 上　D. 下

4. 金属桥架槽口应该________。

A. 向里或向上　B. 向里或向下　C. 向外或向上　D. 向外或向下

5. 金属桥架直线段需要最少使用________个支撑。

A. 1　B. 2　C. 3　D. 4

6. 金属桥架的拼接步骤有哪些？

职业能力 A3-3　能规范完成金属桥架的固定及桥架布线

核心概念

金属桥架的固定：将拼接好的桥架使用吊架和支架固定在各种建（构）筑物墙上或者管廊支架上。

桥架布线：在安装好的桥架上布置导线并将导线两端进行正确接线。

学习目标

1. 能按图纸要求完成金属桥架的固定。
2. 能规范进行桥架导线的布线。

基本知识

一、金属桥架的固定

1. 金属桥架的固定要求

（1）槽式大跨距金属桥架由室外进入建筑物内时，桥架向外的坡度不得小于 1/100。

（2）金属桥架与用电设备交越时，其间的净距不小于 0.5m。

（3）两组金属桥架在同一高度平行敷设时，其间净距不小于 0.6m。

（4）金属桥架固定时需要在平面图上注明桥架升降点的坐标或定位尺寸、标高。

（5）金属桥架宜高出地面 2.2m 以上，桥架顶部距顶棚或其他障碍物不应小于 0.3m，桥架宽度不宜小于 0.1m，桥架内横断面的填充率不应超过 50%。

（6）在吊顶内设置时，槽盖开启面应保持 80mm 的垂直净空，线槽截面利用率不应超过 50%。

（7）金属桥架水平敷设时，支撑间距一般为 1.5～3m，垂直敷设时固定在建筑物构体上的间距宜小于 2m。

2. 亚龙金属桥架三种固定方式的使用场合

亚龙金属桥架常见的固定方式分为三种：U 形托臂固定、三角形托臂固定、吊杆＋三角形托臂固定。以下是三种固定方式的使用场合。

（1）U 形托臂固定：用于桥架与地面垂直走向、与墙体平行走向的桥架段的固定，固定方式如图 A3-3-1 所示。

（2）三角形托臂固定：主要用于桥架水平走向且与墙体距离 30～50mm 的桥架段的固定，固定方式如图 A3-3-2 所示。

（3）吊杆＋三角形托臂固定：主要用于桥架水平走向且与墙体距离较远，需要在建筑物顶部吊装的桥架段固定，固定方式如图 A3-3-3 所示。

图 A3-3-1 U形托臂固定

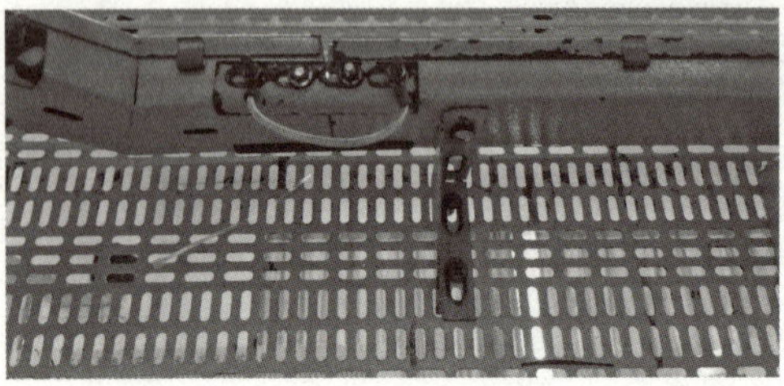

图 A3-3-2 三角形托臂固定

图 A3-3-3 吊杆十三角形托臂固定

3. 亚龙金属桥架固定的基本步骤

（1）上桥架：两名安装人员配合将已拼接好的桥架放置到固定的位置上。

（2）量距离：两名安装人员对照图纸的桥架定位尺寸分别用卷尺对金属桥架的水平方向和垂直方向进行测量，并指导另一名人员进行桥架位置的调整。

（3）固定：调整到位后，两名安装人员使用螺丝上紧支撑点，并复测桥架的定位尺寸是否正确。

二、桥架导线的布线

1. 保护接地干线的安装

金属电缆桥架及其支架，引入和引出的金属电缆导管必须接地（PE）或接零（PEN）可靠。金属电缆桥架及其支架全长 30m 以内的不少于 2 处与接地（PE）或接零（PEN）干线相连接，超过 30m 每 20～30m 增加 1 处与接地干线相连，使整个桥架为一个电气通路。在此工程中，横向的地下室桥架可与接地装置引出的扁钢连接；竖井内的电缆桥架，在首端、末端，中间每隔 30m，利用电井内设置水平 40 * 4mm 接地扁钢，与电缆桥架连接。

按照金属电缆桥架及其支架全长 30m 以内的不少于 2 处与接地（PE）或接零（PEN）干线相连接的要求，在已完成固定的金属桥架头尾两端均需使用铜螺丝进行地线连接，并将地线连接到设备的总地线上，以完成桥架保护接地的安装。

2. 电缆和导线在桥架内的布线要求

（1）电缆在金属桥架内的填充率，电力电缆不应大于 40%，控制电缆不应大于 50%，并应留有一定的备用空位，以便今后为增添电缆用。

（2）电缆金属桥架内缆线垂直敷设时，在缆线的上端和每间隔 1.5m 处应固定在桥架的支架上；水平敷设时，在缆线的首、尾、转弯及每间隔 3～5m 处进行固定。

（3）在水平、垂直桥架和垂直线槽中敷设线时，应对缆线进行绑扎。4 对线电缆以 24 根为束，25 对或以上主干线电缆、光缆及其他信号电缆应根据缆线的类型、缆径、缆线芯数分束绑扎，绑扎间距不宜大于 1.5m，扣间距应均匀、松紧适度。

（4）桥架导线入箱时需用波纹管过渡，长度合适、弧度合理，并且桥架段波纹管连接处使用封头，连接牢靠，箱体端的波纹管也需要使用连接件固定。

（5）桥架内敷设导线时，导线应该理顺，不得打绞、接头，更不准把多余导线塞进槽内。

三、金属桥架固定及布线的规范

金属桥架固定及布线的规范见表 A3－3－1。

表 A3－3－1　金属桥架固定及布线的规范

安装部位	规范与要求	与要求相符	与要求不相符
桥架的固定要求	桥架安装应平直，安装尺寸误差不大于±10mm，不能出现倾斜、扭曲		
桥架支撑点的固定	支撑件需固定在桥架靠墙侧	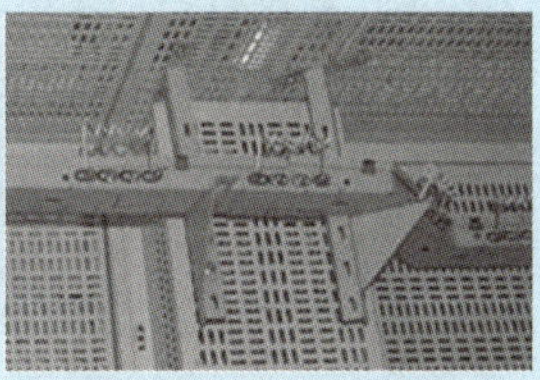	
	在可以固定的情况下，直线段两端需使用支撑件固定		
	在可以固定的情况下，转弯两段需使用支撑件固定		
桥架内导线的敷设	在桥架内敷线时，导线应该理顺，不得打绞、接头，更不准把多余导线塞进槽内		

续表

安装部位	规范与要求	与要求相符	与要求不相符
	桥架施工后需盖上盖板		
	桥架盖板需要四个卡扣对称固定	 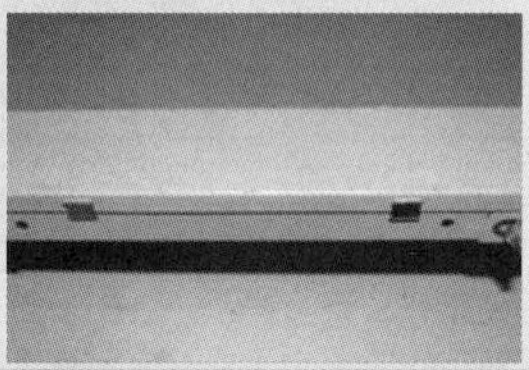	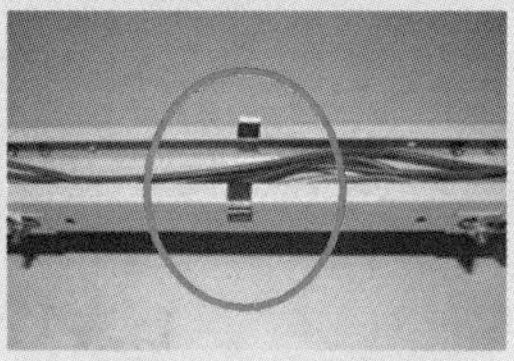 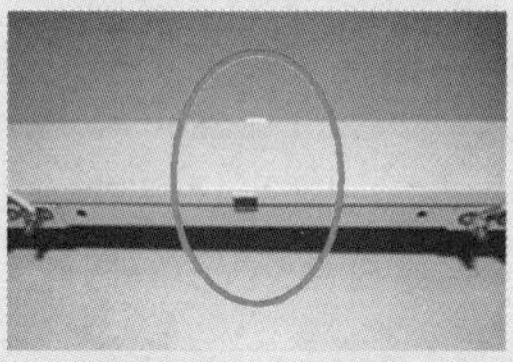
盖板固定要求	桥架入箱需用波纹管过渡	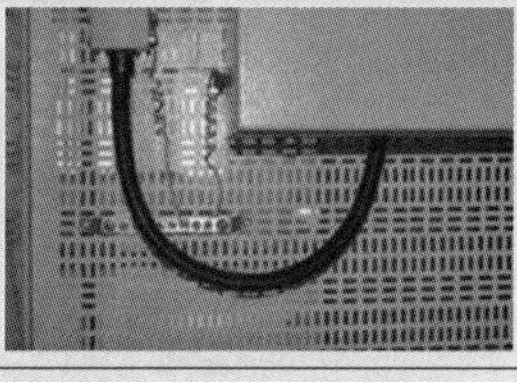	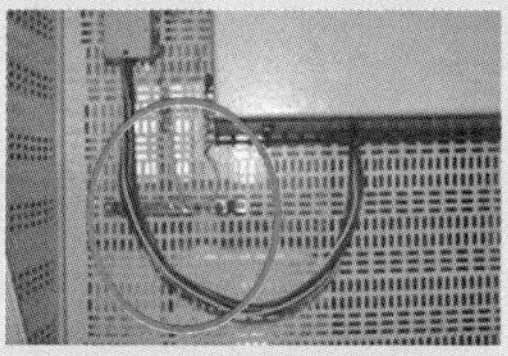
	桥架入箱过渡线应长度合适、弧度合理	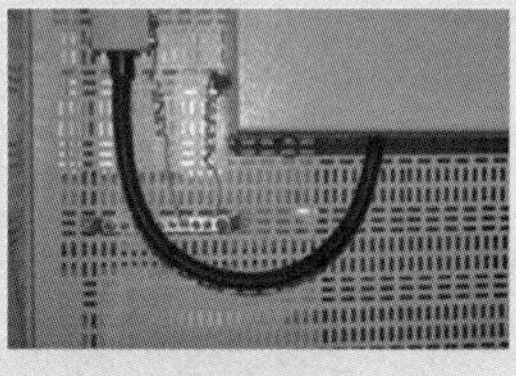	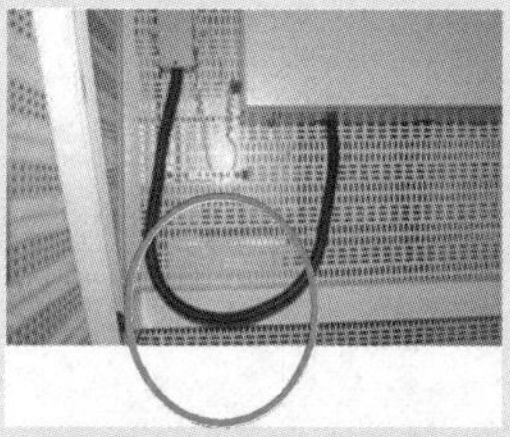 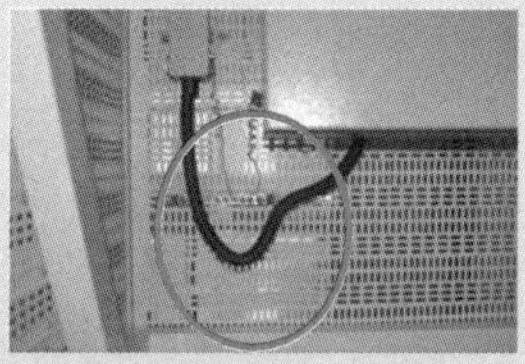
	桥架入箱过渡线管两端需用连接件固定	 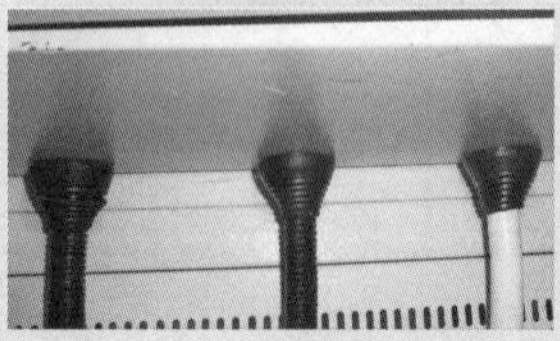	

续表

安装部位	规范与要求	与要求相符	与要求不相符
盖板固定要求	桥架入箱的过渡线管小于 500mm，可以直接过渡，大于 500mm，须按敷设规范加管卡固定		
桥架接地干线的连接	桥架不少于两处与接地干线相接		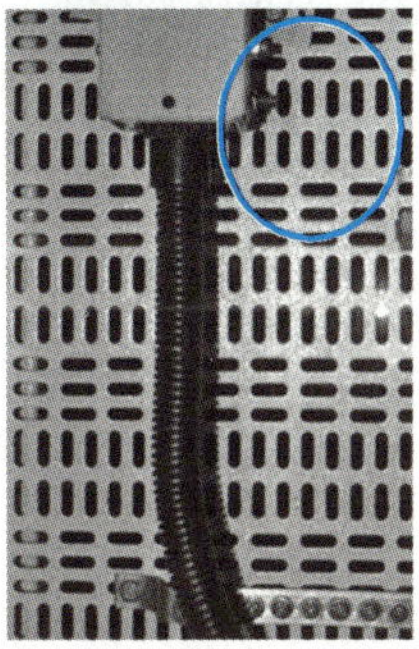

能力训练

一、任务描述

根据产能的需要，某车间要扩大生产线，要求配套安装相应的金属桥架用于导线的布线，请你根据金属桥架的动力布线示意图 A3－3－4 和供配电系统图 A3－3－5，规范完成金属桥架的固定及桥架布线。

二、操作过程

1. 准备

（1）需准备的材料：根据动力布线示意图选择金属桥架固定所需的耗材，包括 M5 的铜螺丝、M5 的铜螺母、M6 的铜垫片、自攻螺丝、桥架盖板卡子、桥架地线；根据供配电系统图选择金属桥架布线所需的导线耗材，包括 BV2.5mm^2 的黄色、绿色、红色、蓝色、黄绿双色导线各一卷。

（2）需准备的工具：卷尺、水性笔、手电钻、十字批头、螺母套筒、剥线钳。

（3）领取设备和耗材并填写表 A3－3－2。

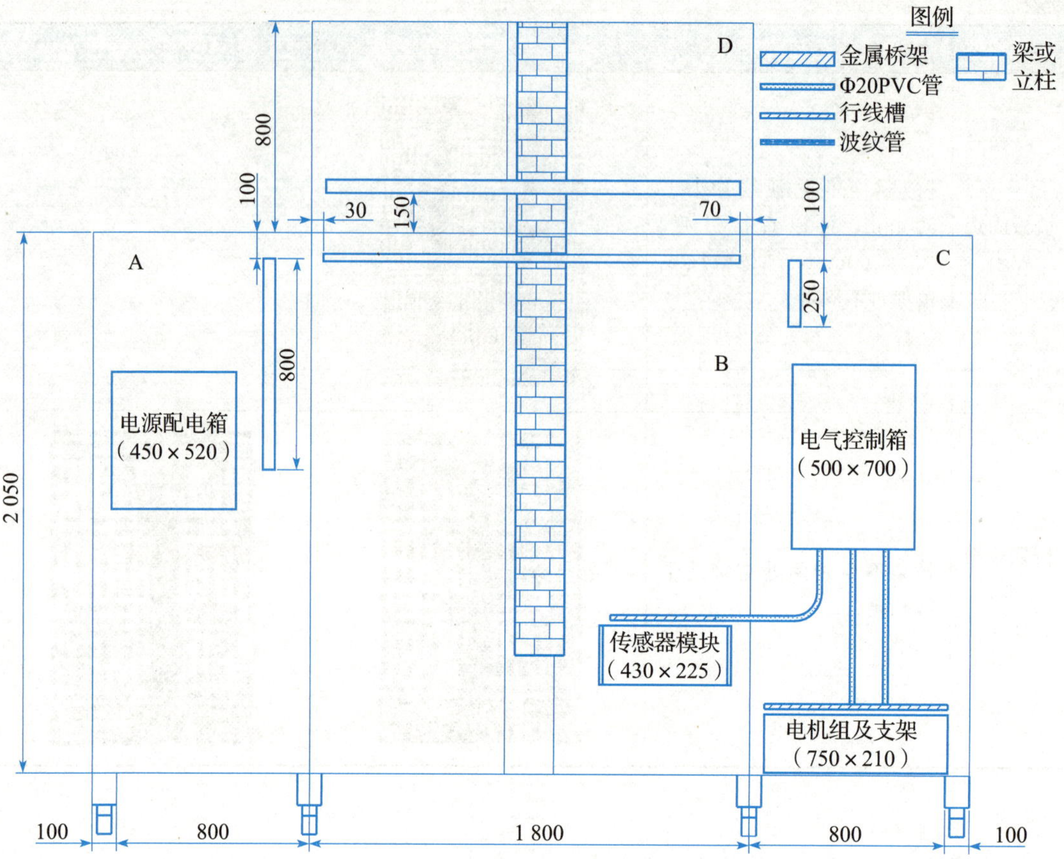

图 A3-3-4　动力布线示意图

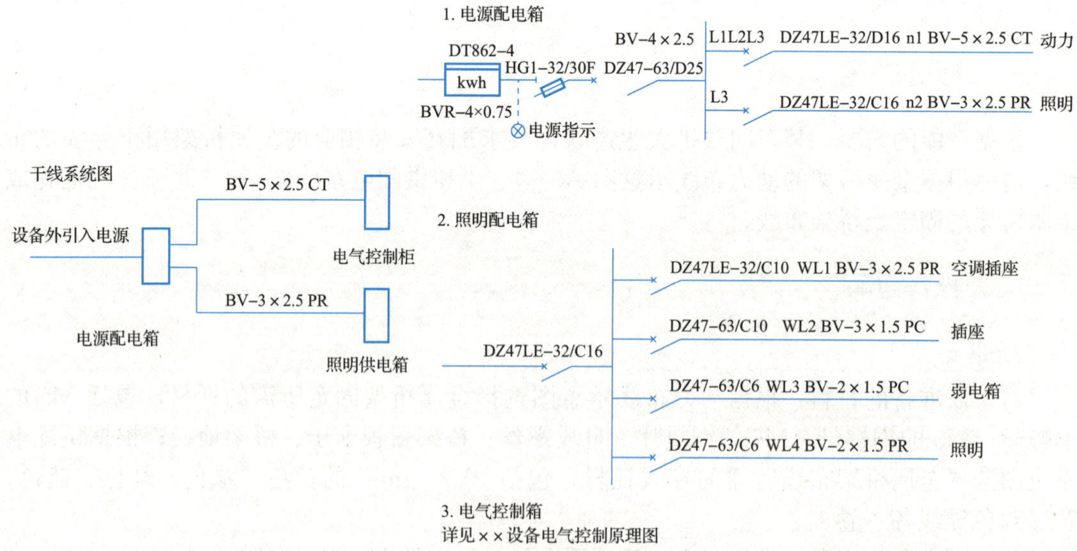

图 A3-3-5　供配电系统图

表 A3-3-2 设备和耗材申请表

申请人：________　　　　　　　　　　　　领取时间：______年______月______日

设备/耗材	规格/型号	数量	归还时间	是否完好	备注

问题情境一：如何确定桥架卡子的数量？

问题情境二：如何确定桥架导线的种类和数量？

2. 金属桥架的固定及桥架布线

金属桥架的固定及桥架布线步骤见表 A3-3-3。

表 A3-3-3 金属桥架的固定及桥架布线步骤

序号	安装步骤	图示	操作方法说明	材料工具	质量标准
1	上桥架		根据桥架图纸标识的大概位置，两名工作人员一人拿着桥架的一端，将桥架搬到需要安装固定的设备上面		桥架的安装方向要正确
2	测量定位	 	两名工作人员同时使用卷尺测量桥架与 B 面的距离，并将桥架两端都移动到距离 B 面 150mm 的位置处。（备注：由于桥架左右两端的固定采用的是 U 形托臂固定，因此桥架与 A 面和 B 面的距离为 30mm，桥架的安装高度由吊杆固定，在桥架拼接时已测量和安装好）	卷尺	通过测量确保桥架两端的位于距离 B 面的 150mm 处

续表

序号	安装步骤	图示	操作方法说明	材料工具	质量标准
3	上紧托臂支撑的螺丝	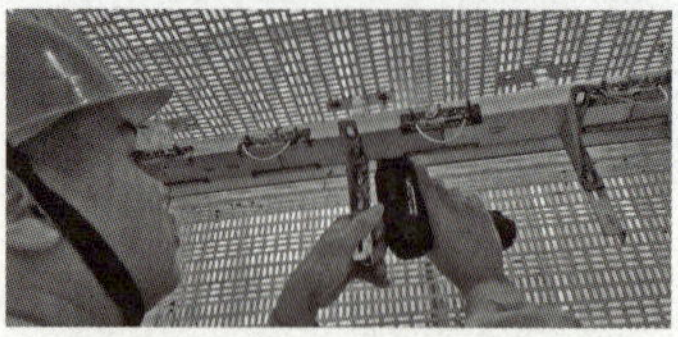 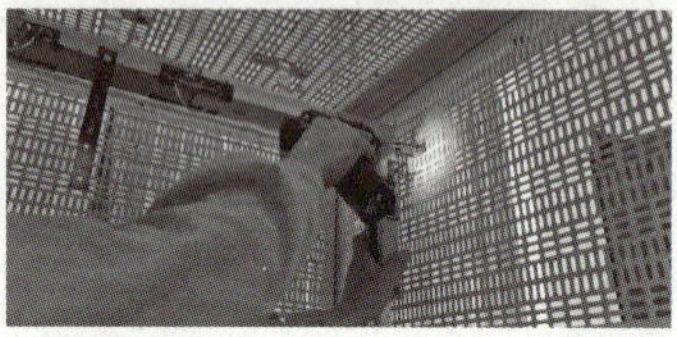	两名工作人员同时一只手固定住桥架，另一只手使用手电钻安装桥架两端的吊架螺丝，安装完两端的桥架螺丝后再把支撑的其他螺丝安装好，完成好桥架的固定	手电钻、自攻螺丝	1. 桥架安装应平直，安装尺寸误差不大于±10mm，不能出现倾斜、扭曲 2. 支撑件需固定在桥架靠墙侧
4	桥架地线干线的安装	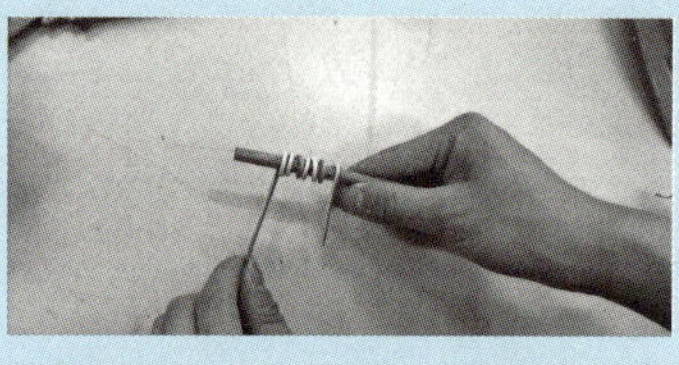 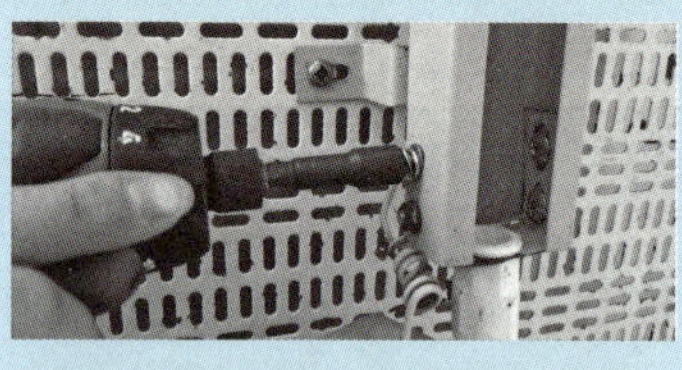 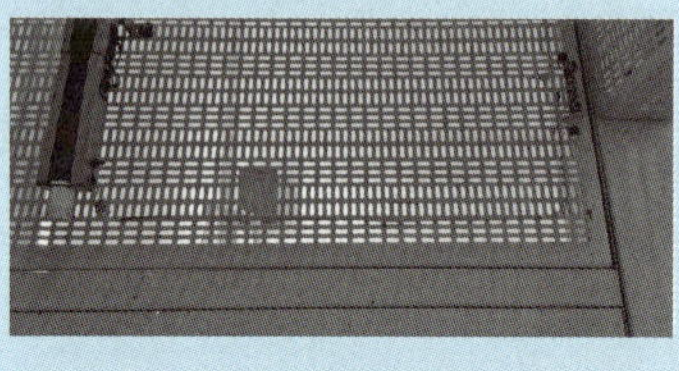	1. 在桥架末端左端的预留孔位安装铜螺丝和桥架地线，并将桥架地线干线连接到左端的地排端子上 2. 以同样的方式安装桥架右段的桥架地线干线，并将桥架地线干线安装到右端的地排端子上 3. 将桥架地线干线进行归边处理	手电钻、铅笔、螺母套筒	地线要进行弹簧卷处理，同时要合理归边
5	桥架导线的放置	 	1. 根据桥架长度以及桥架与电源配电箱和电气控制箱的距离进行桥架5根导线的拉线，注意要预留适当的余量 2. 将5根导线理顺后放到桥架内	5种颜色的导线	1. 导线要按照图纸要求进行配置（黄色、绿色、红色、蓝色、黄绿双色5种导线） 2. 在桥架内敷线时应该理顺，导线不得打绞、接头，更不准把多余导线塞进槽内

续表

序号	安装步骤	图示	操作方法说明	材料工具	质量标准
6	桥架盖板的安装	 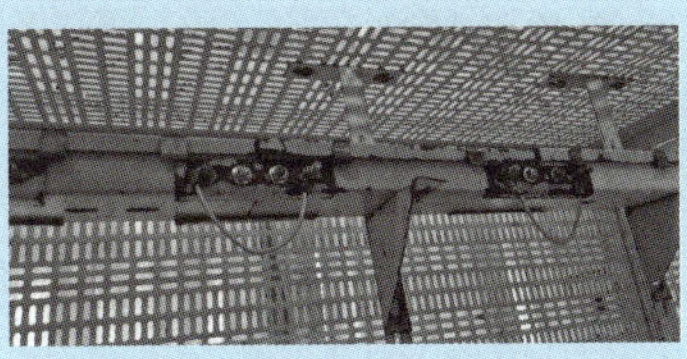	1. 在每节桥架中放入 4 个桥架盖板卡扣 2. 把桥架相应的盖板盖到桥架上并通过盖板卡扣卡紧	卡扣	桥架盖板需要 4 个卡扣对称固定
7	桥架波纹管的安装	 	1. 在桥架与箱体上安装波纹管连接件 2. 在桥架与箱体之间导线套上波纹管 3. 在波纹管与连接件的固定处使用电工胶布进行缠绕固定	波纹管、电工胶布	桥架入箱过渡的波纹管长度合适、弧度合理
8	桥架导线的接线	 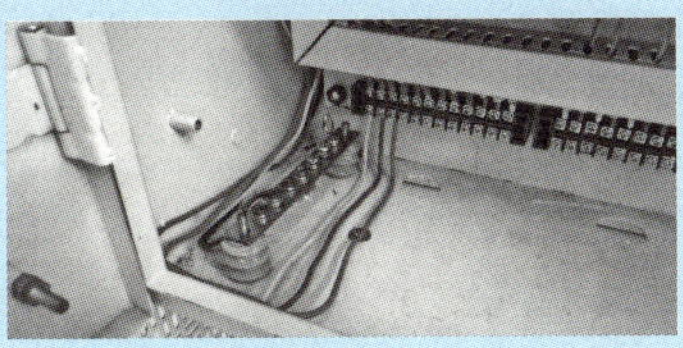	1. 桥架两端箱子将黄、绿、红 3 根导线按照一一对应的顺序连接好两个箱体的电源导线 2. 零线接入箱子的零排，地线接入箱子的地排	手电钻、剥线钳	箱体两端的电源导线颜色要按顺序一一对应，否则会影响电动机的转向

问题情境三：如何精准给桥架定位？

问题情境四：如何对桥架地线干线进行归边处理？

问题情境五：如何放置桥架导线更便捷？

A3－3：金属桥架的固定及布线

拓展提升——金属桥架的安装

（1）直线段钢制电缆桥架长度超过 30m、铝合金或玻璃钢制电缆桥架长度超过 15m 应设有伸缩节，跨越伸缩缝处设置补偿装置，可用带伸缩节的桥架。

（2）桥架与支架间螺栓、桥架连接的板螺栓紧固无遗漏，螺母位于桥架外侧，当铝合金桥架与钢支架固定时，有相互间绝缘的防电化腐蚀措施，一般可垫石棉垫。

（3）敷设在竖井内和穿越不同防火区的桥架，应按设计要求位置，有防火隔离措施，如图 A3－3－6 所示。电缆桥架在电气竖井内敷设可采用角钢固定。

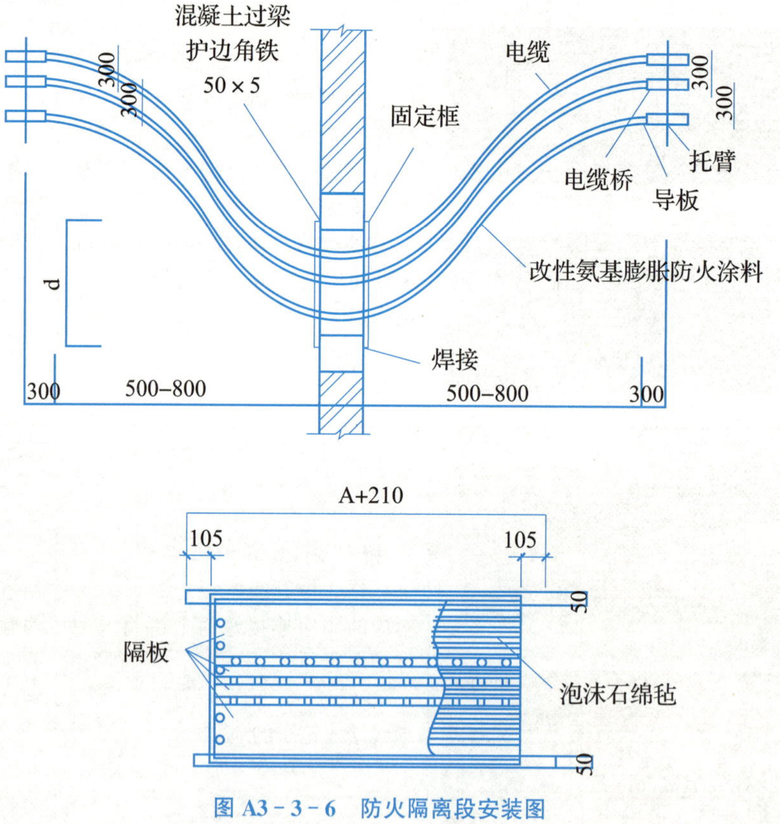

图 A3－3－6　防火隔离段安装图

（4）电缆桥架在穿过防火墙及防火楼板时，应采取防火隔离措施，防止火灾沿线路延燃。防火隔离墙、板，应配合土建施工预留洞口，在洞口处预埋好护边角钢，施工时根据电缆敷设的层数和根数用 L50×50×5 角钢作固定框，同时将固定柜焊在护边角钢上。也可以先做好框，在土建施工中砌体或浇灌混凝土时安装在墙、板中。

学习结果评价

"金属桥架的固定及桥架布线"学习结果评价见表 A3-3-4。

表 A3-3-4 "金属桥架的固定及桥架布线"学习结果评价

序号	评价内容	分值	得分
1	桥架安装平直，且安装尺寸误差小于±10mm，无倾斜、扭曲	20	
2	在桥架内敷线时理顺，且导线无打绞、接头	10	
3	桥架段与波纹管连接处是否使用封头，且连接牢靠	10	
4	与桥架相连的波纹管长度是否合适	10	
5	桥架接地线是否用铜螺丝连接，且上下加垫片，齐全、无遗漏	5	
6	桥架接地线外露铜是否无过长、压皮现象	5	
7	桥架是否至少两处与接地干线连接，且进行归边处理	20	
8	每段桥架是否都安装 4 个盖板安装卡，且盖板盖好并嵌入安装卡中	20	
总　计		10	

注：各项在设备断电情况下进行，若所列元器件没有安装，则视为不符合要求。

课后作业

1. 每节桥架应该放置________个桥架卡扣，以便牢固安装桥架盖板。
A. 2　　B. 3　　C. 4　　D. 5
2. 金属桥架的安装尺寸误差不大于________mm。
A. ±5　　B. ±10　　C. ±15　　D. ±20
3. 每节桥架至少要有________处与接地干线相连。
A. 1　　B. 2　　C. 3　　D. 4
4. 根据本节内容的图纸，桥架布线的导线有________条。
A. 3　　B. 4　　C. 5　　D. 6
5. 桥架的支撑点应安装于靠________侧。
A. 内　　B. 外　　C. 墙　　D. 梁
6. 金属桥架固定的步骤有哪些？

工作任务A4 电源配电箱的安装

安全规范

1. 首先检查电气安装与维修理实一体化实训室的设备是否安全坚固。

2. 实施任务前，学生穿好电工服、绝缘鞋，戴好安全帽，如图 A4－1 所示。老师进行安全教育，对实训室进行 6S 管理。

3. 检查三项五线制电源是否处于断开状态，“禁止合闸，有人工作”指示牌是否放置在正确位置，如图 A4－2 所示。

图 A4－1 安全着装

图 A4－2 指示牌放置位置

4. PLC、触摸屏软件提前安装并调试正常，定期检查计算机是否携带病毒。

5. 亚龙 YL－156A 型电气安装与维修实训考核装置安装底架做好安全接地设施，如图 A4－3 所示，一旦发生短路，漏电开关可跳闸保护。

6. 操作完成离开实训室之前确保已关闭设备及电源，操作台摆放整齐，室内清洁干净，如图 A4－4 所示。

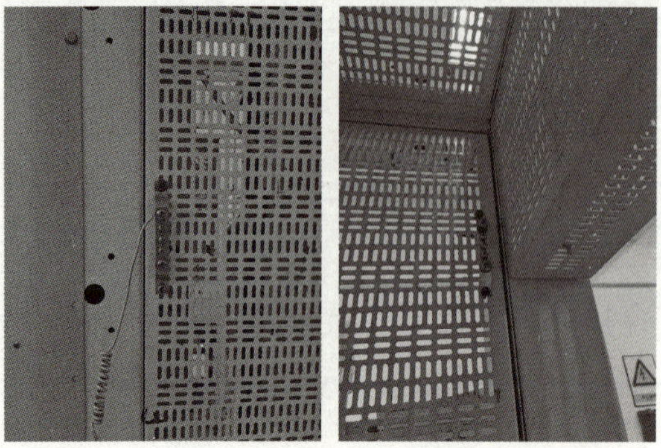

图 A4－3　安全接地设施

图 A4－4　整理实训台

教学条件及组织

教学条件：电气安装与维修理实一体化实训室、16 台 YL－156A 教学设备、计算机、32 套工具。

1. 异质分组。根据实际情况进行异质分组，每组两人，一名安装员，一名质量检测人员。

2. 协作分工。安装员是组长，负责组织、协调、分配任务，各个角色要轮换。

3. 质量检测。质量检测人员检测电源配电箱定位情况，包括元器件的型号、安装位置，并做好记录。

4. 任务小结。各成员总结电源配电箱的安装步骤，强调科学严谨、精益求精的职业素养。

职业能力 A4-1　会识读电源配电箱元器件的铭牌并选择相应的型号

核心概念

电源配电箱：是按照电气接线要求将开关设备、测量仪表、保护电器和辅助设备组装在封闭或半封闭柜中或箱上，构成的低压配电装置，是所有用户用电总的一个电路分配箱。

电源配电箱元器件：电源配电箱中能根据外界的信号和要求，手动或自动地接通、断开电路，以实现对电路或非电对象的切换、控制、保护、检测、变换和调节的元器件。

学习目标

1. 能识读电源配电箱元器件的铭牌。
2. 能正确选择电源配电箱及相关元器件的型号。

基本知识

一、电源配电箱

电源配电箱是作为某一单元的总进线的动力分配控制，包含计量、隔离、正常分断、短路、过载、漏电保护、电源指示等功能。其外形如图 A4-1-1 所示，内部元器件如图 A4-1-2 所示。

图 A4-1-1　电源配电箱外形

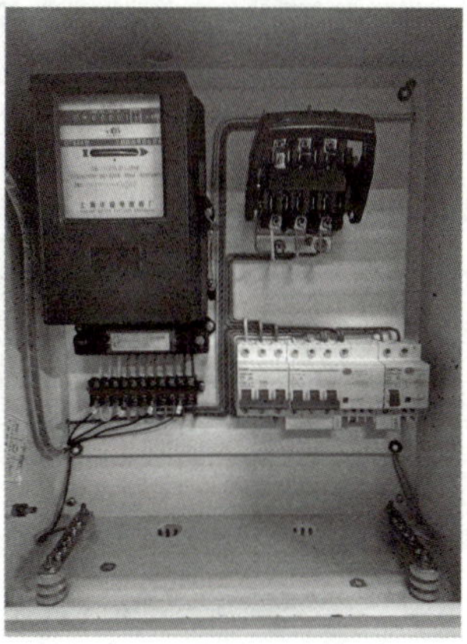

图 A4-1-2　电源配电箱内部元器件

电源配电箱正常运行时可借助手动或自动开关接通或分断电路；故障或不正常运行时借助保护电器切断电路或报警；其中测量仪表可显示运行中的各种参数，还可对某些电气参数进行调整，对偏离正常工作状态进行提示或发出信号，常用于各发、配、变电所中。其内部接线及动力分配可以根据要求实现。

这里以某电源配电箱为例介绍其元器件清单，见表 A4-1-1。

表 A4-1-1 电源配电箱的元器件清单

序号	名称	规格/型号	单位	数量	备注（说明）
1	三线四线有功电能表	DT862-4	只	1	5A（10A），接线端子连接
2	隔离开关	HG1-32/30F	套	1	3 极，32A（含熔体 10A）
3	三相四线漏电开关	DZ47LE-32/3P+N	只	1	1P+N
4	按钮标牌框	/	只	3	1P
5	铝合金安装导轨	HR-5600A	条	1	长度：210mm
6	指示灯	AD58B-22D 220V	只	3	红、绿、黄各 1 只
7	配电箱箱体	450mm×220mm×520mm	只	1	含接地排、接零排
8	安装螺丝	M4×12	套	11	每套带帽 1 只、平垫 2 只、弹垫 1 只
		M6×12	套	4	

二、元器件的铭牌

1. 三相四线有功电能表（DT862-4）

电能表又叫电度表，用来测量某一段时间内，发电机发出的电能或负载消耗的电能。测量交流电路的有功电能表是一种感应式仪表。

三相四线有功电能表（DT862-4）的外形、型号及含义如图 A4-1-3 所示，参数见表 A4-1-2。

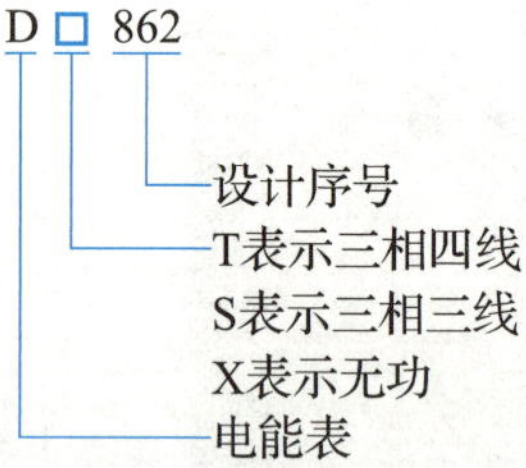

图 A4-1-3 三相四线有功电能表

表 A4-1-2 三相四线有功电能表

电能表名称	电能表型号	精度等级	额定电压/V	额定电流/A	接线方式	外形尺寸/mm
三相四线有功电能表	DT862-4	1.0	3×220/330	3×1.5（6） 3×3（6）	互感式	273×172×124

2. 隔离开关（HG1-32/30F）

隔离开关是指不承担接通和断开电流任务，将电路与电源隔开，以保证检修人员检修时安全的开关。

隔离开关（HG1－32/30F）的外形、型号及含义如图 A4－1－4 所示。

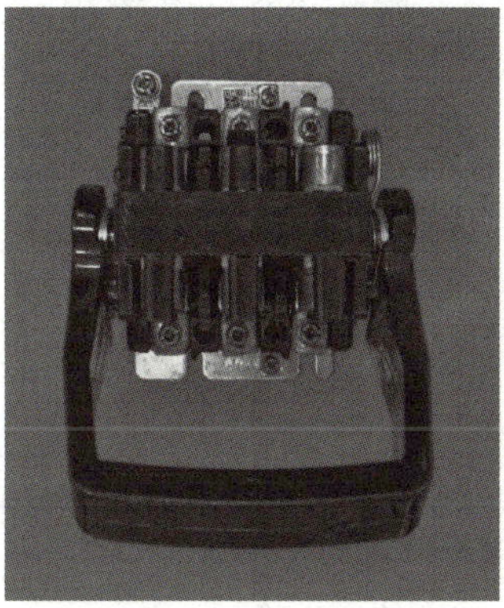

HG 1－□/□□ F

- F：带防护型，不需要不注
- □（第二位）：“0”：无熔断信号装置型；“1”：有熔断信号装置型（配用有熔断撞击器的熔断体）
- □（第一位）：极数：3极
- □：约定发热电流
- 1：设计代号
- HG：熔断器式隔离器

图 A4－1－4 隔离开关

例如，HG1－32/30F。HG：隔离开关；1：设计代号；32：约定发热电流；3：极数；0：无熔断器信号装置；F：带防护型。

3. 三相四线漏电开关（DZ47LE－32/3P+N）

漏电保护断路器通常被称为漏电开关，是为了防止低压电网中人身触电或漏电造成火灾等事故而研制的一种新型电器，除了起断路器的作用外，还能在设备漏电或人身触电时迅速断开电路，保护人身和设备的安全。

三相四线漏电开关（DZ47LE－32/3P+N）的外形、型号及含义如图 A4－1－5 所示。

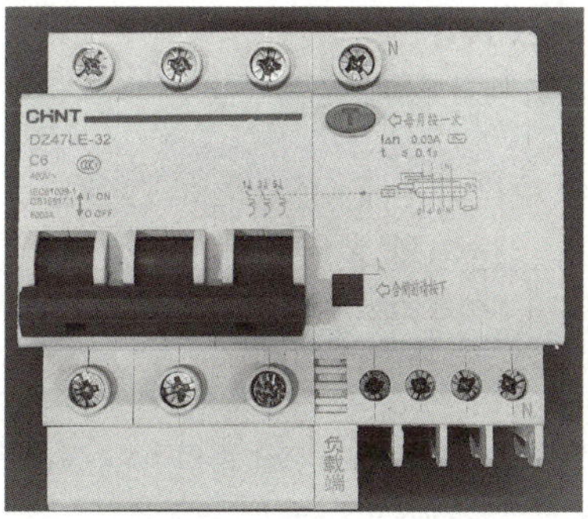

DZ47LE－□/□□－□□－□

- □（最后）：额定剩余动作电流（mA）
- □：额定电流值
- □：脱扣器型式（用B、C、D表示）
- □：当带有中性线时，用N表示，带有过电压保护用G表示
- □：极数
- □：壳架等级额定电流（A）
- LE：特殊派生代号（电子式漏电断路器）
- 47：设计代号
- DZ：塑料外壳式断路器

图 A4－1－5 三相四线漏电开关

4. 其他 DZ 系列漏电开关

DZ 系列漏电开关用于线路的短路和过载保护，适用于照明配电系统或电动机的配电系统，其外形美观小巧、重量轻、性能优良可靠、分断能力较强、脱扣迅速。它采用导轨安装，壳体和部件采用高阻燃及耐冲击塑料，使用寿命长，主要用于交流 50Hz，额定电压至 400V，额定电流至 63A 线路的过载、短路保护，同时也可以在正常情况下不频繁地通断电气装置和照明线路。

其他 DZ 系列漏电开关如图 A4－1－6 所示。

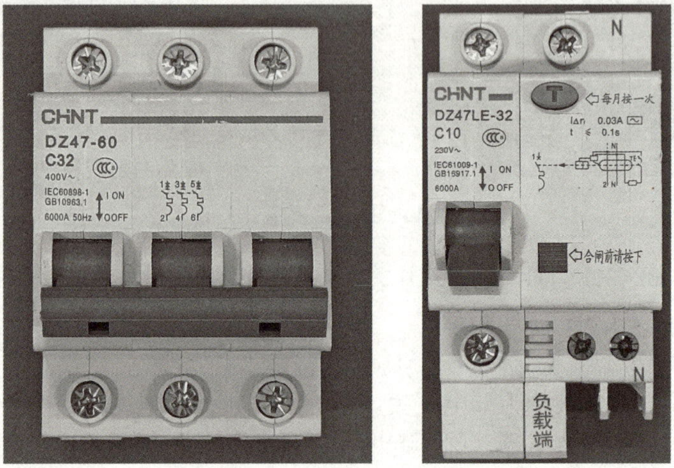

图 A4－1－6　其他 DZ 系列漏电开关

三、电源配电箱元器件的选用

1. 电能表的选用

（1）选择电能表时注意其额定电压、额定电流是否合适。

（2）使用负载的总容量不得超过电能表额定值的 25%，以免损坏内部元件，但也不得经常低于电能表额定值的 10%，以免影响计量的准确度。

2. 隔离开关的选用

（1）隔离开关的额定电压要大于或等于线路实际的最高电压。

（2）额定电流要等于或稍大于线路实际的工作电流，当直接用其控制小容量（小于 5.5kW）电动机的起动和停止时，则需要选择电流容量比电动机额定值大的隔离开关。

3. 断路器的选用

在选用断路器时，应首先根据具体使用条件、被保护对象的要求确定断路器的类型，然后进行具体参数的确定。

断路器的额定工作电压（V）大于或等于被保护线路的额定电压（V）。

断路器的额定电流（A）大于或等于被保护线路的计算负载电流（A）。

断路器的额定通断能力（kA）大于或等于被保护线路中可能出现的最大短路电流（kA），一般按有效值计算。

线路末端单相对地短路电流（A）大于或等于 1.25 倍断路器瞬时（或延时）脱扣器整定电流（A）。

断路器欠电压脱扣器额定电压（V）等于被保护线路的额定电压（V）；
断路器分励脱扣器额定电压（V）等于控制电源的额定电压（V）。

能力训练

一、任务描述

根据产能需求，某生产车间新增一条生产线，要求配套安装相应的电源配电箱，请你根据电源配电箱平面示意图 A4－1－7，正确选择相关的元器件。

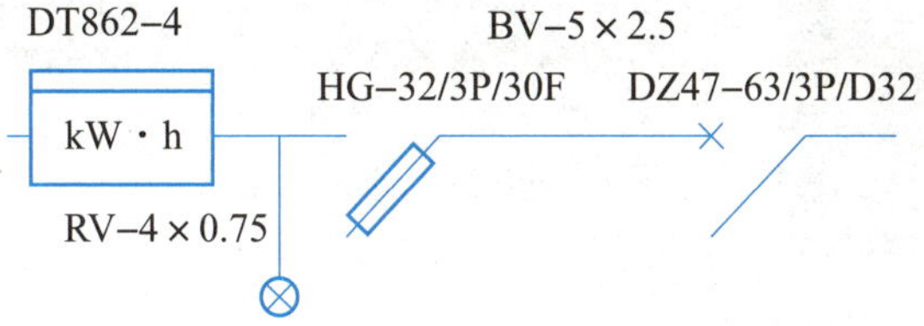

图 A4－1－7　平面示意图

二、操作过程

1. 准备

（1）需准备的材料：若干个不同型号的单相有功电能表、三相三线有功电能表、三相四线有功电能表、隔离开关、胶壳开关、组合开关、DZ 系列漏电开关。

（2）需准备的工具：图纸、记录表。

（3）领取设备和耗材并填写表 A4－1－3。

表 A4－1－3　设备和耗材申请表

申请人：________　　　　　　　　　　　　　　领取时间：______年______月______日

设备/耗材	规格/型号	数量	归还时间	是否完好	备注

问题情境一：如何识读元器件铭牌的含义？

问题情境二：如何通过铭牌确定元器件的型号？

2. 选择电源配电箱元器件

电源配电箱元器件选择步骤见表 A4－1－4。

表 A4-1-4　电源配电箱元器件选择步骤

序号	选择步骤	图示	操作方法说明	材料工具	质量标准
1	根据图纸确定元器件	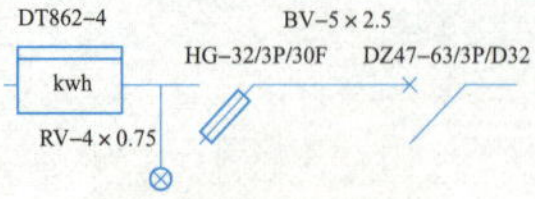	1. 选择正确的安装图纸 2. 查阅图纸，记录所需元器件	记录表、水性笔	根据电气设备与元器件安装图，正确选择电源配电箱需要的元器件
2	选择正确的电能表		1. 查看图纸上电能表的型号 2. 根据电能表型号 DT862-4，选择三相四线有功电能表 3. 根据电能表参数 3×1.5(6)A，选择额定工作电流 1.5A，最大工作电流 6A 的电能表	记录表、水性笔	选择的电能表符合图纸安装要求
3	选择正确的隔离开关	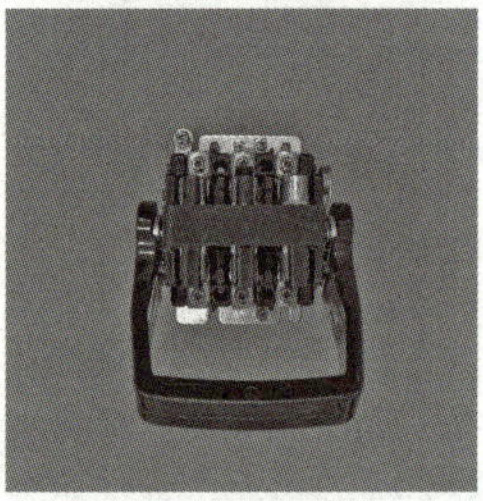	1. 查看图纸上隔离开关的型号 2. 根据隔离开关型号 HG1-32/30F，选择外壳装置规格 32，额定电流 30A 的隔离开关	记录表、水性笔	选择的隔离开关符合图纸安装要求
4	选择正确的总控漏电保护器	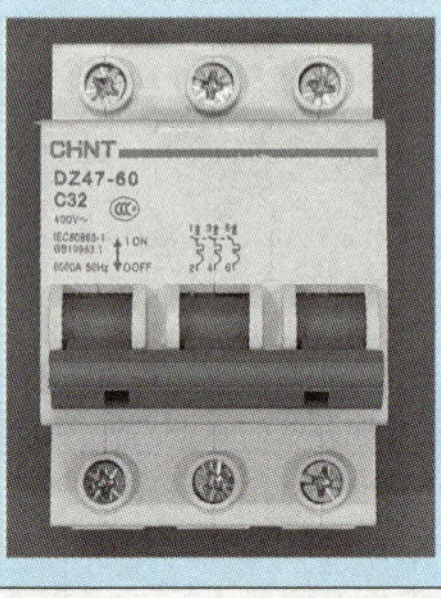	1. 查看图纸上总控漏电保护器的型号 2. 根据漏电保护器型号 DZ47-63/3P/D32，选择无漏电保护功能的三极漏电保护器	记录表、水性笔	选择的总控漏电保护器符合图纸安装要求
5	选择正确的分控漏电保护器	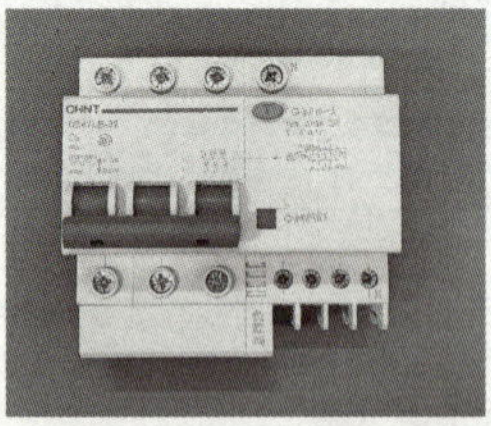 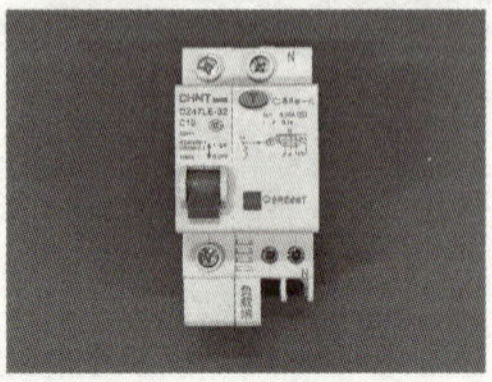	1. 查看图纸上分控漏电保护器的型号 2. 根据漏电保护器型号 DZ47LE-32/C6、DZ47LE-32/C10，选择带漏电保护功能的三极脱扣器动作电流为 6A 与单极动作电流为 10A 的两种漏电保护器	记录表、水性笔	选择的分控漏电保护器符合图纸安装要求

A4－1：识读电源配电箱元器件的铭牌并选择相应的型号

拓展提升——智能电表

一、简介

智能电表是智能电网的智能终端，除了具备传统电能表基本用电量的计量功能以外，为了适应智能电网和新能源的使用，它还具有双向多种费率计量功能、用户端控制功能、多种数据传输模式的双向数据通信功能、防窃电功能等智能化的功能。智能电表代表着未来节能型智能电网最终用户智能化终端的发展方向。

二、工作原理

用户持 IC 卡到供电部门交款购电，供电部门用售电管理机将购电量写入 IC 卡中，用户持 IC 卡在感应区刷卡，即可合闸供电，供电后将卡拿走。当表内剩余电量等于报警电量时，拉闸断电报警（或蜂鸣器报警），此时用户在感应区刷卡即可恢复供电；当剩余电量为零时，自动拉闸断电，用户必须再次持卡交费购电，才可以恢复用电。

三、安装和使用

智能电表在安装时，安装位置应保持垂直，并按接线图接入。

用户将 IC 卡按卡上箭头方向（金属触点面向左）插入表内，显示器首先显示 F1 后显示本次所购电量，再稳定显示 F2 后显示原剩余电量加上新购电量之和为当前剩余电量，此时可取下 IC 卡，显示熄灭。（如表中剩余电量低于报警电量时显示器常亮，表中原剩余电量与购电卡中电量之和大于 9 999kW·h 时，卡内电量不被输入电表，仍保存在卡内。）

当用户用电时，脉冲指示灯会随之闪亮。

学习结果评价

“元器件选择”学习结果评价见表 A4－1－5。

表 A4－1－5 “元器件选择”学习结果评价

序号	评价内容	分值	得分
1	是否选择正确的电能表	25	
2	是否选择正确的隔离开关	25	

续表

序号	评价内容	分值	得分
3	是否选择正确的总控漏电保护器	25	
4	是否选择正确的分控漏电保护器	25	
总　计		100	

注：若选元器件型号有误，则视为不符合要求。

课后作业

1. HG1－32/30F 的含义为：

HG—________；1—________；32—________。

2. DZ47LE－32/C6 的含义为：

DZ—________；47—________；LE—________；32—________；C6—________。

职业能力 A4-2 能规范完成电源配电箱的安装

核心概念

低压配电电器：指用于低压配电系统中，对电器及用电设备进行保护和通断、转换电源或负载的电器，技术要求是分断能力强、限流效果好和操作电压低等。

学习目标

1. 能正确选择电源配电箱的元器件。
2. 能规范定位安装元器件。

基本知识

一、配电箱的作用与分类

1. 配电箱的作用

配电箱是所有用户用电的总的一个电路分配箱，它可以合理地分配电能，方便对电路的开合操作，有较高的安全防护等级，能直观地显示电路的导通状态，便于管理，当发生电路故障时有利于检修。

2. 配电箱的分类

（1）按用途不同可分为动力配电箱（也称电源配电箱）和照明配电箱。

（2）按安装方式不同可分为明装（悬挂式）和暗装（嵌入式）。

（3）按制作材质不同可分为铁质、木制及塑料制品配电箱。

此外，配电箱还有标准与非标准之分。标准配电箱是由工厂成套生产组装的；非标准配电箱是根据实际需要自行设计、制定或定制加工的。

常用的标准配电箱有：XM 系列照明配电箱、XL 系列动力配电箱、X（R）J 系列照明配电箱和 PZ-30 型配电箱。

二、常用低压配电电器

电器是指用于接通和断开电路或对电路和电气设备进行保护、控制和调节的电工器件。在电力输配电系统和电力拖动系统中，电器应用极为广泛。

低压电器是指用于交流电压 1 200V、直流电压 1 500V 以下电路的电器。低压电器种类繁多，分类方法有很多种，其常见分类见表 A4-2-1。

表 A4－2－1　低压电器的分类

分类形式	名称	说明
按用途	低压控制电器	主要起控制、检测和保护等作用，如接触器、继电器等
	低压配电电器	主要起输送、分配和保护等作用，如刀开关、组合开关等
按操作方式	手动控制电器	依靠人工操作来切换电流的电器，如刀开关、按钮等
	自动控制电器	依靠自身参数变化或外来信号控制而动作的电器，如接触器、继电器等
按触点类型	有触点电器	具有动触点和静触点，利用触点的接触和分离来实现电路的通断
	无触点电器	没有可分离的触点，主要利用半导体的开关效应来实现电路的通断

低压配电电器是指用于低压配电系统中，对电器及用电设备进行保护和通断、转换电源或负载的电器，技术要求是分断能力强、限流效果好和操作电压低等。常见的低压配电电器及用途见表 A4－2－2。

表 A4－2－2　常见的低压配电电器及用途

电器名称	主要用途
熔断器	用于线路或电气设备的短路和过载保护
刀开关	用于电路隔离，也能接通和分断额定电流
转换开关	用于两种以上电源或负载的转换和通断电路
断路器	用于线路过载、短路或欠压保护，或不频繁通断电路

三、电源配电箱的定位要求

电源配电箱安装高度根据图纸尺寸要求，如 1 230mm，如图 A4－2－1 所示。

固定时箱体与墙面平行，不得歪斜（图示为长 450mm×宽 220mm×高 520mm 电源配电箱），如图 A4－2－2 所示。

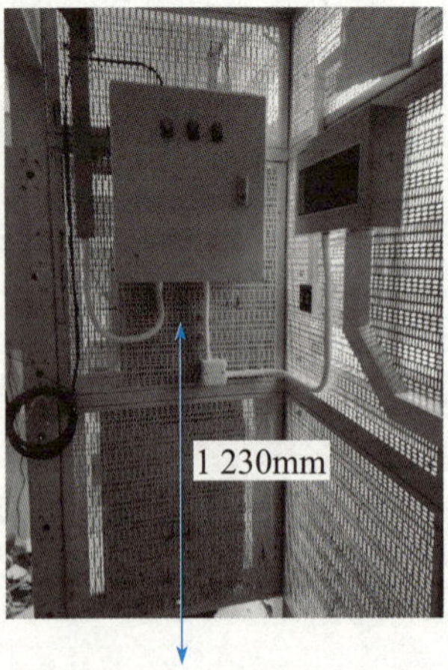

图 A4－2－1　电源配电箱离地面间距

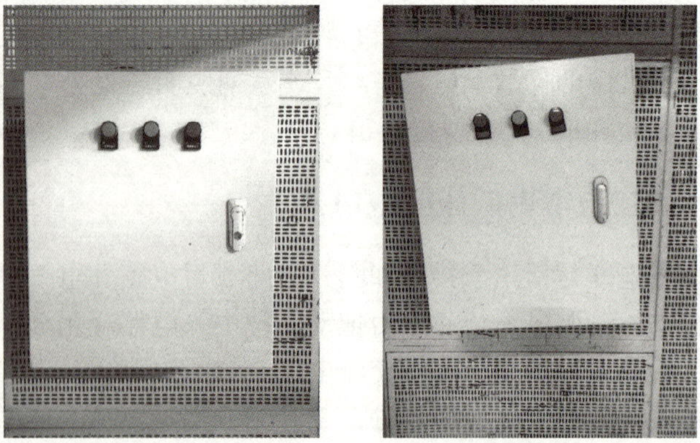

正确　　错误

图 A4－2－2　箱体与墙面平行

四、元器件定位要求

元器件定位要根据电源配电箱平面示意图尺寸，具体定位要求见表 A4-2-3。

表 A4-2-3 元器件定位要求

箱体在建筑物上的安装位置	按图纸要求，电源配电箱定位和方位正确，误差不得大于±5mm		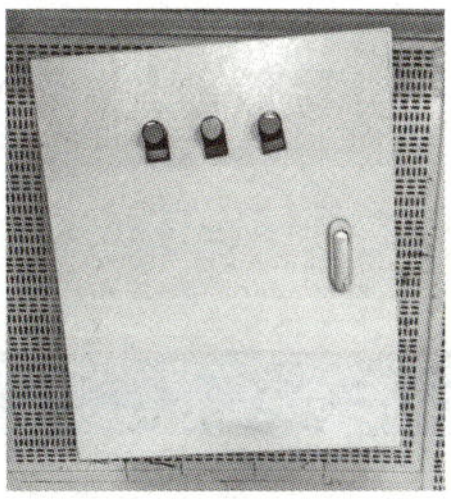
	电源配电箱固定螺丝不少于 3 颗，且固定牢固、无倾斜或松动现象	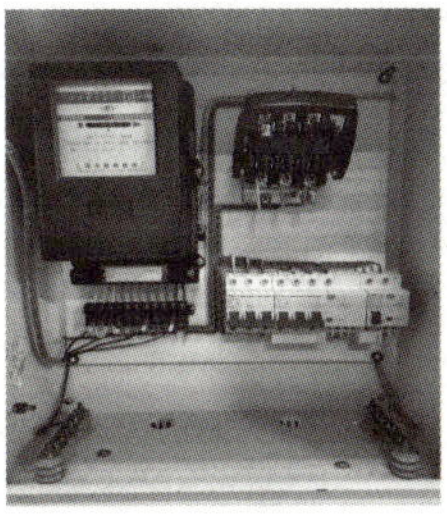	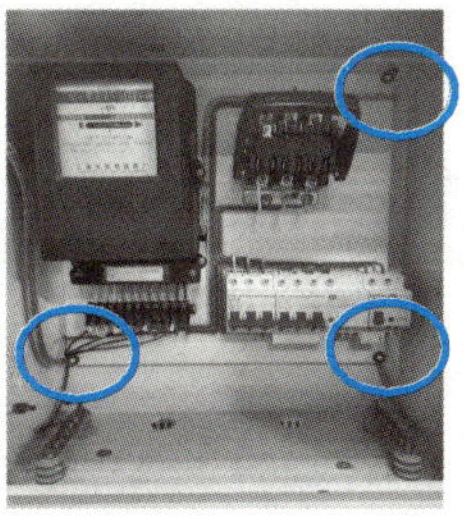

能力训练

一、任务描述

根据产能需求，某生产车间新增一条生产线，要求配套安装相应的电源配电箱，请你根据电源配电箱平面示意图 A4-2-3，规范完成电源配电箱的安装。

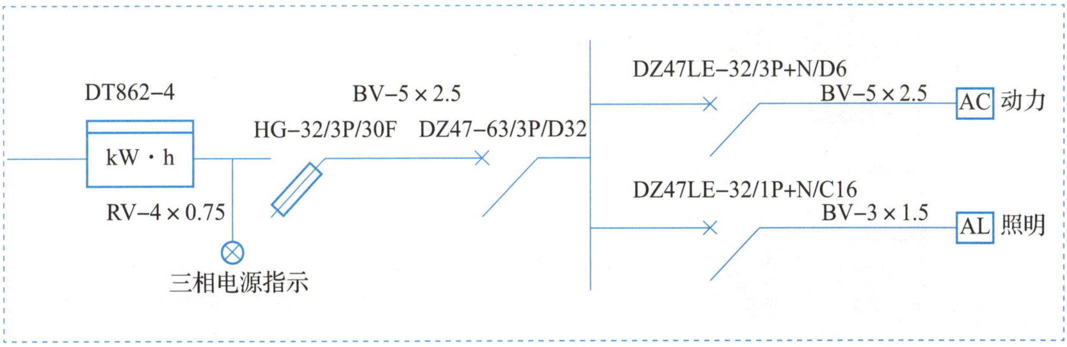

图 A4-2-3 电源配电箱平面示意图

二、操作过程

1. 准备

（1）需准备的材料：1 个三相四线有功电能表，1 个隔离开关，漏电开关 DZ 系列若干个，红、绿、黄指示灯各 1 个，红、绿、黄、蓝、黄绿双色导线若干、安装螺丝若干。

（2）需准备的工具：卷尺、手电钻、锉刀、手锯、水性笔、开孔器。

（3）领取设备和耗材并填写表 A4－2－4。

表 A4－2－4　设备和耗材申请表

申请人：________　　　　领取时间：______年______月______日

设备/耗材	规格/型号	数量	归还时间	是否完好	备注

2. 元器件的定位安装

元器件的定位安装步骤，见表 A4－2－5。

表 A4－2－5　元器件的定位安装步骤

序号	安装步骤	图示	操作方法说明	材料工具	质量标准
1	根据图纸确定元器件安装尺寸	 	1. 测量 A 墙面的尺寸，确定电源配电箱的位置 2. 测量 B 墙面的尺寸，确定照明配电箱、开关插座、分线盒的位置 3. 测量 C 墙面的尺寸，确定电气控制箱的位置 4. 测量 D 墙面的尺寸，确定节能灯的位置 5. 用水性笔标识	卷尺、水性笔	按照图纸要求，开关、插座、接线盒、配电箱的箱体在建筑物上的定位和方位正确，误差不大于±5mm。固定螺丝不少于 3 颗，且固定牢固、无倾斜或松动现象
2	拆卸电源配电箱的底板	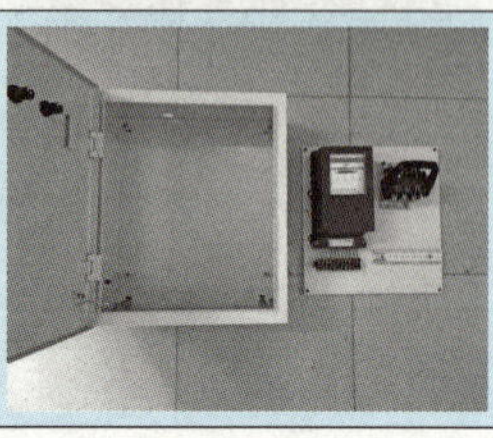	1. 拆卸配电箱固定面板的 4 颗螺钉 2. 取下配电箱固定面板	手电钻、卷尺、水性笔	正确拆卸底板

续表

序号	安装步骤	图示	操作方法说明	材料工具	质量标准
3	元器件的定位与安装	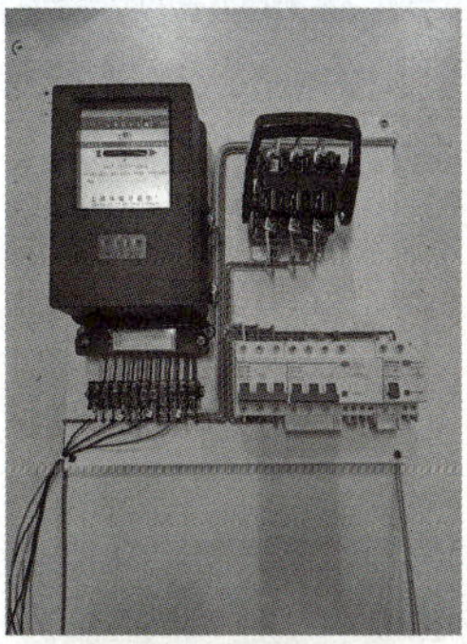	1. 布置元器件 2. 连接导线	手电钻、卷尺、水性笔	元器件的定位正确；三相用红、绿、黄色导线；零线用蓝色导线；地线用黄、绿双色导线；导线要横平竖直
4	定位安装电源配电箱		定位安装电源配电箱	手电钻、卷尺、水性笔	电源配电箱在图纸 A 面，距网孔板左边 280mm；距网孔板底 1 230mm，尺寸误差不大于±5mm
5	定位安装电源配电箱底板及连接电源指示灯	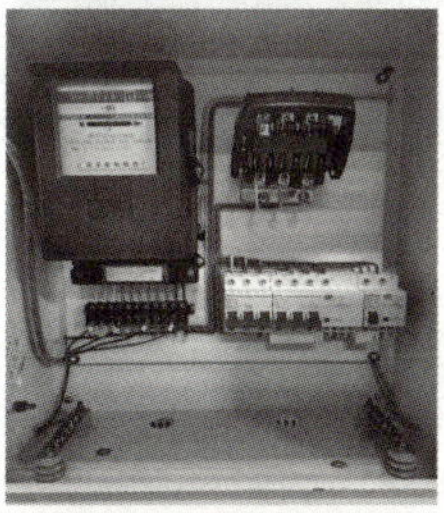 	1. 定位安装电源配电箱底板 2. 接零排、地排 3. 连接三相电源指示灯	手电钻、卷尺、水性笔	固定螺丝不少于 3 颗，且固定牢固、无倾斜或松动现象；零排、地排不能误接；三相电源指示灯颜色选用要正确

问题情境： 如何能精准给元器件定位安装？

A4－2：电源配电箱的安装

拓展提升——电控柜

电控柜是按电气接线要求将开关设备、测量仪表、保护电器和辅助设备组装在封闭或半封闭金属柜中，布置满足电力系统正常运行的要求，便于检修，不危及人身及周围设备的安全的控制柜（箱）。其正常运行时可借助手动或自动开关接通或分断电路；故障或不正常运行时可借助保护电器切断电路或报警。借助测量仪表可显示运行中的各种参数，还可对某些电气参数进行调整，对偏离正常工作状态进行提示或发出信号。电控柜常用于各发、配、变电所中。

学习结果评价

“元器件的定位安装”学习结果评价见表 A4－2－6。

表 A4－2－6 “元器件的定位安装”学习结果评价

序号	评价内容	分值	得分
1	电气控制箱安装位置是否正确	20	
2	电源配电箱安装位置是否正确	20	
3	电源配电箱固定螺丝是否不少于 3 颗，且固定牢固，无倾斜或松动现象	20	
4	电气控制箱固定螺丝是否不少于 3 颗，且固定牢固，无倾斜或松动现象	20	
5	网孔板是否干净，且无施工遗留痕迹	20	
总　计		100	

注：各项在设备断电情况下进行，若所列元器件没有安装，则视为不符合要求。

课后作业

1. 电源配电箱盘内配线：导线两端应穿有带明显标记和编号的________。电源线的色别按相序依次为________、________、________色，保护接地线为________色，工作零线为________色。

2. 导线与盘面电气的连接：同一端子上连接导线不应超过________根。螺钉固定应有________、________。工作零线和保护接地线应在汇流排上采用螺栓连接，不能________，汇流排上分支回路排列的位置应与开关或熔断器位置对应。

3. 电能表接线时，单相电能表的电流线圈必须与________连接，三相电能表的电压线圈不准装________。

工作领域 B

照明线路的安装与检修

工作任务B1

照明配电箱的安装

安全规范

1. 首先检查电气安装与维修理实一体化实训室的设备是否安全坚固。

2. 实施任务前，学生穿好电工服、绝缘鞋，戴好安全帽，如图 B1－1 所示。老师进行安全教育，对实训室进行 6S 管理。

3. 检查三项五线制电源是否处于断开状态，“禁止合闸，有人工作”指示牌是否放置在正确位置，如图 B1－2 所示。

图 B1－1　安全着装

图 B1－2　指示牌放置位置

4. PLC、触摸屏软件提前安装并调试正常，定期检查计算机是否携带病毒。

5. 亚龙 YL－156A 型电气安装与维修实训考核装置安装底架做好安全接地设施，如图 B1－3 所示，一旦发生短路，漏电开关可跳闸保护。

6. 操作完成离开实训室之前确保已关闭设备及电源，操作台摆放整齐，室内清洁干净，如图 B1－4 所示。

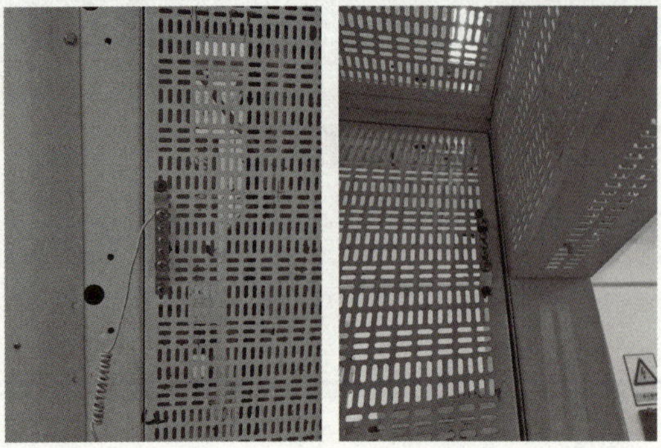

图 B1 - 3　安全接地设施

图 B1 - 4　整理实训台

教学条件及组织

教学条件：电气安装与维修理实一体化实训室、16 台 YL - 156A 教学设备、计算机、32 套工具。

1. 异质分组。根据实际情况进行异质分组，每组两人，一名安装员，一名质量检测人员。

2. 协作分工。安装员负责照明配电箱的安装，质检员负责检测照明配电箱质量，各成员要协作分工、角色轮换。

3. 质量检测。质检员严格把控安装质量，包括元器件选择、安装工艺，并做好记录。

4. 任务小结。各成员总结照明配电箱的安装步骤，强调规范操作、科学严谨的职业素养。

职业能力 B1－1　会识读照明配电箱元器件的铭牌并选择相应的型号

核心概念

照明配电箱：在低压供电系统末端负责完成电能控制、保护、转换和分配的设备。

学习目标

1. 会识读照明配电箱元器件的铭牌。
2. 能正确选择照明配电箱及相关元器件的型号。

基本知识

一、照明配电箱

照明配电箱分企业车间照明配电箱（柜）和住宅照明配电箱。

1. 企业车间照明配电箱（柜）

小型车间配电箱（柜）（见图 B1－1－1）常常是动力和照明共用的，《电工作业安全规程》规定新装的配电箱应装有漏电保护开关。

2. 住宅照明配电箱

住宅照明配电箱（见图 B1－1－2）常用漏电保护开关和断路器组合，对室内用电器供电。它不仅对线路有短路、过载、漏电保护等作用，还可以控制分路的分断，实现对照明、空调、插座、厨房、洗手间用电等分路的控制，同时方便线路的维修。

通常住宅照明配电箱采用模数化组合式配电箱，它可以根据需要自由组合。

图 B1－1－1　小型车间配电箱

图 B1－1－2　住宅照明配电箱

二、元器件的铭牌

以 PZ30－15 型号的照明配电箱为例，如图 B1－1－3、图 B1－1－4 所示，学习照明配电箱元器件的铭牌参数的识读方法。

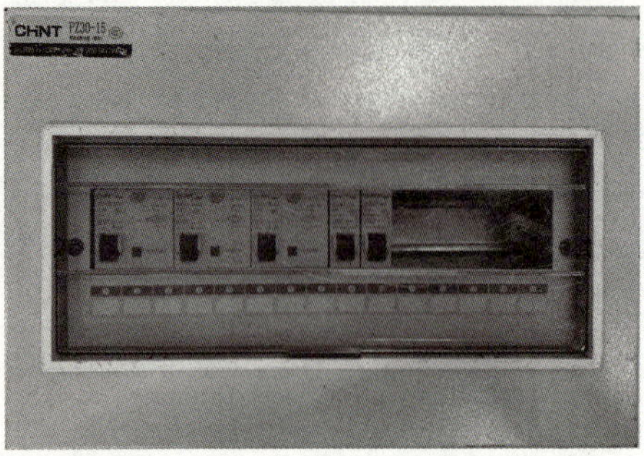

图 B1－1－3　照明配电箱的外壳

图 B1－1－4　照明配电箱的内部结构

此照明配电箱外壳尺寸为长 360mm、宽 240mm、高 90mm。元器件清单见表 B1－1－1。

表 B1－1－1　照明配电箱的元器件清单

序号	名称	规格/型号	单位	数量	备注（说明）
1	配电箱箱体	360mm×240mm×90mm	只	1	含接地排、接零排
2	断路器	DZ47LE－32/C16	只	1	
		DZ47LE－32/C10	只	2	
		DZ47－60/C6	只	2	

1. 漏电断路器

漏电断路器（剩余电流动作断路器）具有过载和短路保护功能，可用来保护线路或电动机的过载和短路，亦可在正常情况下作为线路的不频繁转换启动之用。

DZ47LE－32/C16 漏电断路器外形如图 B1－1－5 所示。

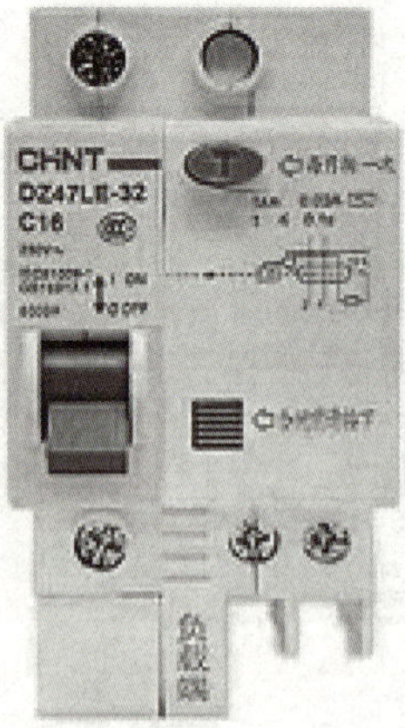

图 B1－1－5　DZ47LE－32/C16 漏电断路器外形

型号含义如下所示：

DZ 47 LE - □ / □ □-□ □- □

- DZ：塑料外壳式断路器
- 47：设计代号
- LE：特殊派生代号（电子式漏电断路器）
- □：壳架等级额定电流（A）
- □：级数
- □：当带有中性线时，用N表示，带有过电压保护用G表示
- □：脱扣器型式（用B、C、D表示）
- □：额定电流值
- □：额定剩余动作电流（mA）

例：DZ47LE－32/C16。

DZ—塑料外壳式断路器；47—设计代号；LE—功能代号，LE 指的是电子式剩余电流动作，也就是我们常说的带漏电保护装置，装置属于电子式的；32—壳架的额定电流 32A；C—C 型瞬时脱扣特性；16—额定电流 16A。

2. DZ47 小型断路器

DZ47 小型断路器用于交流 50Hz、额定电压 230V/400V、额定电流 63A 及以下的线路中，作为线路的过载和短路保护之用。

DZ47－60/C6 断路器外形如图 B1－1－6 所示。

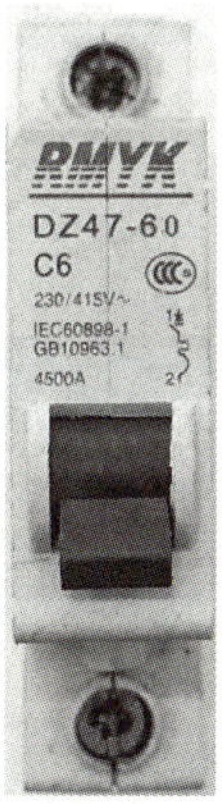

图 B1－1－6　DZ47－60/C6 断路器外形

型号及含义如下所示：

DZ 47-□/□-□ □

- DZ：塑料外壳式断路器
- 47：设计代号
- □：壳架等级额定电流
- □：级数（用阿拉伯数字表示，中性线用N表示）
- □：瞬时脱扣器型式（用B、C、D表示）
- □：额定电流值

三、照明配电系统图识读

照明配电系统图是用图形符号、文字符号表示建筑照明配电系统供电方式、配电线路分布及相互联系的建筑电气工程图。照明配电系统图反映照明的安装容量、计算容量，计算电流配电方式，导线或电缆的型号、规格、数量、敷设方式及穿管管径，开关及熔断器的规格型号等。

通过照明配电系统图，可以了解电气照明系统的全貌，它是进行电气安装的主要图纸之一。某照明配电系统图如图 B1－1－7 所示。

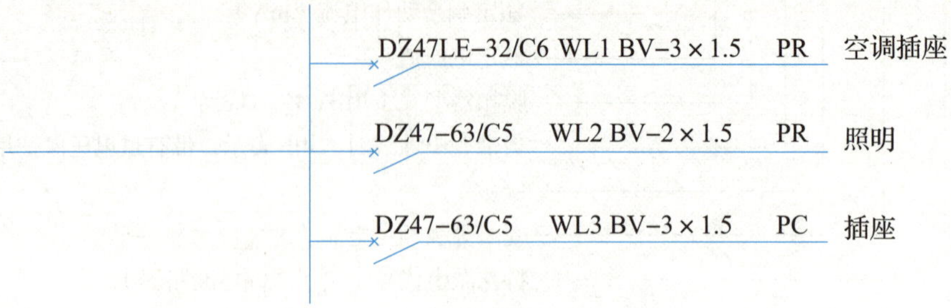

图 B1－1－7　某照明配电系统图

照明配电系统图中，线路的标注格式为 a－b－cxd－e－f。其中 a：线路编号或用途；b：导线型号；c：导线根数；d：导线截面积（mm^2）；e：导线敷设方式或穿管方式；f：导线敷设部位。

表示导线敷设方式和部位的文字符号见表 B1－1－2。

表 B1－1－2　表示导线敷设方式和部位的文字符号

导线敷设方式与部位	文字符号	导线敷设方式与部位	文字符号
用瓷瓶或者瓷柱敷设	K	沿钢索敷设	M
用塑料线槽敷设	PR	沿屋架或跨屋架敷设	AB
用金属线槽敷设	MR	沿墙面敷设	WS
穿水煤气管敷设	RC	沿顶棚面或顶板面敷设	CE
穿焊接钢管敷设	SC	暗敷设在梁内	BC
穿电线管敷设	MT	暗敷设在柱内	CLC
用电缆桥架敷设	CT	暗敷设在墙内	WC
用瓷瓶敷设	PL	暗敷设在地面内	FC
用塑料夹敷设	PCL	暗敷设在顶板内	CC

例：BV（2×2.5）PVC15－WC 表示为 2 根（1 条相线、1 条中性线）截面积为 $2.5mm^2$ 的塑料绝缘铜芯导线，穿直径为 15mm 的 PVC 管（阻燃型塑料管），暗敷在墙内。

能力训练

一、任务描述

根据产能需求，某生产车间新增一套照明配电箱，请你根据图 B1－1－8 所示的照明配电系统图，识读元器件的铭牌，并正确选择照明配电箱及相关元器件。

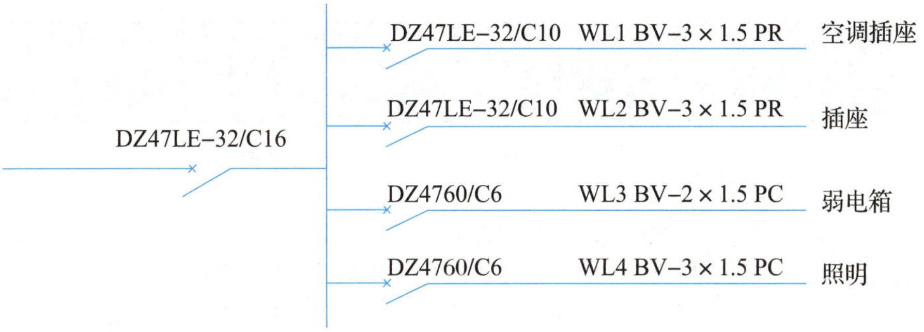

图 B1－1－8　照明配电系统图

二、操作过程

1. 准备

（1）需准备的材料：DZ 系列断路器、空气开关。

（2）需准备的工具：卷尺、手电钻、锉刀、手锯、水性笔、开孔器。

（3）领取设备和耗材并填写表 B1－1－3。

表 B1－1－3　设备和耗材申请表

申请人：________　　　　领取时间：______年______月______日

设备/耗材	规格/型号	数量	归还时间	是否完好	备注

2. 照明配电箱元器件选择

照明配电箱元器件选择步骤，见表 B1－1－4。

表 B1－1－4　照明配电箱元器件选择步骤

序号	选择步骤	图示	操作方法说明	材料工具	质量标准
1	根据图纸确定元器件	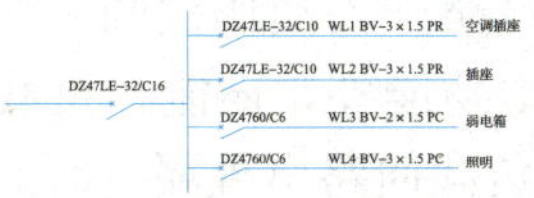	1. 选择正确的安装图纸 2. 查阅图纸，记录所需元器件	记录表、水性笔	根据电气设备与元器件安装图，正确选择照明配电箱需要的元器件

续表

序号	选择步骤	图示	操作方法说明	材料工具	质量标准
2	选择正确的总控漏电断路器	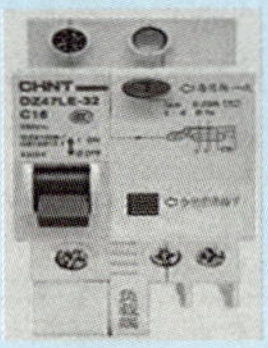	1. 查看图纸上总控漏电保护器的型号 2. 根据断路器型号 DZ47－32/C16，选择带漏电保护功能的单极动作电流为 16A 的漏电断路器	记录表、水性笔	选择的总控漏电保护器符合图纸安装要求
3	选择正确的分控漏电断路器	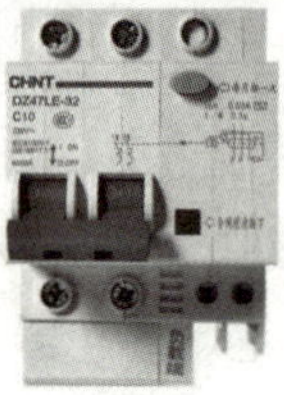	1. 查看图纸上分控漏电保护器的型号 2. 根据断路器型号 DZ47－32/C10，选择带漏电保护功能的双极动作电流为 10A 的漏电断路器	记录表、水性笔	选择的分控漏电保护器符合图纸安装要求
4	选择正确的空气开关		1. 查看图纸上空气开关的型号 2. 根据空气开关型号 DZ47－60/C6，选择额定电流为 6A 的空气开关	记录表、水性笔	选择的空气开关符合图纸安装要求

B1－1：识读照明配电箱元器件的铭牌并选择相应的型号

拓展提升——漏电保护器

漏电保护器是一种利用检测被保护电网内所发生的相线对地漏电或触电电流的大小，而作为发出动作跳闸信号，并完成动作跳闸任务的保护电器。在装设漏电保护器的低压电网中，正常情况下，电网相线对地泄漏电流（对于三相电网中则是不平衡泄漏电流）较小，达不到漏电保护器的动作电流值，因此漏电保护器不动作。当被保护电网内发生漏电或人身触电等故障后，通过漏电保护器检测元件的电流达到其漏电或触电动作电流值时，则漏电保护器就会发生动作跳闸的指令，使其所控制的主电路开关动作跳闸，切断电源，从而完成漏电或触电保护的任务。它除了空气断路器的基本功能外，还能在负载回路出现漏电（其泄漏电流达到设定值）时迅速分断开关，以避免在负载回路出现漏电时对人员的伤害和对电气设备的不利影响。

学习结果评价

"照明配电箱铭牌的识读及选择"学习结果评价见表 B1-1-5。

表 B1-1-5　"照明配电箱铭牌的识读及选择"学习结果评价

序号	评价内容	分值	得分
1	是否能正确识读元器件铭牌的型号	40	
2	是否能正确识读导线的型号	15	
3	是否能根据元器件铭牌，选择合适元器件	30	
4	是否能根据照明配电系统图，选择合适的导线	15	
总　计		100	

注：各项在设备断电情况下进行，若所列元器件没有安装，则视为不符合要求。

课后作业

1. 说出 DZ47LE-32AC25 各代号的含义：
DZ ____________________；47 ____________________；LE ____________________；
32A ____________________；C ____________________；25 ____________________。
2. 说出 DZ47-60/C6 各代号的含义：
DZ ____________________；47 ____________________；60 ____________________；
C ____________________；6 ____________________。
3. 漏电保护器保护的主要是________，一般动作值都是毫安级。
A. 人身　　　　B. 设备
4. 一般只在施工现场临时用电或工业与民用建筑的插座回路中采用________。
A. 漏电开关　　　　B. 空气开关

职业能力 B1-2　能规范完成照明配电箱的安装

核心概念

照明配电箱安装：借助安装工具，使用开关、导线等元器件和材料等，规范完成照明配电箱内元器件安装以及导线连接的过程。

学习目标

1. 能说出照明配电箱安装的有关规定。
2. 能够规范完成照明配电箱的安装。

基本知识

一、照明安装的有关规定

（1）配电箱的箱体必须接地。按《电气装置安装工程接地装置施工及验收规范》的有关规定，要将电器的金属外壳、框架进行接地（或接零）。箱体的接地线排应有效地与接地干线连接。

（2）每一家庭应安装一个总漏电保护开关作为漏电保护用，各支路装断路器作为过载和短路保护用。

（3）每一台空调分为一路，相线、中性线和地线要单独敷设，导线截面积不小于 $2.5mm^2$，用断路器作为过载和短路保护控制。

（4）同一个家庭区间的照明为一路，卫生间和厨房的插座各为一路，其他房间的插座为一路；导线线径应能满足负荷要求，照明不小于 $1.5mm^2$，插座不小于 $2.5mm^2$；各路均用断路器作为过载和短路保护控制。

（5）断路器的一些常识：按电流从小到大分为 10A、16A、20A、25A、32A、40A、63A。10A 适用于照明线路，16A 适用于插座线路，25A 适用于 2 匹左右或大功率电器，32A 及以上适用于柜式空调或更大功率电器。

二、照明配电箱（盘）安装的验收标准

照明配电箱安装的验收项目包括配电箱的垂直偏差、距地面高度，照明配电箱的器件安装、回路标志与线端编号，线路安装，箱内配线规范，配电箱的接地或接零。具体

标准如下：

（1）箱（盘）内配线整齐，无绞接现象。导线连接紧密，不伤芯线、不断股。垫圈下螺钉两侧压的导线截面积相同，同一端子上导线连接不多于2根，防松垫圈等零件齐全并压接牢固。

（2）箱（盘）内开关动作灵活可靠，带有漏电保护的回路，漏电保护装置动作电流要求不大于30mA，动作时间不大于0.1s。

（3）照明箱（盘）内，分别设置中性线（N）和保护地线（PE线）汇流排，中性线和保护地线经汇流排配出。

（4）位置正确，部件齐全，箱体开孔与套管管径适配，暗装配电箱箱盖紧贴墙面，箱（盘）涂层完整光洁。

（5）箱（盘）内接线整齐，回路编号齐全，标识正确。

（6）箱（盘）不得采用可燃材料制作。

（7）箱（盘）安装牢固，垂直度允许偏差为1.5%；底边距地面不小于1.5m，照明配电板底边距地面不小于1.8m。

（8）在无明确规定时，低压断路器应垂直安装，其倾斜度不得大于5°；分断时手柄在下方（电路断开），合闸时手柄在上方（电路接通）。

能力训练

一、任务描述

根据产能需求，某生产车间新增一套照明配电箱，请你根据图B1-2-1所示供配电系统图、图B1-2-2所示照明及弱电布线示意图，规范完成照明配电箱的安装。

二、操作过程

1. 准备

（1）需准备的材料：根据供配电系统图选择照明配电箱的元器件包括DZ47LE-32/C16、DZ47LE-32/C10、DZ47LE-63/C6；根据照明及弱电布线示意图选择塑料线槽、线管的规格，分别为60mm×40mm线槽、40mm×20mm线槽、20mm×10mm线槽、20mm×20mm线管、16m×16mm线管。

（2）需准备的工具：卷尺、手电钻、锉刀、手锯、水性笔、开孔器。

（3）领取设备和耗材并填写表B1-2-1。

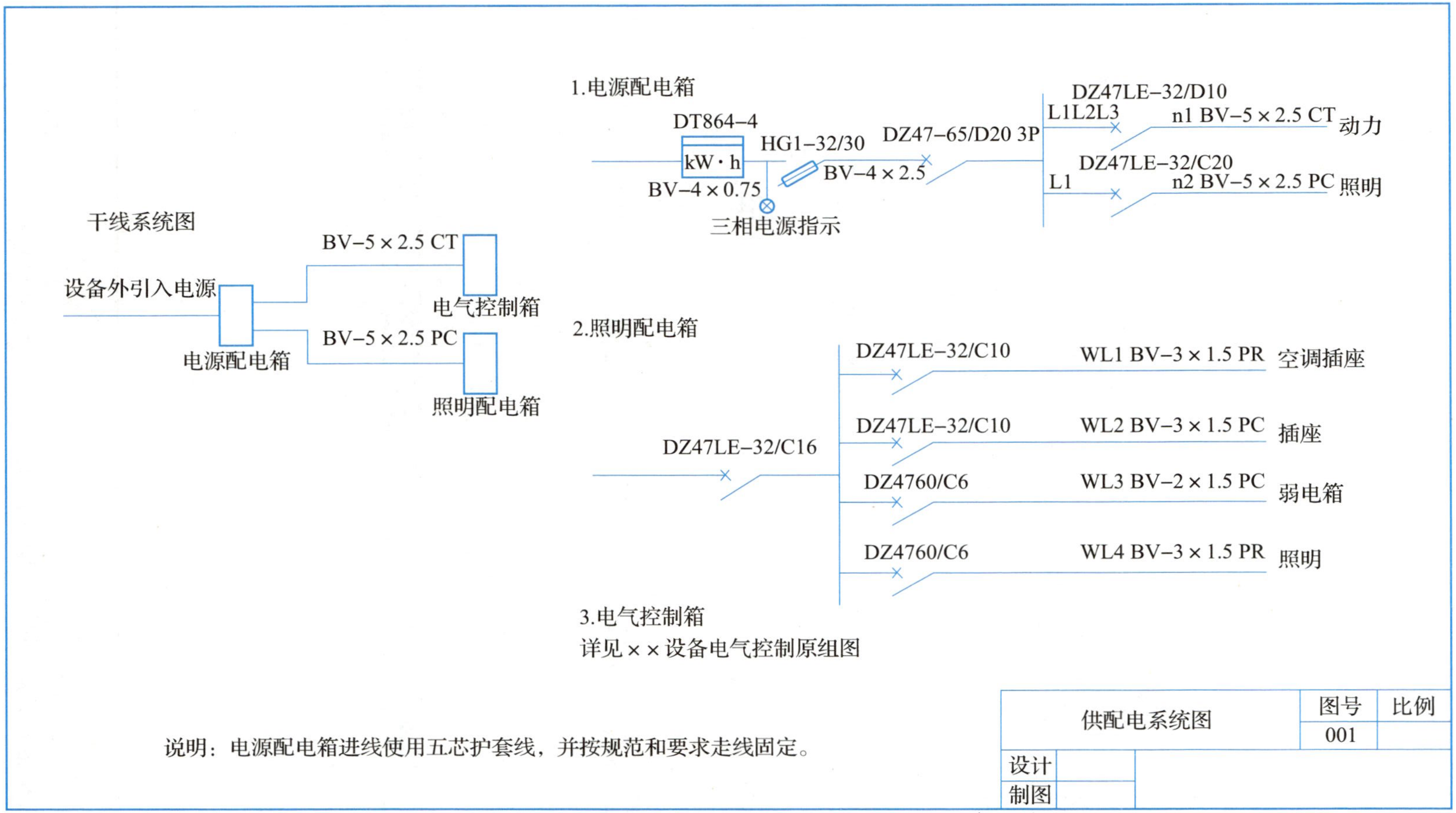

图 B1－2－1　供配电系统图

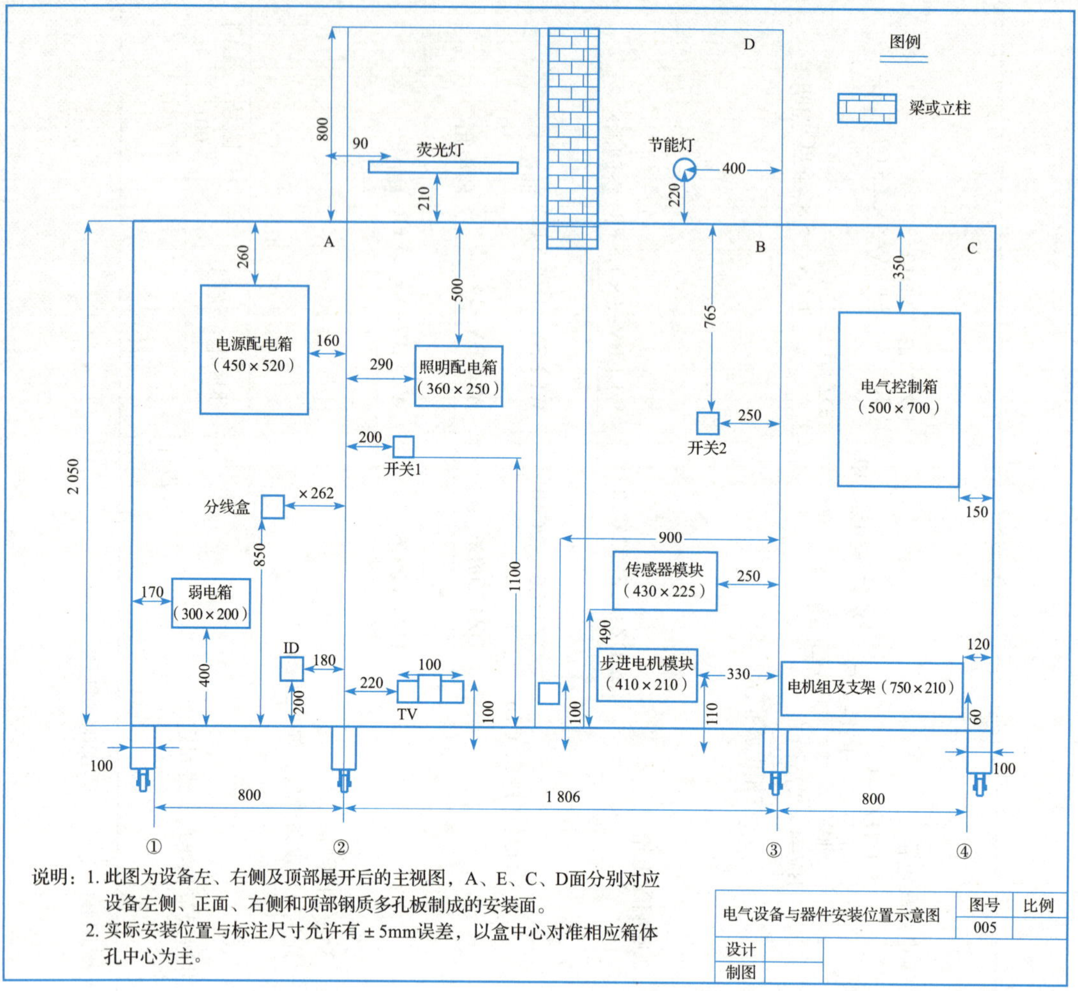

图 B1－2－2　照明及弱电布线示意图

表 B1－2－1　设备和耗材申请表

申请人：________　　　　领取时间：______年______月______日

设备/耗材	规格/型号	数量	归还时间	是否完好	备注

2. 照明配电箱的安装步骤

照明配电箱的安装步骤见表 B1－2－2。

表 B1－2－2　照明配电箱的安装步骤

序号	安装步骤	图示	操作方法说明	材料工具	质量标准
1	看图画接线	见图 B1－2－1 及图 B1－2－2	认真阅读照明布线图示意图和照明配电系统图，如担心出错可先画出照明配电箱接线示意图	图纸	用笔在纸上把电源、开关和负载等按原理图符号画出来。用不同的颜色画出相线、中性线和保护地线，再画出开关、插座、各种灯具以及它们的连接关系
2	在配电箱上开进、出线孔	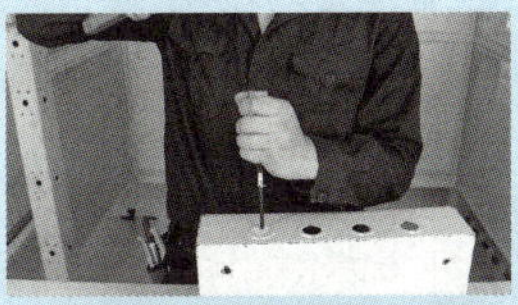 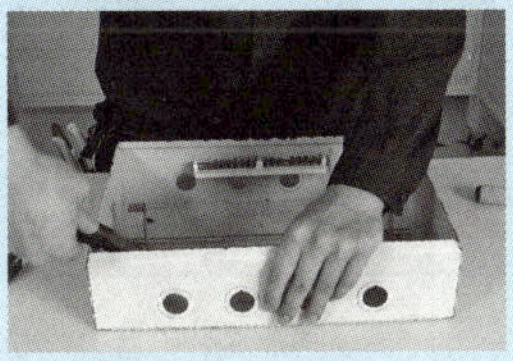	根据照明布线示意图，确定照明配电箱的电源进线和出线的位置，在其底边相应位置（配电箱成品有专门的敲落孔）用铁锤敲出或用手电钻开出适当大小的孔，并用锉把孔边的毛刺修平整	配电箱、手电钻、挫	箱体进、出线孔位置合适，孔边的毛刺修挫平整
3	装开关类器件	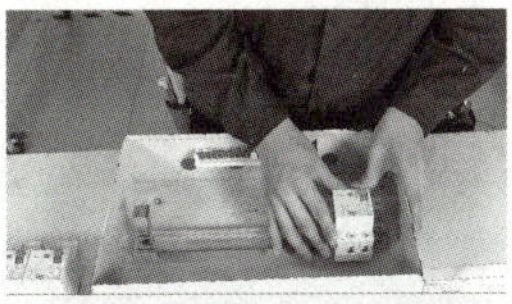 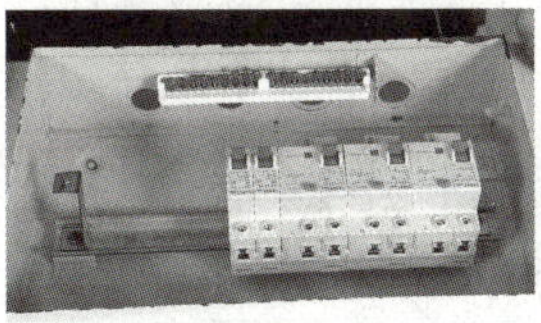	1. 按供配电系统图和材料清单选择开关器件，总开关在左，分开关依次排在右边，完成照明配电箱内部开关器件的安装 2. 若断路器用导轨固定，应先在安装位置将导轨固定好，再将断路器压入导轨即可	开关器件	1. 低压断路器应垂直安装，倾斜度不得大于 5°，分断时手柄在下方，合闸时手柄在上方。接线时，电源接断路器的输入端，负荷接断路器的输入端，断路器标有“N”的接线端子接中性线 2. 对带漏电保护的断路器，安装完毕后，应通过试验按钮检查其动作是否正常，以确保漏电保护的分断能力
4	安装箱内的电线	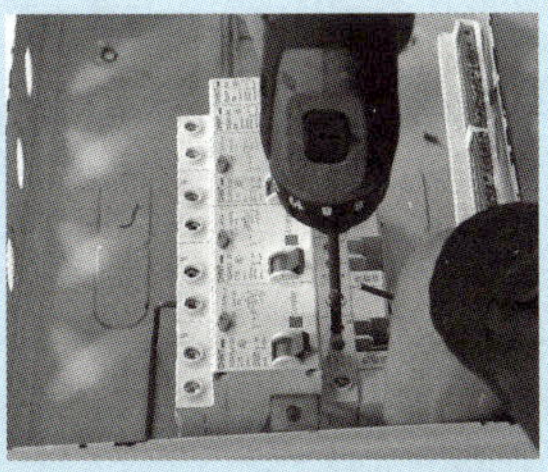	连接照明配电箱内部的电源总分开关之间的线路，注意区分线色，线径大小要按图纸的要求	电线	箱（盘）内配线整齐，无绞线现象。导线连接紧密，不伤芯线、不断股。垫圈下螺钉两侧压的导线截面积相同，同一端子上导线连接不多于 2 根，防松垫圈等零件齐全并压接牢固

续表

序号	安装步骤	图示	操作方法说明	材料工具	质量标准
5	找位置	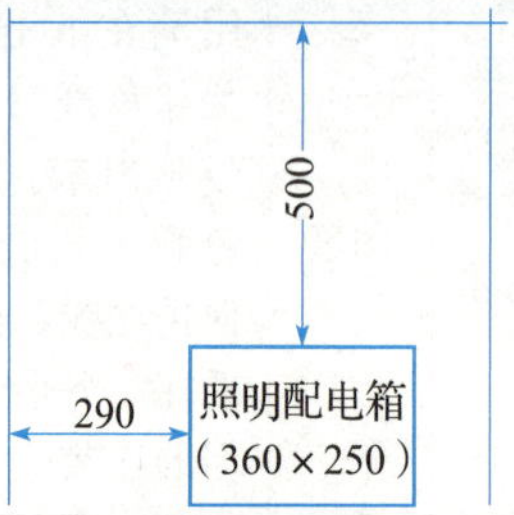	根据电气设备和器件安装位置示意图标注的尺寸，计算出照明配电箱某垂直边和某底边墙上的实际位置尺寸，图中已直接标出了配电箱左边和上边的尺寸	卷尺	准确计算照明配电箱的位置
6	画位置		在多孔板做成的墙上相应位置用笔画出垂直边和底边的位置	卷尺、笔	垂直度允许偏差为1.5%；底边距地面不小于1.5m，照明配电板底边距地面不小于1.8m
7	安装箱体		手托着照明配电箱，对准画线的位置，另一只手用电钻将螺丝固定	配电箱、螺钉	箱（盘）安装牢固，垂直度允许偏差为1.5%；底边距地面不小于1.5m，照明配电板底边距地面不小于1.8m
8	调整箱体		慢慢调整箱体的位置，使尺寸符合要求，待位置调整准确后，把先装的两颗螺钉拧紧，再把后两颗螺钉装上拧紧；检查一遍，箱体要紧贴墙面，安装牢固、端正	配电箱、螺钉	照明配电箱（板）内应安装牢固，其垂直偏差不应大于5mm，暗装时，照明配电箱（板）四周应无空隙，其面板四周边缘应贴紧墙面，箱体与建筑物、构建物接触部分应涂防腐漆
9	检查	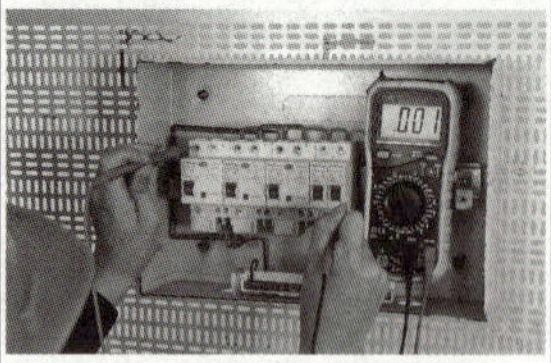	用万用表检查线路，看是否有接错或短路现象	万用表	

问题情境一： 如何准确确定配电箱安装的位置？

问题情境二： 如何安装开关类器件？

问题情境三： 如何判断低压断路器是否正常？

B1－2：能规范完成照明配电箱的安装

拓展提升——Pz30 配电箱

照明配电箱标注 Pz 是配电专用，标准型号 30 是尺寸，Pz30 是照明配电箱的一种，一般是 Pz30－n，n 是指回路数，通常有 4～60 回路。

Pz30 配电箱规格的选择主要看图纸系统说明图，根据上面的配电箱的回路来定。

通常情况下，如果是一般住房照明 1p，普通插座 1p，厨房插座 1p，卫生间插座 1p，空调 3p（客厅、主卧、次卧），备用 1－2p，漏电保护器 1 个（3p）。因为没有 11 组的 Pz30 箱子，所以选择 12 组，故选择 Pz30－12。如果是用于商场照明，那么有的照明就 1－5p，普通插座 2－8p（商场插座一般都是双 p 的），空调看是什么型号的，有 3＋1（不带零线＋接地线），有 3＋2 的（零线＋接地线）。因而，选配电箱规格的时候，要看多少回路＋一个漏电保护器的位置＋预留，如 2 相电选择：n＋3＋预留（n：回路，3：漏电保护器）。

学习结果评价

“照明配电箱的安装”学习结果评价见表 B1－2－3。

表 B1－2－3　“照明配电箱的安装”学习结果评价

序号	评价内容	分值	得分
1	照明配电箱内断路器选型是否正确	10	
2	照明配电箱内总断路器的进出线、其他断路器的进线是否均为 $2.5mm^2$ BV 线，其他为 $1.5mm^2$ V 线	10	
3	照明线路的火线是否用红色线、零线是否用蓝色线，地线是否用双色线	10	
4	照明配电箱内的硬线敷设时是否基本横平竖直，排列整齐	10	
5	箱内所有地线是否均接在接地排上（共有 3 根接地线）	10	
6	该接零排的零线是否接在接零排上（接零排上有 4 根零线）	10	
7	照明配电箱内的硬线敷设时是否不伤绝缘，且露铜长度小于 2mm	5	
8	照明配电箱内接地排接线是否排列整齐，且固定牢靠	5	
9	照明配电箱内接零排接线是否排列整齐，且固定牢靠	5	
10	照明配电箱内断路器是否排列整齐，且接线牢固可靠	5	

续表

序号	评价内容	分值	得分
11	箱体在建筑物上的安装位置是否按图纸要求，定位和方位正确，且误差不得大于 5mm	10	
12	是否能够正确检测线路	10	
总　计		100	

注：此项目在线槽工艺、设备功能检查结束之后，将线槽盖板、开关盒、插座盒、分线盒、照明配电箱盖板打开后进行，评分结束应将设备恢复。

课后作业

1. 照明配电箱（盘）安装牢固，垂直度允许偏差为________。

A. 0.5%　　B. 1%　　C. 1.5%　　D. 2%

2. 照明配电箱底边距地面不小于________ m，照明配电板底边距地面不小于________ m。

A. 1　1.3　　B. 1.2　1.5　　C. 1.4　1.6　　D. 1.5　1.8

3. 低压断路器应垂直安装，倾斜度不得大于________。

A. 5°　　B. 6°　　C. 7°　　D. 8°

4. 低压断路器分断时手柄在________，合闸时手柄在________。

A. 上　上　　B. 上　下　　C. 下　上　　D. 下　下

5. 垫圈下螺钉两侧压的导线截面积相同，同一端子上导线连接不多于________根，防松垫圈等零件齐全并压接牢固。

A. 1　　B. 2　　C. 3　　D. 4

6. 如何用万用表检查线路是否接错或者短路？

工作任务B2

灯具和插座的安装

安全规范

1. 首先检查电气安装与维修理实一体化实训室的设备是否安全坚固。

2. 实施任务前，学生穿好电工服、绝缘鞋，戴好安全帽，如图 B2－1 所示。老师进行安全教育，对实训室进行 6S 管理。

3. 检查三项五线制电源是否处于断开状态，“禁止合闸，有人工作”指示牌是否放置在正确位置，如图 B2－2 所示。

图 B2－1 安全着装

图 B2－2 指示牌放置位置

4. PLC、触摸屏软件提前安装并调试正常，定期检查计算机是否携带病毒。

5. 亚龙 YL－156A 型电气安装与维修实训考核装置安装底架做好安全接地设施，如图 B2－3 所示，一旦发生短路，漏电开关可跳闸保护。

6. 操作完成离开实训室之前确保已关闭设备及电源，操作台摆放整齐，室内清洁干净，如图 B2－4 所示。

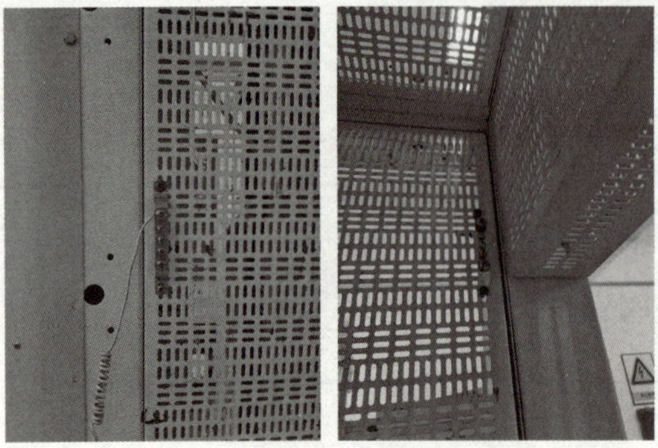

图 B2－3　安全接地设施

图 B2－4　整理实训台

教学条件及组织

教学条件：电气安装与维修理实一体化实训室、16 台 YL－156A 教学设备、计算机、32 套工具。

1. 异质分组。根据实际情况进行异质分组，每组两人，一名安装员，一名质量检测人员。

2. 协作分工。安装员负责灯具和插座的选择、检测和安装，质检员负责检测灯具和插座安装回路质量，各成员要协作分工、角色轮换。

3. 质量检测。质检员严格把控安装质量，包括元件选择与检测、灯具和插座的功能、线路的安装规范等，并做好记录。

4. 任务小结。各成员总结灯具和插座的安装步骤，强调安全生产、严谨认真的职业素养。

职业能力 B2－1　能识读照明平面图并合理选择灯具和开关

核心概念

灯具：指能透光、分配和改变光源光分布的器具，包括除光源外所有用于固定和保护光源所需的全部零部件，以及与电源连接所必需的线路附件。

照明开关：指为家庭、办公室、公共娱乐场所等设计的，用来隔离电源或按规定能在电路中接通或断开电流或改变电路接法从而控制灯具的一种装置。

学习目标

1. 能够根据照明平面图正确选择灯具和开关。
2. 能够检查照明开关和灯具的好坏。

基本知识

电气照明是工厂供电以及日常生活用电的一个重要组成部分。根据工作场合对照明要求的不同，合理选择照明灯具、满足照明要求，是保证安全生产、提高工作和学习效率及保护工作人员视力的必要条件。照明设备的不正常运行可能导致火灾事故，甚至危胁人身安全。

一、电光源介绍

电光源根据工作原理的不同可分为热辐射光源和气体放电光源两类。前者是利用电能使材料加热到白炽程度而发光，例如白炽灯、碘钨灯等照明灯具；后者是利用电极间的气体或蒸发气体放电而发光，例如常见的日光灯、高压汞灯、高压钠灯等照明灯具。通常在照明平面图上会在灯具旁边标注电源类型：Ne－氖；Xe－氙；Na－钠气；Hg－汞；I－碘；IN－白炽；EL－电发光；ARC－弧光；FL－荧光；IR－红外线；UV－紫外线；LED－发光二极管。

1. 常见照明光源的选择

电气照明的光源应根据照明要求和使用场所的特点来选择，一般应遵循以下原则：

（1）对开关频繁，或因频闪效应影响视觉效果的需要防止电线波干扰的场所，应采用白炽灯或卤钨灯。

（2）对颜色的区别要求较高的场所，宜采用白炽灯、卤钨灯或日光色荧光灯。

（3）对震动较大的场所，宜采用荧光高压汞灯或高压汞灯。

（4）对需大面积照明的场所，宜采用金属卤钨灯、高压钠灯或长弧氙灯。

（5）对于单光源不能满足需求的场所，宜采用两种或两种以上的光源进行混合照明。

（6）对于功率较小的室内和局部照明可采用节电型的高频供电的荧光灯或冷光束卤钨灯。

为了便于比较，现将常用的几种光源列表说明其优缺点及适用场所，供选用时参考，见表 B2-1-1。

表 B2-1-1 常用光源的优缺点及适用场所

光源名称	优点	缺点	适用场所
白炽灯	使用方便、价格便宜	发光效率低，寿命短	适用于照度要求较低、开关次数频繁的室内外场所
碘钨灯	发光效率较高、光色好、寿命较长	灯座温度高、安装严格、偏角≤40°、价格贵	适用于照明要求较高、悬挂高度较高的室内外照明
荧光灯	发光效率高、寿命长、光色好、灯体温度低	灯光照度高、需镇流器等附属设备、有射频干扰	适用于照明要求较高、需辨别色彩的室内照明
荧光灯（电子镇流器式）	发光效率高、寿命长、灯色好、灯体温度低	采用电子元件作镇流器，产品可靠性稍差	适用于照明要求较高、需辨别色彩的室内照明
高压水银灯	发光效率高、寿命长、耐震动	功率因数较低、启动时间长、价格较贵	适用于悬挂高度较高的大面积室内外照明
氙灯	功率大、光色好、亮度高	价格贵、需镇流器和触发器	适用于广场、建筑工地、体育馆等照明
钠铊铟灯	发光效率高、亮度大、体积小、重量轻	价格贵、需镇流器和触发器	适用于工厂、车间、广场、车站、码头等照明

2. 常见照明灯具的电气符号（见表 B2-1-2）

表 B2-1-2 常见照明灯具的电气符号

名称	图形符号	说明	名称	图形符号	说明
灯		一般符号	弯灯		一般符号
灯管	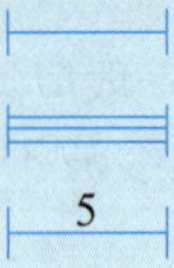 5	荧光灯一般符号 三管荧光灯 五管荧光灯	局部照明灯		
安全灯			防水防尘灯		
吸顶灯			壁灯		

续表

名称	图形符号	说明	名称	图形符号	说明
壁灯			花灯		

二、照明开关介绍

普通照明开关是指为家庭、办公室、公共娱乐场所等设计的，用来隔离电源或按规定能在电路中接通、断开电流或改变电路接法的一种装置。

1. 照明开关的分类

（1）普通按键开关。

普通按键开关是最常用的照明开关，根据连接方式可以分为单控开关（见图 B2－1－1）、双控开关（见图 B2－1－2）和多控开关。

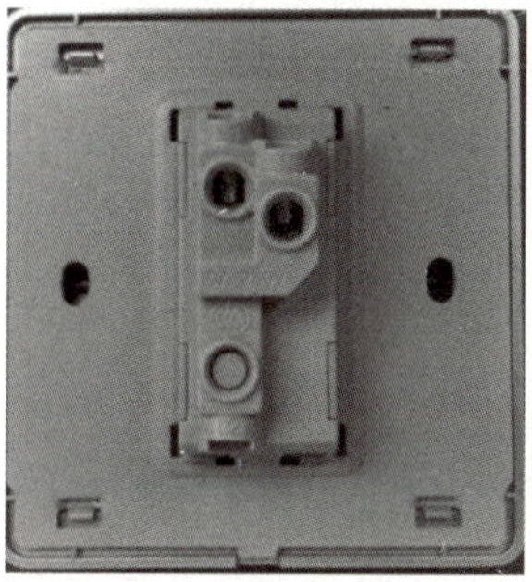

图 B2－1－1　单控开关（背板）

图 B2－1－2　双控开关（背板）

单控开关在家庭电路中是最常见的，也就是一个开关控制一件或多件电器，根据所联电器的数量又可以分为单控一位、单控两位、单控三位、单控四位等多种形式。如：厨房使用单控一位的开关，一个开关控制一组照明灯光；在客厅可能会安装三个射灯，那么可以用一个单控三位的开关来控制。

双控开关也就是两个开关同时控制一件或多件电器，根据所联电器的数量还可以分双控一位、双控两位等多种形式。双控开关用得恰当，会给家居生活带来很多便利。如：卧室的照明灯，一般可以在进门的门旁边安装一个开关控制，然后在床头上再接一个开关同时控制这个顶灯，那么，进门时可以用门旁的开关打开灯，关灯时直接用床头的开关就可以了，非常方便。

普通按键开关根据使用功能，可分为一位、二位、三位、四位等同一面板有多组开关功能。

（2）触摸式延时开关。

触摸式延时开关如图 B2－1－3 所示。开关一般做成壁式，面板上有触摸板和发光二极管，手触及触摸板，灯亮一段时间后自动关闭。

（3）声光控延时开关。

声光控延时开关如图 B2－1－4 所示。它是在延时电路中再增加音频放大电路和光控电路制成，白天关灯，晚间靠行人脚步声启动，延时一段时间后自动关灯。

图 B2－1－3　触摸式延时开关

图 B2－1－4　声光控延时开关

2. 常见照明开关的电气符号

常见照明开关的电气符号见表 B2－1－3。

表 B2－1－3　常见照明开关的电气符号

名称	图形符号	说明	名称	图形符号	说明
开关		开关一般符号	一位开关		明装
		单极双控拉线开关			暗装
		双控开关			密闭
		单极拉线开关			防爆
二位开关	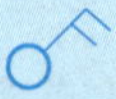	明装	三位开关		明装
		暗装			暗装
	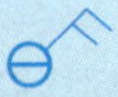	密闭			密闭
		防爆			防爆

三、照明平面图

照明平面图用图形符号标识灯具的种类、型号、安装方式及安装位置。照明平面图是电气施工图中的重要图纸之一，如图 B2－1－5 所示。

灯具的安装方式是在灯具的图形符号旁用文字符号标注灯具数量、型号、灯具中的光源数量和容量、悬挂高度和安装方式，其标注形式为：$a-b\frac{c*d}{e}f$，其中，a：同类灯具的个数；b：灯具种类；c：灯具内安装灯的数量；d：每个灯的功率（单位为 W）；e：灯的安装高度（单位为 m）；f：安装方式。

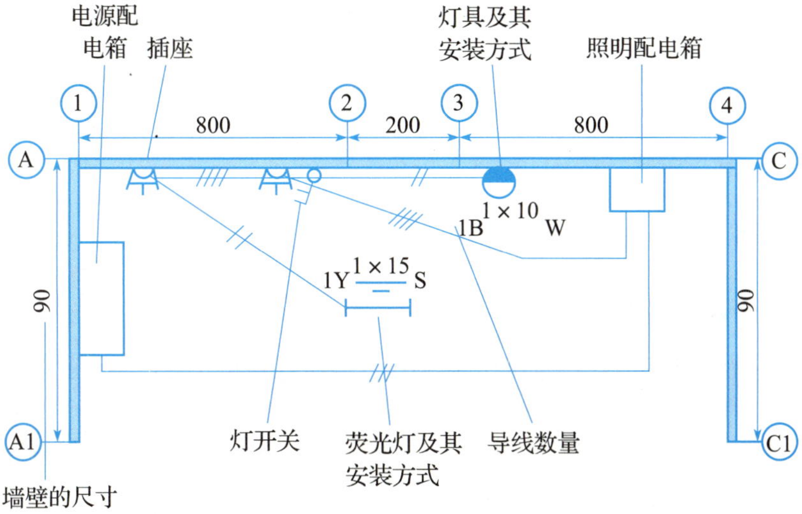

图 B2-1-5 照明平面图

标识灯具类型和安装方式的文字符号见表 B2-1-4 和表 B2-1-5。

表 B2-1-4 标识灯具类型的文字符号

灯具类型	文字符号	灯具类型	文字符号	灯具类型	文字符号
壁灯	B	卤钨探照灯	L	花灯	H
吸顶灯	D	普通吊灯	P	水晶底罩灯	J
防水防尘灯	F	搪瓷伞罩灯	S	荧光灯灯具	Y
工厂一般灯具	G	投光灯	T	柱灯	Z
防爆灯	G 或专用符号	无磨砂玻璃罩万能型灯	W		

表 B2-1-5 标识灯具安装方式的文字符号

灯具安装方式	文字符号	国际符号	灯具安装方式	文字符号	国际符号
自在器线吊式	CP		吸顶式	S	C
固定线吊式	CP1		嵌顶式	R	R
防水线吊式	CP2		墙壁内安装式	WR	WR
吊线器式	CP3	SW	台上安装式	T	
链吊式	CH	CS	支架安装式	SP	S
管吊式	P	DS	柱上安装式	CL	CL
壁装式	W	W	座装式	HM	HM

例：$4-P\frac{5*25}{1.8}CH$ 表示为 4 个链吊式（CH）吊灯（P），每个吊灯内装 5 个功率为 25W 的灯，安装高度离地 1.8m。

能力训练

一、任务描述

根据图 B2-1-6 所示照明平面图选择相应的照明灯具和开关，并完成照明灯具和开关的检查。

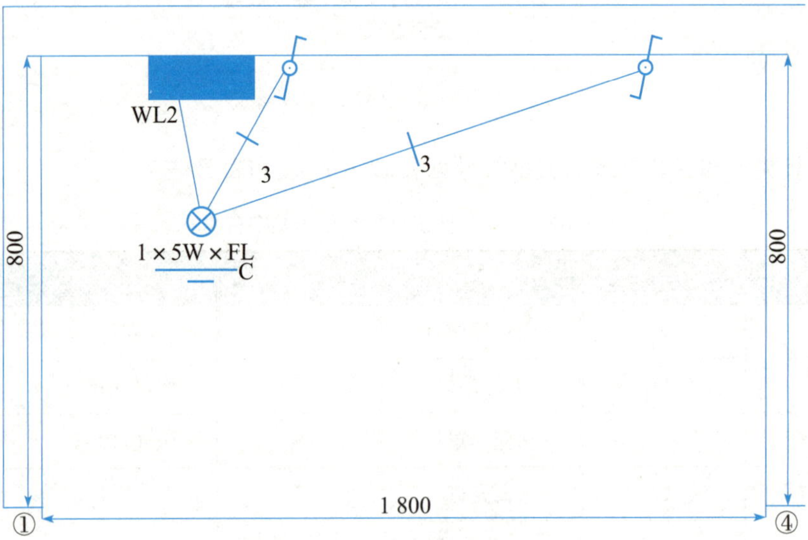

图 B2-1-6　照明平面图

二、操作过程

1. 准备

（1）需准备的材料：根据照明开关符号，照明开关是明装，数量 2 个，应选择 2 个双控开关、2 个双控开关底盒；根据照明灯具的符号和标注 $\frac{1*5W*FL}{-}C$，应选择一个 5W 的荧光灯泡（FL）、一个灯底座，安装方式采用吸顶式（C）。

（2）需准备的工具：万用表、螺丝刀。

问题情境一： 实操前应该怎么检查万用表？

问题情境二： 如何画双控开关的接线图？

2. 照明灯具和开关的检查

照明灯具和开关的检查步骤见表 B2-1-6。

表 B2－1－6　照明灯具和开关的检查步骤

序号	检查步骤	图示	操作方法说明	材料工具	结果判断
1	双联开关检查		1. 外观的检查：检查面板外观有无破损，螺丝有无缺少；按键是否正常 2. 判断双联开关公共端：用万用表蜂鸣挡分别两两测量①和②、①和③、②和③接线端，测量的同时反复按下开关	万用表、螺丝刀	1. 外观和按键正常 2. 观察哪一组测量的结果是无论开关如何动作万用表都未蜂鸣，说明没测的接线端就是公共端
2	灯具的检查		1. 检查灯具外观是否破损 2. 将灯具安装在测试灯座上，观察是否正常	测试灯座、电源	1. 外观没有破损 2. 荧光灯正常发光
3	灯座接线端的检查	 	1. 用万用表蜂鸣挡测量灯座壁金属片与灯座底部接线端是否导通 2. 测量灯座底金属片与灯座底部接线端是否导通	万用表、螺丝刀	万用表蜂鸣挡鸣叫表示正常导通

B2－1：能识读照明平面图并合理选择灯具和开关

拓展提升——LED 灯介绍

LED 灯就是发光二极管，它采用固体半导体芯片为发光材料。与传统灯具相比，LED 灯节能、环保、显色性、响应速度好。

（1）节能是 LED 灯最突出的特点。在能耗方面，LED 灯的能耗是白炽灯的十分之一、是节能灯的四分之一，这是 LED 灯的一个最大的特点。现在人们都崇尚节能环保，也正是因为节能的这个特点，使得 LED 灯十分受欢迎。

（2）可以在高速开关状态工作。我们走在马路上，会发现每一个 LED 灯组成的屏幕或者画面都是变化莫测的。这说明 LED 灯是可以进行高速开关工作的。而白炽灯却达不到这样的工作状态。在平时生活中，如果开关次数过多，将直接导致白炽灯灯丝断裂。这也是 LED 灯受欢迎的重要原因。

（3）环保。LED 灯内部不含有任何的汞等重金属材料，但是白炽灯中含有，这就体现了 LED 灯环保的特点。现在有更多的人愿意选择环保的 LED 灯。

（4）响应速度快。LED 灯还有一个突出的特点，就是反应的速度比较快，只要一接通电源，LED 灯马上就会亮起来。对比我们平时使用的传统灯泡，打开后往往需要一定时间，待灯泡彻底发热之后，才能亮起来。

（5）相较于其他的光源，LED 灯更“干净”。所谓的“干净”不是指灯表面以及内部的干净，而是这个灯是属于冷光源的，不会产生太多的热量，不会吸引那些喜光喜热的昆虫。白炽灯和节能灯在使用一段时间之后都会产生热量，这个热量正好是虫子喜欢的，容易吸引虫子，这无疑会对灯表面带来很多的污染物，而且，虫子的排泄物还会使得室内变得很脏。而冷光源的 LED 灯，则不会吸引虫子，因此“干净”。

学习结果评价

“照明灯具和开关的检查”学习结果评价见表 B2－1－7。

表 B2－1－7　“照明灯具和开关的检查”学习结果评价

序号	评价内容	分值	得分
1	能否正确选择万用表的挡位	10	
2	万用表表笔接法是否正确	10	
3	是否有开关外观检查过程	20	
4	是否正确判断双控开关的公共端	20	
5	是否有灯座外观检查过程	20	
6	能否正确操作万用表检测灯座	20	
总　计		100	

注：各项在设备断电情况下进行，若所列元器件没有安装，则视为不符合要求。

课后作业

1. 灯具类型的文字符号 F，表示（   ）。

A. 壁灯　　B. 吸顶灯　　C. 防水防尘灯　　D. 普通吊灯

2. 灯具安装方式的文字符号 CL，表示（   ）。

A. 自在器线吊式　　B. 墙壁内安装式　　C. 台上安装式　　D. 柱上安装式

4. $3-Y\frac{1*15}{1.8}S$ 表示什么含义？

---

5. 根据图 B2－1－7 所示照明平面图选择相应的照明开关和灯具，并写出敷设方式。

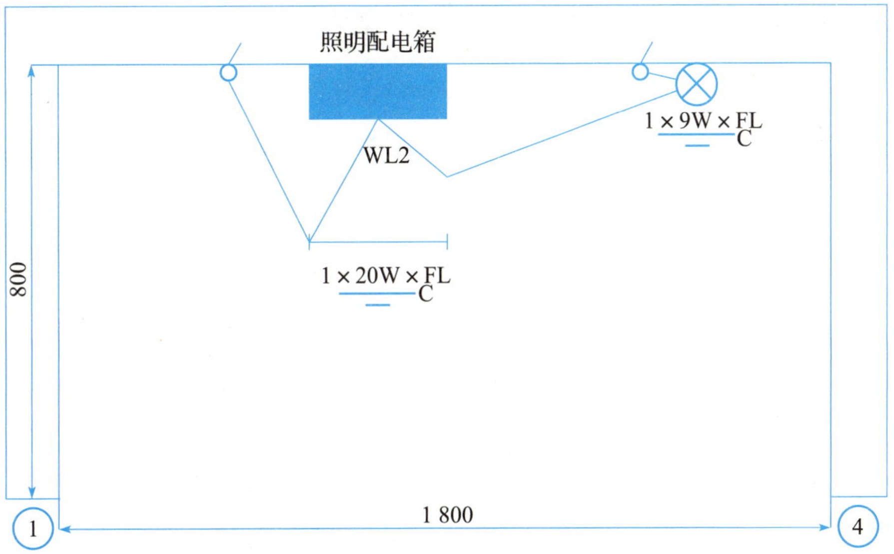

图 B2－1－7　照明平面图

职业能力 B2-2 能规范完成灯具和开关的安装

核心概念

电气设备与器件安装位置示意图：主要用来表示电气设备的种类、数量、安装位置和安装高度。

学习目标

1. 能够掌握单控开关控制灯具和双控开关控制灯具的原理。
2. 能够根据照明平面图完成线路的敷设。
3. 能够根据安装示意图完成灯具开关的定位和安装。

基本知识

一、照明灯具的控制

普通室内照明灯具的控制应符合室内照明的控制要求。常见的控制方式分为单控开关控制和双控开关控制。

1. 单控开关控制

通过一个单控开关实现对灯具的控制，即一个开关控制一个灯具或者多个灯具，如图 B2-2-1 所示。单控应用场所很多，如：厕所的照明通过一个开关控制；客厅的筒灯靠一个开关控制 4 个；教室的灯管也靠一个开关控制 4 个。

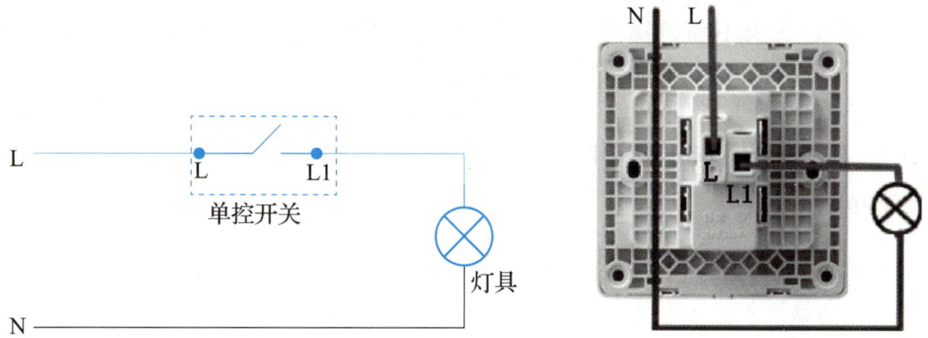

图 B2-2-1 单控开关控制一盏灯

2. 双控开关控制

通过两个双控开关实现对灯具的控制，即两个开关都可以控制一个灯具或多个灯具，如图 B2-2-2 所示。双控开关用得恰当，会给家居生活带来很多便利。如：房间的照明，可以在进门处和床头分别安装一个双控开关；楼梯间的照明，可以在楼上和楼下分别安装一个双控开关，实现楼上楼下都可以控制。

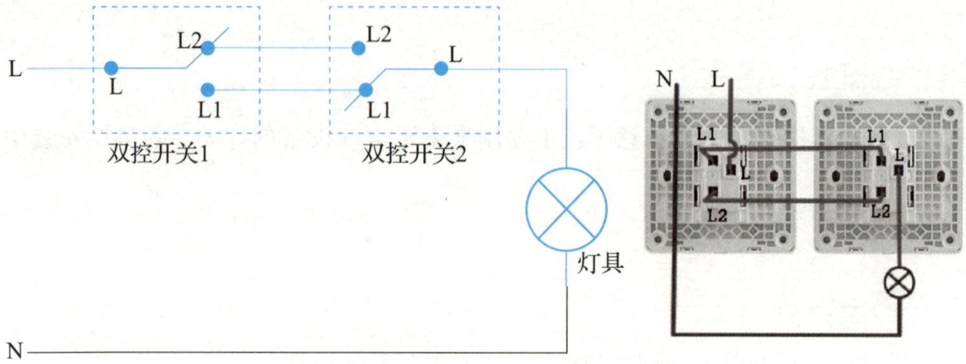

图 B2-2-2　双控开关控制一盏灯

二、照明开关的安装要求

（1）开关面板距离地面的高度宜为 1.3～1.4m，距门框宜为 0.15～0.2m。

（2）拉线开关距离地面高度宜为 2～3m，距门框宜为 0.15～0.2m，且拉线出口应垂直向下。

（3）无障碍场所开关底边距地面高度宜为 0.9～1.1m。

（4）老人生活场所开关宜选用宽板按键开关，开关底边距地面高度宜为 1.0～1.2m。

（5）分路总开关距离地面的高度为 1.8～2m。

（6）并列安装的相同型号的开关距地面的高度应一致，高度差不应大于 1mm，同一室内开关高度差不应大于 5mm，并列安装的拉线开关的相邻距离不宜小于 20mm。

（7）暗装的开关面板应紧贴墙面或装饰面，四周应无缝隙，安装牢固，表面光滑整洁、无碎裂、划伤，装饰帽（板）齐全；接线盒应安装到位，盒内干净整洁、无锈蚀。安装在装饰面上的开关，其电线不得裸露在装饰层内。

（8）在易燃、易爆和特殊场所，开关应具有防爆功能，并采用其他相应的安全措施。

（9）接线时，所有开关均应接控制电路的相线。

（10）0.5kW 以下的电感性负荷（如电动机）或 2kW 以下的电容性负荷（如白炽灯灯泡、电炉等），允许采用插销代替开关。

三、照明灯具的安装要求

（1）室内一般的灯具距离地面的高度不应少于 2m，如吊灯灯具位于桌面上方等人碰不到的地方，允许高度不低于 1.5m，在潮湿、危险场所不应低于 2.5m。

（2）室外灯具距离地面高度一般不应低于 3m，如装在墙上，允许降低为 2.5m。

（3）在灯具低于上述高度且无安全措施的场所，应采用 36V 以下的特低电压。

（4）1kg 以下的灯具可采用软导线自身吊装，吊线盒及灯头两端应做防拉脱结扣；1～3kg 的灯具应采用吊链或吊管安装；3kg 以上的灯具应采用吊管安装。

（5）螺口灯头的安装，在灯泡装上后，灯泡的金属螺口不能外露，且应接在零线上。
（6）灯具不带电金属件、金属吊管和吊链应采取接零（或接地）的措施。
（7）每一照明支路上配线容量不得大于 2kW。

能力训练

一、任务描述

某车间新装修了一间办公室，需要安装一套照明开关和灯具。请你根据图 B2－2－3 所示照明配电系统图、图 B2－2－4 所示照明平面图、图 B2－2－5 所示电气设备与器件安装位置示意图和图 B2－2－6 所示照明布线示意图，规范完成照明灯具和开关的安装，并通电完成调试。

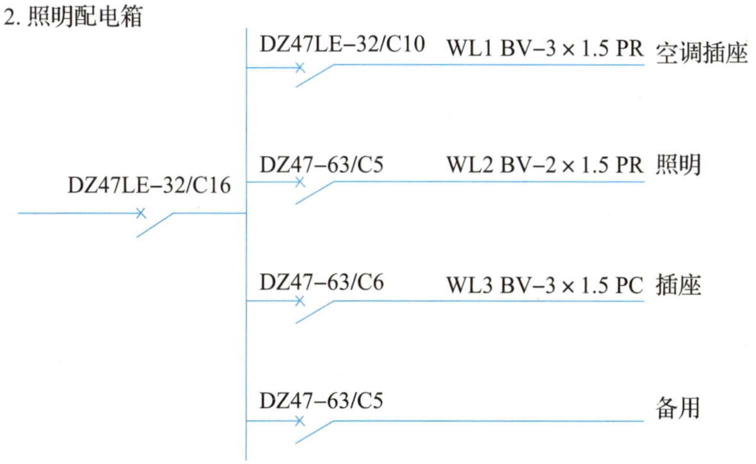

图 B2－2－3　照明配电系统图

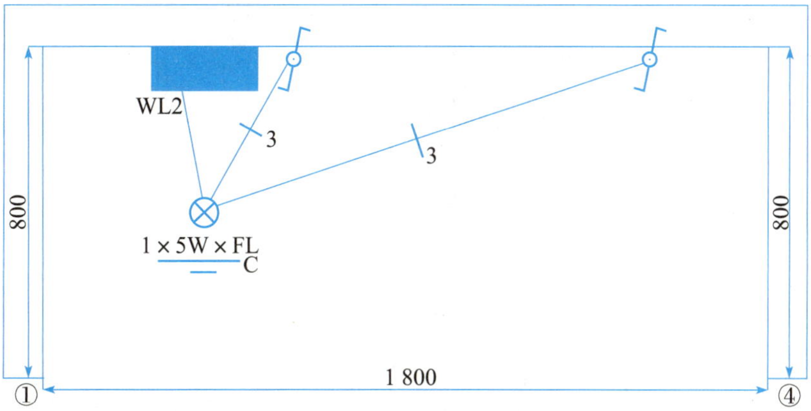

图 B2－2－4　照明平面图

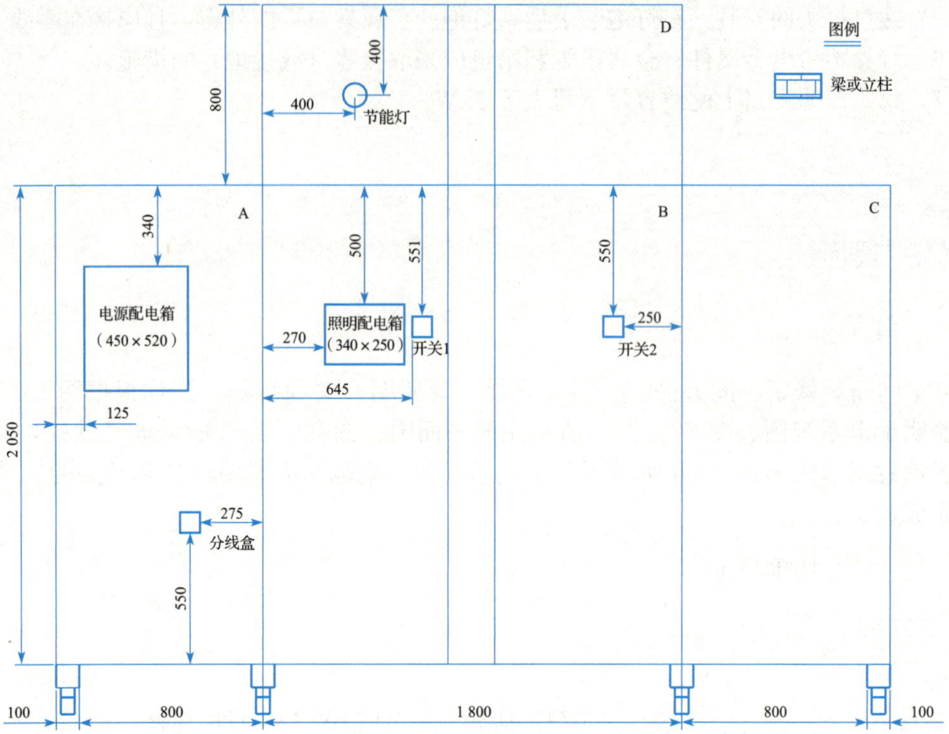

图 B2-2-5 电气设备与器件安装位置示意图

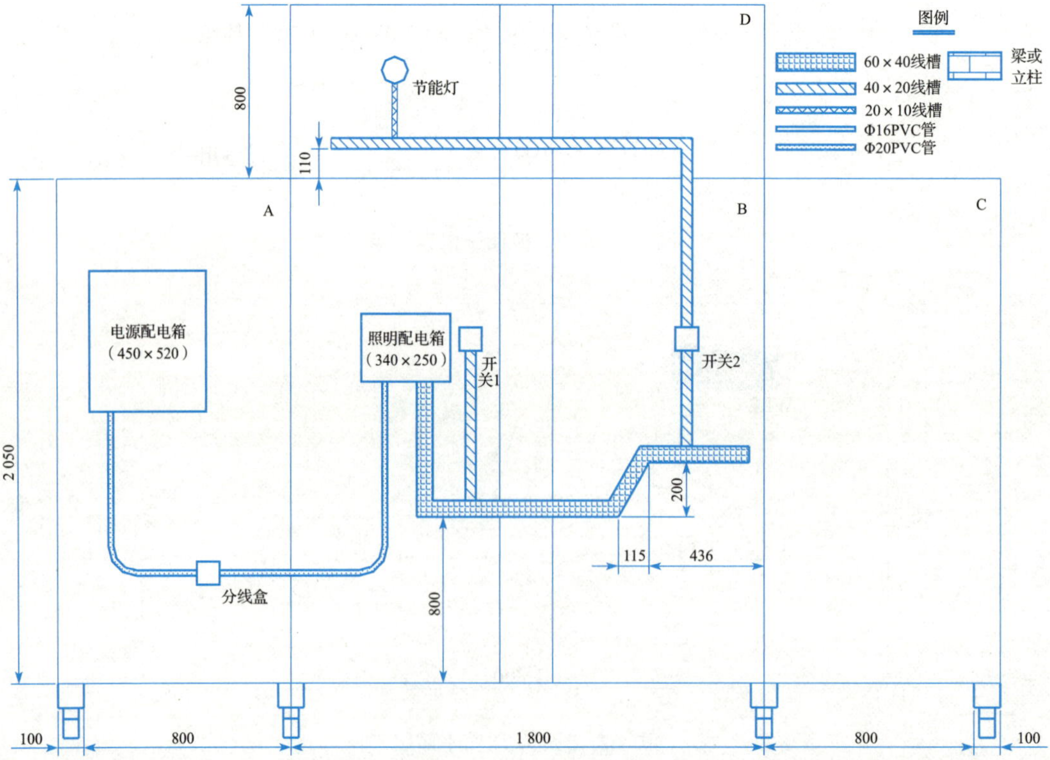

图 B2-2-6 照明布线示意图

二、操作过程

1. 准备

（1）需准备的材料：根据电气设备与器件安装位置示意图选择 2 个双控开关、2 个双控开关底盒、1 个节能灯底座和 1 个节能灯；提前装配好电源配电箱和照明供电箱。

（2）需准备的工具：卷尺、手电钻、水性笔、钢锯、量角器。

（3）领取设备和耗材并填写表 B2－2－1。

表 B2－2－1 设备和耗材申请表

申请人：________ 领取时间：______年______月______日

设备/耗材	规格/型号	数量	归还时间	是否完好	备注

问题情境一：如何根据照明布线示意图计算线槽的长度和角度？

问题情境二：如何加工一个 45°角的线槽？

2. 照明开关和灯具的定位与安装

照明开关和灯具的定位与安装步骤，见表 B2－2－2。

表 B2－2－2 照明开关和灯具的定位与安装步骤

序号	安装步骤	图示	操作方法说明	材料工具	质量标准
1	照明开关底盒和节能灯底座定位		1. 通过卷尺测量开关底盒和节能灯底座的具体位置 2. 用水性笔做好标识 3. 使用自攻螺丝固定开关底盒和节能灯底座	卷尺、水性笔、手电钻、底盒	1. 按照图纸要求完成安装，定位误差不大于±5mm 2. 固定螺丝不少于 3 颗，且固定牢固、无倾斜或松动现象

续表

序号	安装步骤	图示	操作方法说明	材料工具	质量标准
2	线槽加工和固定	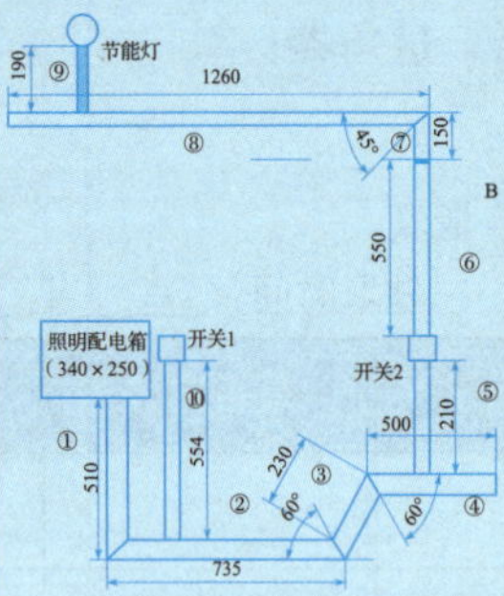	1. 根据照明布线示意图，计算线槽的数量和加工工艺 2. 根据要求加工线槽，注意线槽开口的毛刺清理以及在线槽 2/4/9 上加工线槽孔 3. 按要求固定线槽	线槽、钢锯、剪刀、螺丝刀、电工刀、角尺、铅笔卷尺	1. 线槽的定位尺寸误差不大于±2mm，拼缝小于0.5mm 2. 60 线槽采用双排螺丝固定，每段线槽固定螺丝不少于 4 颗 3. 40 和 20 线槽的固定螺丝成一直线，并与线槽走向平行，螺丝间距小于 500mm
3	照明线路预埋	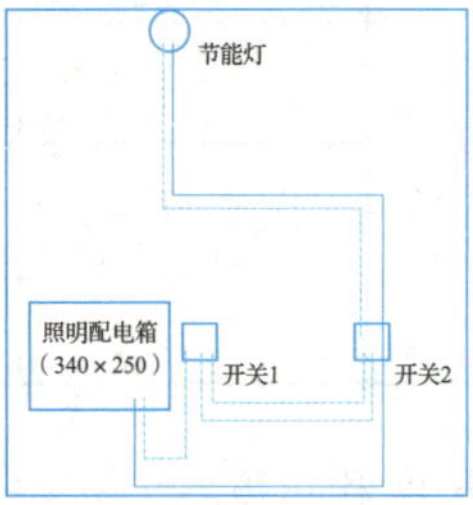	1. 在照明布置示意图中用红色和蓝色笔在线槽上画出照明预埋的导线 2. 根据线槽的走向和长度，预留出足够的导线 3. 预埋好导线后，将线槽盖板盖回线槽	剥线钳、导线	1. 预埋的导线要符合施工要求，槽内无绞线、中间接头或导线折叠现象，预留足够的长度但又不能太长，以免浪费材料 2. 线槽盖板后要完全盖好、没有翘起 3. 线槽盖板拼缝小于 0.5mm
4	安装照明开关面板		1. 根据双联开关的接线方式，完成两个双联开关的面板接线 2. 通过面板螺丝完成开关面板的固定	手电钻、面板螺丝	1. 开关内导线连接牢固，无压皮和露铜过长现象 2. 开关面板安装端正、紧固，无倒装现象和施工遗留痕迹
5	安装节能灯灯座	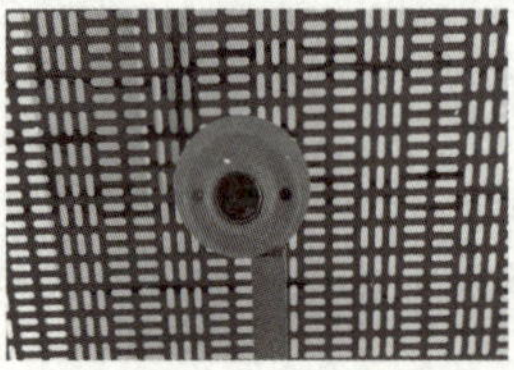	1. 根据底座的接线方式，火线接螺口灯座底部接线柱，零线接螺口接线端子 2. 通过灯座螺丝完成灯座的固定	手电钻 灯座螺丝	1. 螺口灯座固定要密封、牢固，导线连接牢固，无压皮露铜 2. 节能灯座内相线、零线接法符合规定（螺口接线端子与零线相连）

续表

序号	安装步骤	图示	操作方法说明	材料工具	质量标准
6	照明配电箱接线	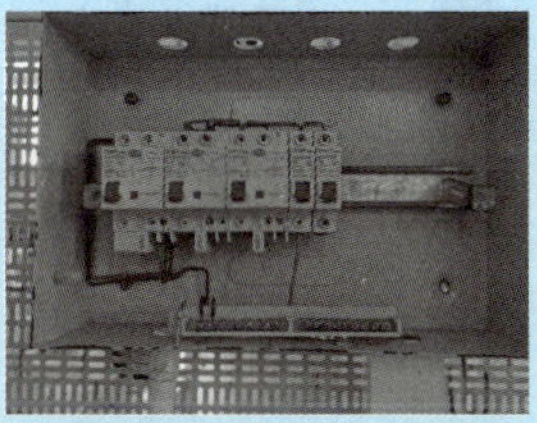	1. 根据配电系统图，完成照明分路的接线 2. 选择 DZ47 - 63/C5 空气开关，并完成接线 3. 照明分路零线接到零排	手电钻	1. 导线接入空气开关和零排接线柱连接紧固、不压皮 2. 导线在配电箱内集中归边走线，横平竖直、无交叉
7	安装配电箱和开关盖板及灯具		1. 通过螺丝固定配电箱的盖板 2. 安装配套的开关盖板 3. 将节能灯旋进螺口灯座	手电钻 固定螺丝	安装的盖板密封、紧固，不翘边、无倒装
8	通电调试		1. 穿戴电工绝缘手套、安全帽 2. 通电前检查线路是否存在短路现象 3. 操作步骤：打开设备总开关→电源配电箱照明总开关→照明供电箱总开关→照明空气开关→双联开关	电动绝缘手套、安全头盔	1. 用万用表检查线路 2. 做好自身的安全保护，穿戴绝缘手套、安全帽，设专人看护 3. 按顺序打开电源开关 4. 双联开关能实现节能灯的双联控制

B2 - 2：能规范完成灯具和开关的安装

拓展提升——三控开关

三控开关是指通过三个开关实现对一个灯具的控制，就是在双控的基础上，把两个开关的连接线中间再加上一个一开三控中途开关。如图 B2 - 2 - 7 所示，从三控中途开关背板可以看出是一个双刀双掷开关。

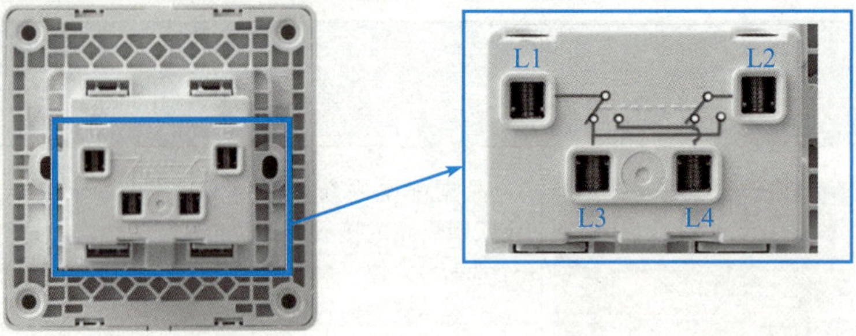

图 B2-2-7　三控中途开关背板

在生活中有时需要三个开关控制一盏灯，如一套两室一厅一厨一卫住房，客厅的照明灯需要由分别装在两个房间与客厅的三个开关来控制。此时应该采用两个双控开关与一个三控中途开关来实施。三控开关控制原理图如图 B2-2-8 所示，接线图如图 B2-2-9 所示。

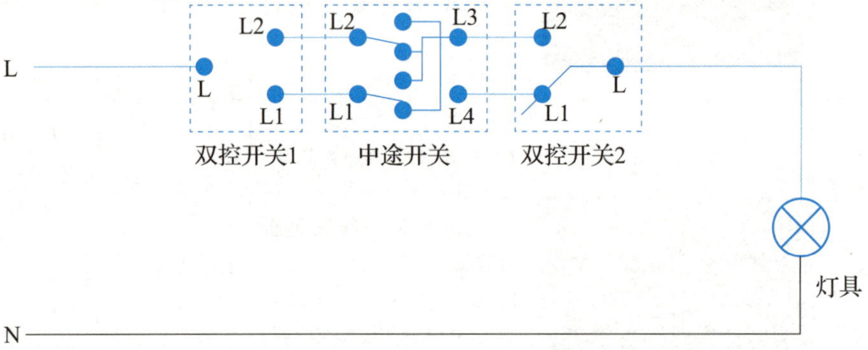

图 B2-2-8　三控开关控制原理图

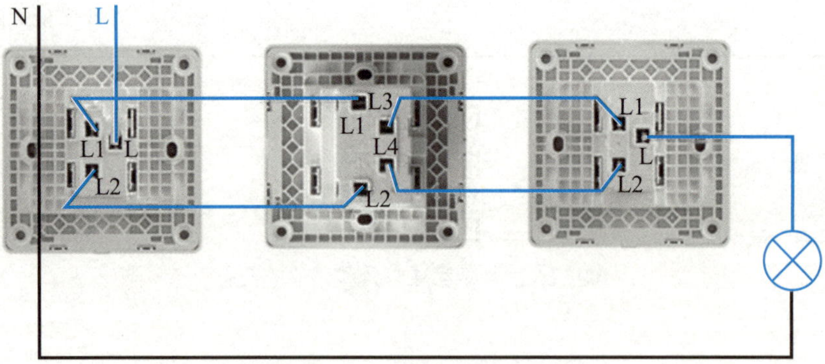

图 B2-2-9　三控开关控制接线图

学习结果评价

“照明开关和灯具的定位与安装”学习结果评价见表 B2-2-3。

表 B2-2-3 “照明开关和灯具的定位与安装”学习结果评价

序号	评价内容	分值	得分
1	节能灯安装位置是否正确	4	
2	开关安装位置是否正确	8	
3	安装是否无倾斜、倒装、松动现象	5	
4	60×40 线槽位置尺寸与标示尺寸误差是否小于±5mm	20	
5	线槽盖板是否完全盖好，且没有翘起、未完全盖住或缺盖板现象	7	
6	40×20 线槽位置尺寸与标示尺寸误差是否小于±5mm	5	
7	线槽与线槽之间、线槽与底盒之间的接缝是否小于 1mm	10	
8	照明线路的火线是否用红色线、零线是否用蓝色线、地线是否用双色线	2	
9	照明配电箱内的硬线敷设时是否拉直，且基本横平竖直、排列整齐	5	
10	零线是否接在接零排上，且排列整齐、固定牢靠	2	
11	照明线路线槽内是否无绞线、中间接头或导线折叠现象	2	
12	照明电路通电后，双控开关能否控制节能灯点亮	30	
总　计		100	

注：各项在设备断电情况下进行，若所列元器件没有安装，则视为不符合要求。

课后作业

1. 开关面板距离地面的高度宜为________ m，距门框宜为________ m。
2. 拉线开关距离地面的高度宜为________ m。
3. 分路总开关距离地面的高度为________ m。
4. 室外灯具距离地面高度一般不应低于________ m，如装在墙上，允许降低为________ m。
5. 每一照明支路上配线容量不得大于________ kW。

职业能力 B2－3　能识读插座平面图并合理选择插座型号

核心概念

插座：又称电源插座、开关插座，指有一个或一个以上电路接线可插入的座，通过它可插入各种接线，便于与其他电路接通。

学习目标

1. 能够根据照明平面图正确选择插座。
2. 能检查插座的好坏。
3. 能够加工插座底盒。

基本知识

一、插座介绍

插座的内部通过线路与铜件之间的连接与断开，来达到接通与断开电路的目的。

1. 插座的分类

根据插座的电源类型可分为二极插、三极插、二三插、三相四线插等，见表 B2－3－1。

表 B2－3－1　插座的分类

插座	分类	插座	分类
	二极插		带 5V USB 插座
	10A 三极插 （普通电器）		16A 三极插 （空调等大功率电器）
	二三插		三相四线插

另外，电源插座根据敷设的方式可分为暗敷和明敷；根据场所的不同还有防水、防尘、

防爆插座；同时还有信息插座，就是我们常说的弱电插座，一般应用在电话线、电脑线、电视线、音频线上。

2. 常见插座的电气符号

常见插座的电气符号见表 B2－3－2。

表 B2－3－2　常见插座的电气符号

名称	图形符号	说明	名称	图形符号	说明
插座		一般符号	单相三孔插座		明装
					暗装
					密闭
					防爆
单相插座		明装	三相四孔插座		明装
		暗装			
		密闭			暗装
		防爆			
多个插座	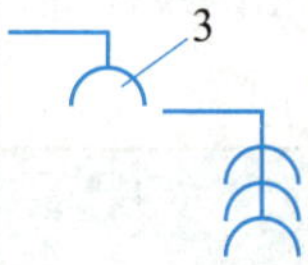	3 个	带开关插座		具有单极开关的插座
带熔断器的插座					

二、底盒介绍

底盒就是开关或者插座后面，用来放置电线和固定开关或者插座的埋在墙里面的盒子。有明装式和暗装式两种，明装式又分线管专用和线槽专用。

1. 底盒的分类

（1）明装式：主要用于工厂和企事业单位等需要经常改动或装修的地方，其直接装在墙体的表面，通过线管和线槽把导线封起来。这种底盒简单、安全、方便改动。

（2）暗装式：用于住宅和高档场所，如酒楼、宾馆等。在场所修建时提前设计好电路图，并按图提前埋好线管和底盒，整体装修快完成时才把设备装上去，完工后墙面整洁光滑，看不到任何线管线槽和底盒，美观、安全、不占空间。

2. 底盒的尺寸类型

86 型属于通用性底盒，如图 B2－3－1 所示，常用于家装、酒店装修，能和大部分开关插座面板搭配。另外，118 型底盒搭配的开关插座也是一种结构简单、能随意组合、具有装饰效果、应用十分广泛的墙壁开关，如图 B2-3-2 所示。

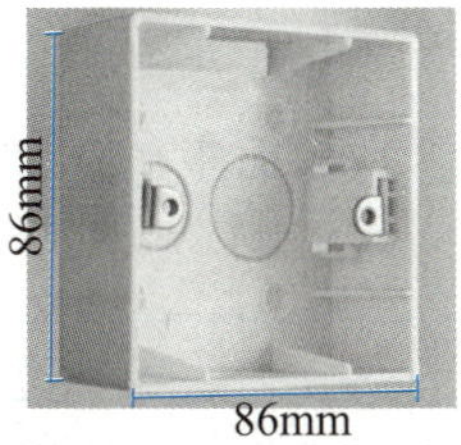

图 B2-3-1　86 型底盒

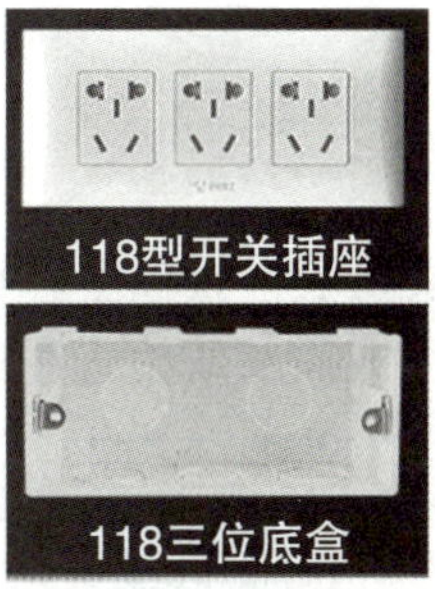

图 B2-3-2　118 型底盒

3. 底盒的作用及安装要求

底盒有防水、防火、防触电和防小昆虫等功能。

底盒的安装要求：只有进出线的地方才能开出相应尺寸的孔，其他位置是不能有任何孔的。而且进出线管一定要用杯索连接（见图 B2-3-3）。杯索有线管用和软管用两种。线槽一定要插入底盒内，尺寸要合适，线槽与底盒接触不能超过 1mm，其目的是防止有水溅进去或小昆虫爬入，同时还能避免人不小心碰到底盒触电。

图 B2-3-3　杯索

4. 底盒安装前开孔的注意事项

底盒安装前要根据照明布线示意图，提前在其盒上开出相应的线管或线槽进出孔。

（1）有挡片的，尽量用现成的敲落孔，用手或者锤子轻轻一敲就有孔。

（2）如尺寸限制，须先在相应的位置画出孔圆心，再用手电钻和开孔器开孔。

（3）线槽底盒上装线管，必须用开孔器开孔。

（4）几个底盒并排安装在一起时，底盒之间要穿电线，也要先开出相应的孔。

（5）暗装底盒，尽量使用现成的预留孔，不穿管的挡片也不要随意取掉，铁皮底盒盒身一定要接保护零线。

（6）底盒上如要用线槽引出电线时（尽量用线槽专用底盒，线管底盒也可开出线槽口来用），必须先开出相应的线槽孔。

5. 线管与底盒连接时的要求

（1）管与盒（箱）的连接处，应顺直进入，不应使管子斜穿到盒（箱）内，如果管与盒高度不一致，且盒孔比管高，就要做个鸭脖弯。

（2）连接管的外径要与盒（箱）的敲落孔相一致，管口平整、光滑，一管一孔顺直插入盒（箱）内，在盒（箱）内露出长度应少于 5mm。

（3）多根管进入配电箱时应长度一致，排列间距均匀。

（4）管与盒（箱）连接应牢固，盒（箱）未被用到的，敲落孔盖应保持原状。

能力训练

一、任务描述

某生产车间需要安装一批插座，请根据图 B2－3－4 所示插座平面图在仓库里选择正确的插座和底盒，并完成插座的检查和底盒的加工。

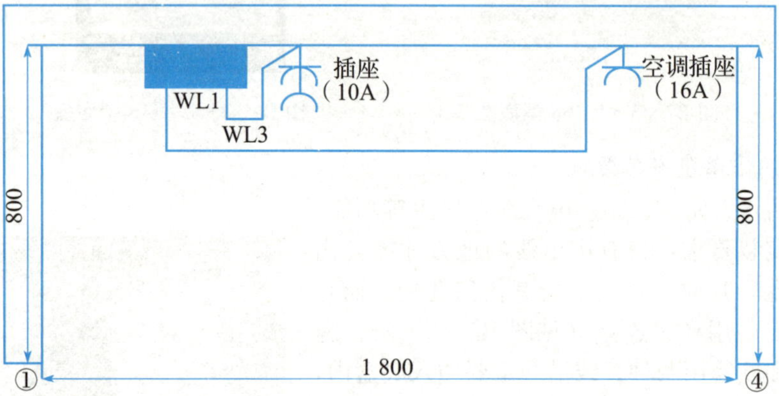

图 B2－3－4　插座平面图

二、操作过程

1. 准备

（1）需准备的材料：根据插座平面图的插座符号，应选择 1 个 10A 普通二三插座，同时选择 1 个 16A 空调插座；根据选择的插座类型，选择 2 个明装插座底盒。

（2）需准备的工具：卷尺、手电钻、锉刀、手锯、铅笔、开孔器、万用表。

问题情境一：空调插座与普通插座外观有什么不同？

问题情境二：20 线管进底盒应开多大的孔？

2. 插座的检测和底盒的加工

插座的检测和底盒的加工步骤，见表 B2－3－3。

表 B2－3－3　插座的检测和底盒的加工步骤

序号	安装步骤	图示	操作方法说明	材料工具	质量标准
1	插座检查	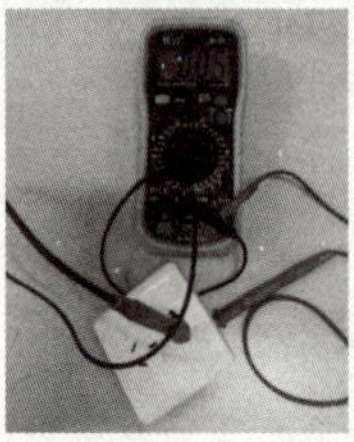	1. 检查插座面板外观有无破损，接线柱螺丝有没有缺少 2. 选择万用表蜂鸣挡，分别测量插座面板插孔和对应背板接线柱	万用表	1. 外观正常 2. 螺丝没有缺损 3. 测量时面板插孔与对应背板接线柱蜂鸣器鸣叫表示正常

续表

序号	安装步骤	图示	操作方法说明	材料工具	质量标准
2	底盒加工20线管孔	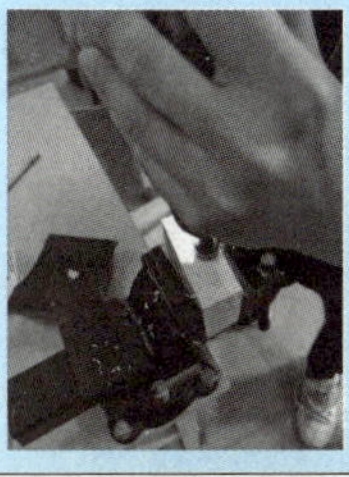	1. 用虎钳固定住底盒 2. 用铅笔在底盒中心画钻点，用手电钻或开孔器对准中心点钻个 20mm 线管孔 3. 用锉刀修正线管孔	手电钻、锉刀	1. 线管孔无毛刺，没击穿底盒 2. 应预留线槽杯索的安装位置
3	底盒加工 40 * 20 线槽孔	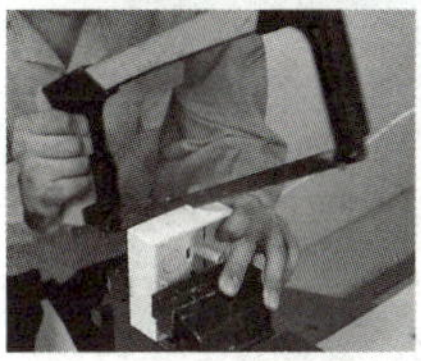	1. 用虎钳固定住底盒 2. 用铅笔在底盒侧边画 39 * 19 矩形方框 3. 用钢锯和手电钻沿着矩形方框切出 39 * 19 的线槽孔 4. 用锉刀修正线槽孔	铅笔、手电钻、钢锯、锉刀	1. 线槽孔无毛刺 2. 尺寸误差不超过 1mm

B2-3：能识读插座平面图并合理选择插座型号

拓展提升——网络插座

家庭装修中，除了常见的电源插座，还包括网络插座、电视插座和电话插座（近年来，由于手机的普及，家庭电话座机已经很少使用）等。

使用以网际协议为通信基础的插座称为网络插座，其作用是实现导线的电气连续性。

RJ45 型网线插头又称水晶头，广泛应用于局域网和 ADSL 宽带上网用户的网络设备间网线的链接。在具体应用时，RJ45 型网线插头和网线有两种连接方法（线序），分别为 T568A 线序和 T568B 线序，如图 B2-3-5 所示。

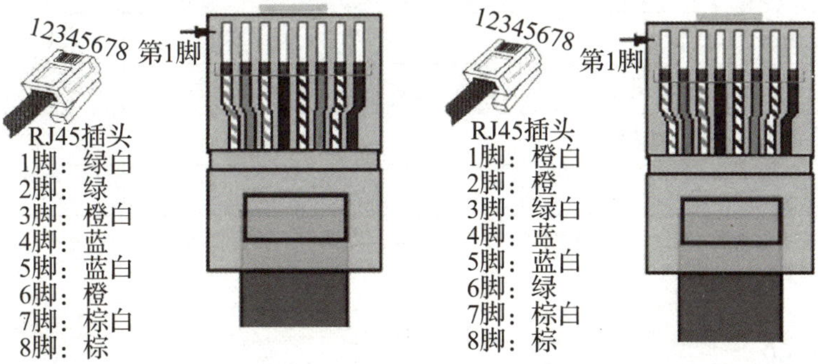

（a）T568A线序　　（b）T568B线序

图 B2-3-5　RJ45 水晶头线序

RJ45 型网线插头引脚号的识别方法是：手拿插头，有 8 个小镀金片的一端向上，有网线装入的矩形大口的一端向下，同时将没有细长塑料卡销的那个面对着人，从左边第一个小镀金片开始依次是第 1 脚、第 2 脚、……、第 8 脚。

人们通常使用的是 T568B 接法，如果网线采用 T568B 接线，那么网络插头也应采用同样的接法，其安装过程如图 B2－3－6 所示。

（a）用网线钳剪齐网线

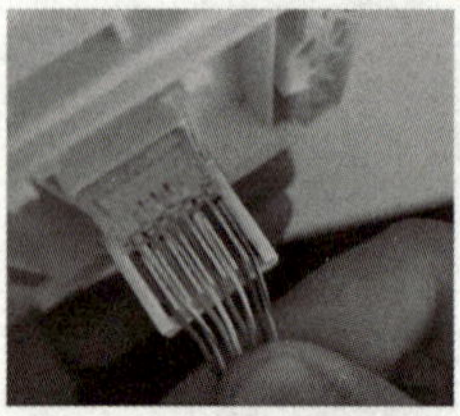

（b）将网线按T568B的线序排序插入端口

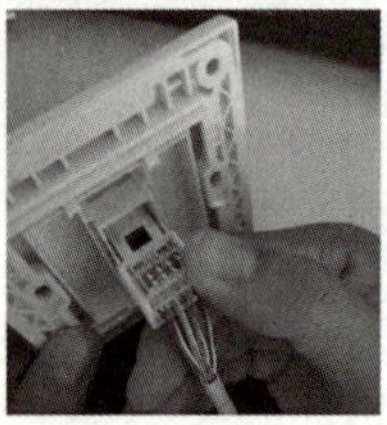

（c）用力压下端口盖板，压紧网线

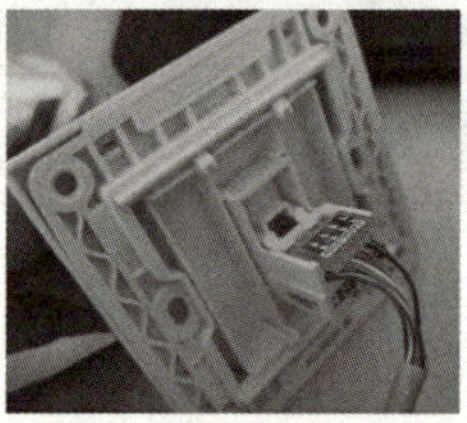

（d）完成

图 B2－3－6　插座安装过程

学习结果评价

“插座的检测和底盒加工”学习结果评价见表 B2－3－4。

表 B2－3－4　“插座的检测和底盒加工”学习结果评价

序号	评价内容	分值	得分
1	能否正确选择万用表的挡位	10	
2	万用表表笔接法是否正确	10	
3	是否有插座检查过程	10	
4	底盒开孔位置是否正确	10	
5	底盒开孔有无毛刺	10	
6	底盒是否开 Φ20 线管孔	25	
7	底盒是否开 40 * 20 线槽孔	25	
总　计		100	

注：各项在设备断电情况下进行，若所列元器件没有安装，则视为不符合要求。

课后作业

1. 查找资料，说明普通插座与防爆插座的区别。
2. 二三插座和三相四孔插座有什么区别？

职业能力 B2-4　能规范完成插座的安装

核心概念

插座的安装：依据电工规范和标准，将插座进行规范固定和进行导线正确连接的安装过程。

学习目标

1. 能够掌握单相插座、三相插座的接线方式。
2. 能够根据插座平面图完成线路的敷设。
3. 能够根据安装示意图完成插座的定位和安装。

基本知识

一、插座的电源和接线

根据插座的电源分类，分为单相两孔插座、单相三孔插座、三相四孔插座及三相五孔插座。

（1）单相两孔插座：面对插座的右孔或上孔与相线相连，左孔或下孔与零（中性）线连接，通常是“左零右火”和“下零上火”，如图 B2-4-1 所示。

（2）单相三孔插座：面对插座的右孔与相线相连，左孔与零线连接，上面的孔与保护中性线（地线）连接，通常是“左零右火上保护”，如图 B2-4-2 所示。

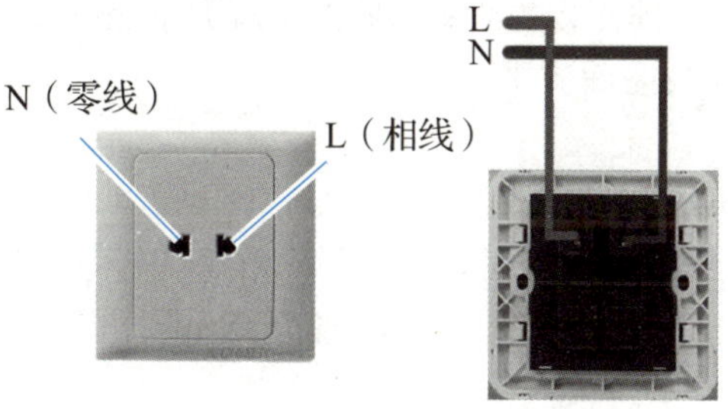

图 B2-4-1　单相两孔插座

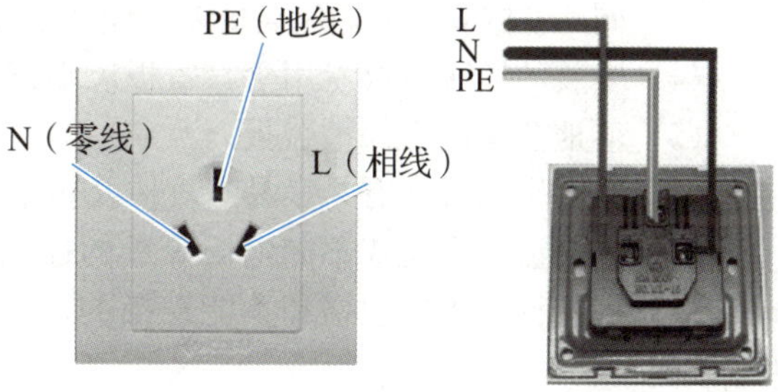

图 B2-4-2　单相三孔插座

（3）三相四孔插座：面向面板下面三个孔按三相电源顺序与相线连接，上面的孔与中性线连接，如图 B2-4-3 所示。

（4）三相五孔插座：三相五孔插座比三相四孔插座多一个接地孔，面向面板下面三个孔按三相电源顺序与相线连接，上面的孔与地线连接，中间的孔与中性线连接，如图 B2-4-4 所示。

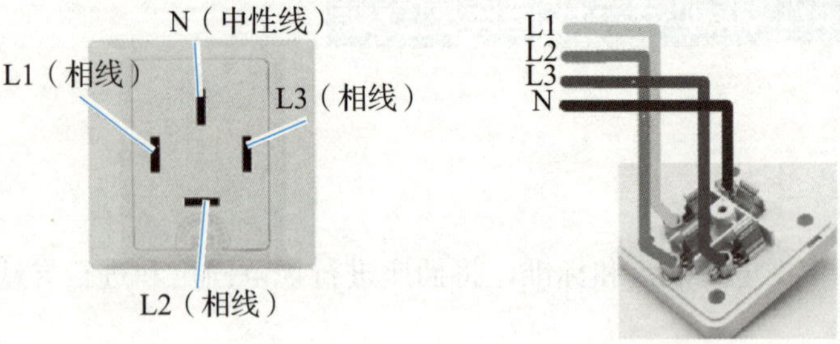

图 B2-4-3　三相四孔插座

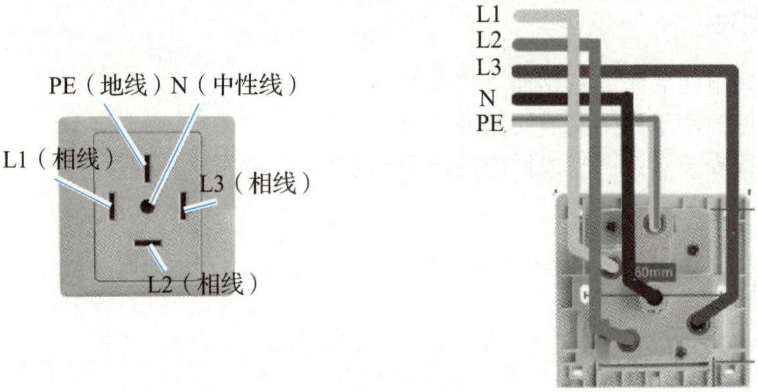

图 B2-4-4　三相五孔插座

二、插座安装规定

1. 插座安装基本要求

（1）安装工业用插座距地面不应低于 30cm。

（2）在儿童活动场所应采用安全插座，采用普通插座时，其安装高度不应低于 1.8m。

（3）同一室内安装的插座高低差不应大于 5mm，成排安装的插座高低差不应大于 2mm。

（4）安装的插座应有专用盒，盖板应端正严密并与墙面齐平。

（5）落地插座应有保护盖板。

（6）在特别潮湿和有易燃易爆气体及粉尘场所不应装设插座。

（7）当交流、直流或不同电压等级的插座安装在同一场所时，应有明显的区别，且必须选择不同结构、不同规格和不能互换的插座，配套的插头应按交流、直流或不同电压等级区别使用。

2. 插座接线规定

（1）单相两孔插座，面对插座的右孔或上孔与相线连接，左孔或下孔与零线连接；单相三孔插座，面对插座的右孔与相线连接，左孔与零线连接。

（2）单相三孔、三相四孔及三相五孔插座的接地（PE）或接零（PEN）线接在上孔。插座的接地端子不与零线端子连接。同一场所的三相插座，接线的相序一致。

（3）接地（PE）或接零（PEN）线在插座间不串联连接。

3. 特殊情况下插座安装规定

（1）当接插有触电危险家用电器的电源时，应采用能断开电源的带开关插座，开关可断开相线。

（2）潮湿场所采用密封型并带保护地线触头的保护型插座，安装高度不低于 1.5m。

能力训练

一、任务描述

某生产车间要安装一批插座，要求根据图 B2-4-5 所示照明配电箱系统图、图 B2-4-6 所示插座平面图、图 B2-4-7 所示电气设备安装与器件安装位置示图和图 B2-4-8 所示插座布线示意图规范完成插座的安装，并通电完成调试。

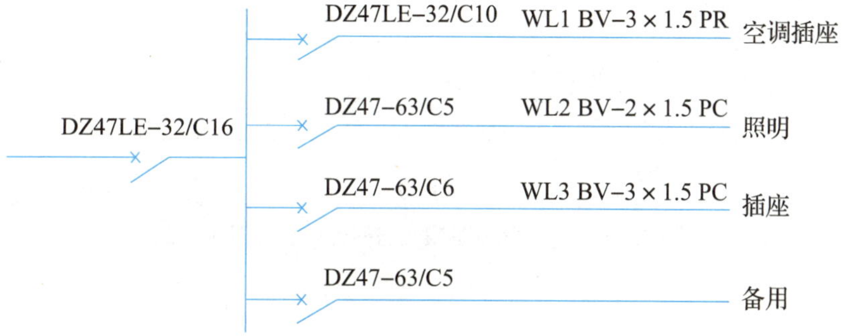

图 B2-4-5　照明配电箱系统图

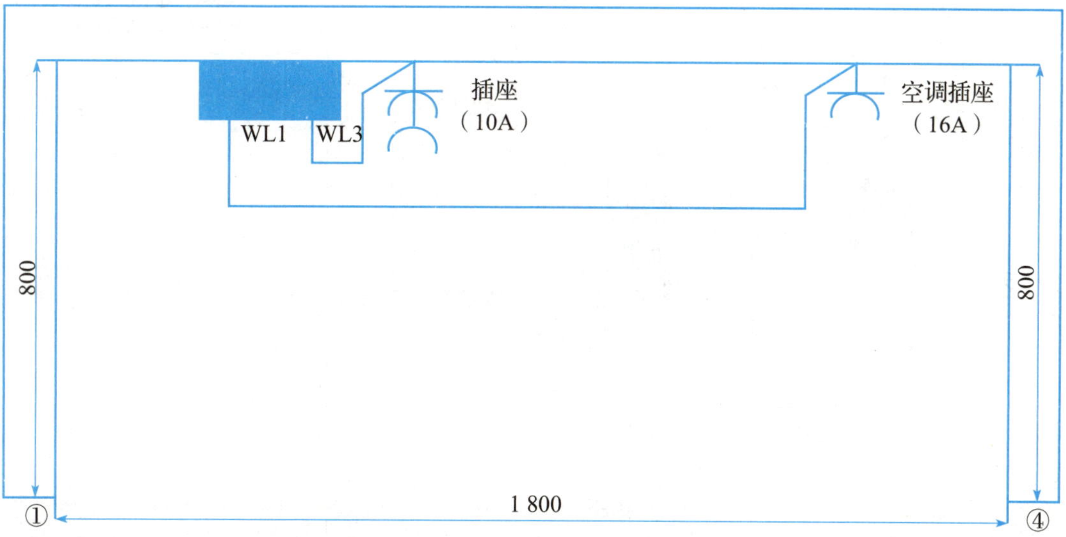

图 B2-4-6　插座平面图

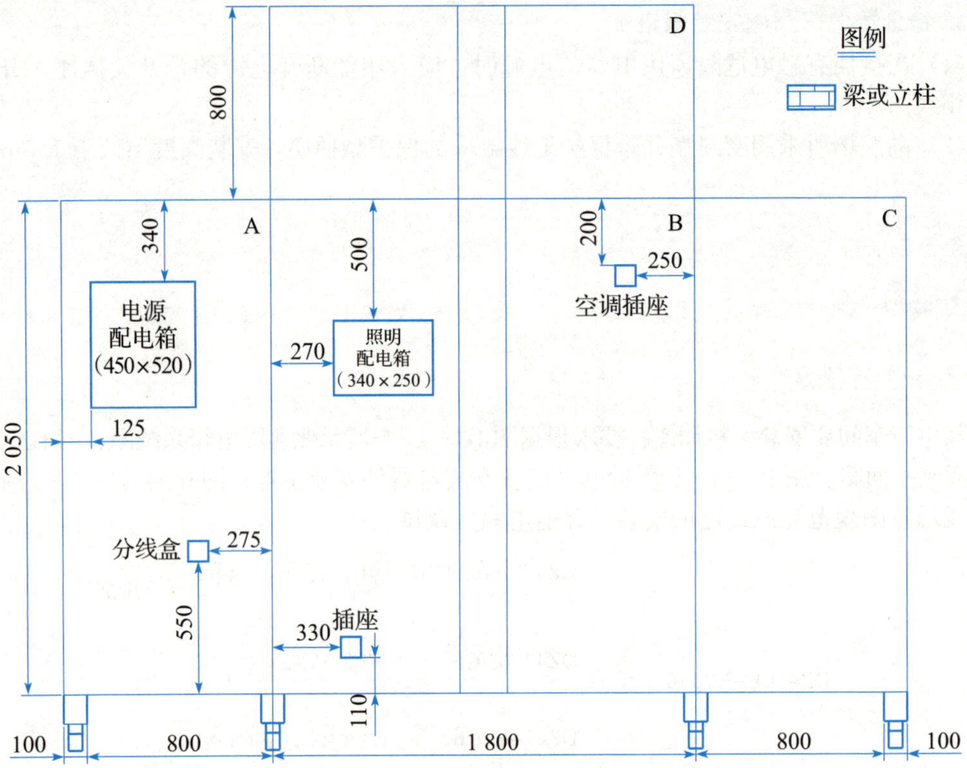

图 B2-4-7　电气设备安装与器件安装位置示意图

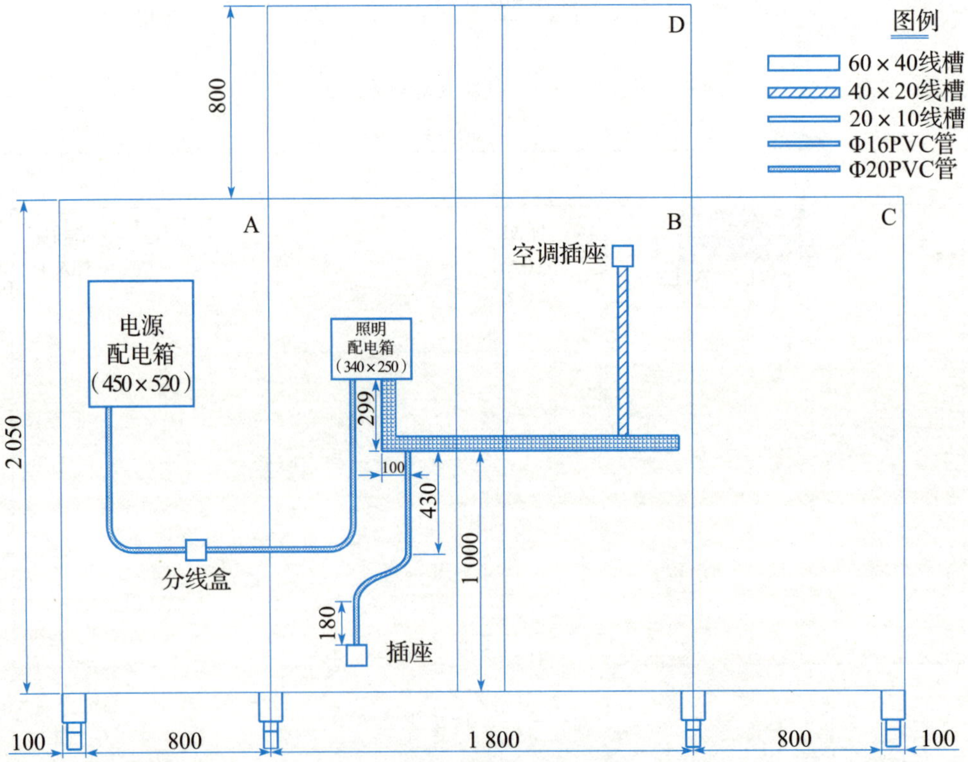

图 B2-4-8　插座布线示意图

二、操作过程

1. 准备

（1）需准备的材料：根据电气设备安装与器件安装位置示意图，应选择 1 个 10A 普通二插插座，同时选择 1 个 16A 空调插座和 2 个明装插座底盒；提前装配好电源配电箱和照明供电箱。

（2）需准备的工具：卷尺、手电钻、锉刀、手锯、水性笔、开孔器、螺丝刀、量角器、万用表。

（3）领取设备和耗材并填写表 B2-4-1。

表 B2-4-1　设备和耗材申请表

申请人：________　　　　　　领取时间：______年______月______日

设备/耗材	规格/型号	数量	归还时间	是否完好	备注

问题情境一：线管折弯加工需要用到什么工具？

问题情境二：普通二三插座应接哪几种线？

2. 插座的定位和安装

插座的定位和安装步骤，见表 B2-4-2。

表 B2-4-2　插座的定位和安装步骤

序号	安装步骤	图示	操作方法说明	材料工具	质量标准
1	插座的定位	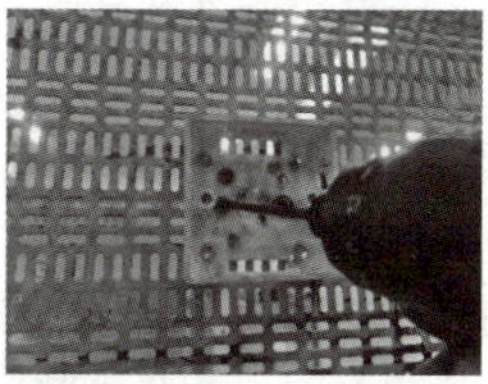	1. 通过卷尺确定插座的具体位置 2. 用水性笔做好标识 3. 使用自攻螺丝固定插座底盒	卷尺、水性笔、开孔器、螺丝刀、底盒	1. 按照图纸要求完成插座底盒的安装和定位，误差不大于 ±5mm 2. 固定螺丝不少于 3 颗，且固定牢固、无倾斜或松动现象

续表

序号	安装步骤	图示	操作方法说明	材料工具	质量标准
2	线槽加工和固定	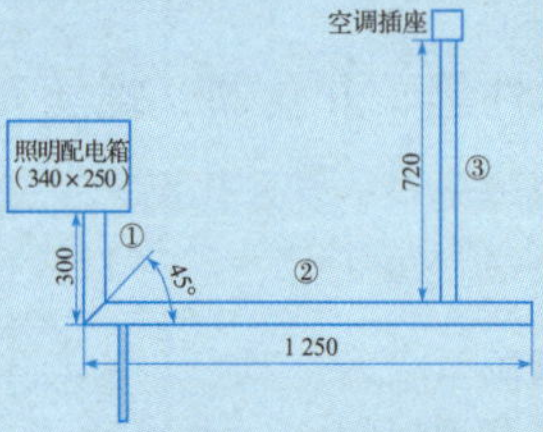	1. 根据插座布线示意图，计算线槽的数量和确定加工工艺 2. 根据要求加工线槽，注意线槽开口的毛刺清理，注意在线槽 2 加工线槽孔	线槽、钢锯、剪刀、螺丝刀、电工刀、角尺、铅笔、卷尺、开孔器	1. 线槽的定位尺寸误差不大于±2mm，拼缝小于 0.5mm 2. 60 线槽采用双排螺丝固定，每段线槽固定螺丝不少于 4 颗 3. 40 和 20 线槽的固定螺丝成一直线，并与线槽走向平行，螺丝间距小于 500mm
3	线管加工和固定		1. 用开孔器在线槽 2 开 20mm 的圆孔 2. 通过卷尺标注线管的位置，并画出线管的走向 3. 沿着线管的走向分别安装 4 个管扣 4. 根据图纸完成线管的尺寸和折弯加工 5. 安装杯索，并把线管卡入管扣中	线管、杯索、管扣、手电钻、管钳、弯管器、水性笔、卷尺、开孔器	1. 按图纸要求走向正确，尺寸误差不大于±5mm 2. 管口安装牢固、数量位置合理、对称 3. 杯索牢固、无松动
4	插座线路预埋	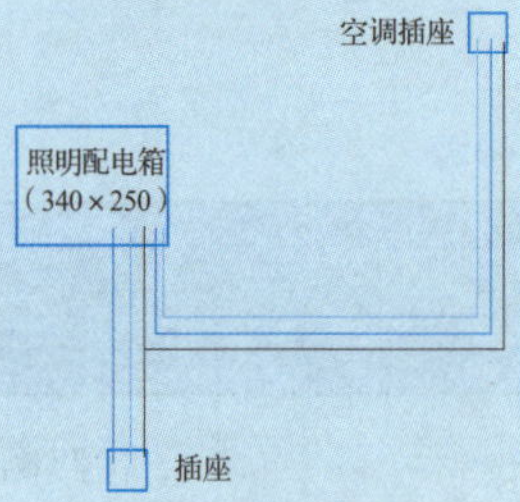	1. 在插座布线示意图中用笔画出插座预埋导线的数量和类型 2. 根据线槽的走向和长度，预备足够的导线 3. 预埋好导线后，将线槽盖板盖回线槽	导线、盖板、剥线钳	1. 预埋的导线要符合施工要求，槽内无绞线、中间接头或导线折叠现象 2. 线槽盖板后要完全盖好、没有翘起
5	安装插座面板		1. 根据插座的接线方式，分别完成普通二三插座和空调插座的面板接线 2. 通过面板螺丝完成插座面板的固定	面板、剥线钳、手电钻	1. 插座内导线连接牢固、无压皮和露铜过长现象 2. 插座面板安装端正、紧固，无倒装现象和施工遗留痕迹

续表

序号	安装步骤	图示	操作方法说明	材料工具	质量标准
6	照明配电箱接线	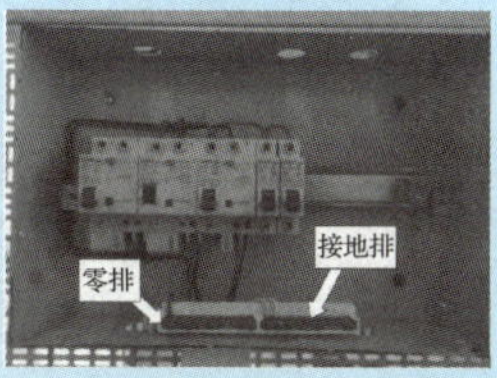	1. 根据配电系统图，完成插座分路的接线。选择 2 个 DZ47LE - 32/C16 开关，并完成接线 2. 插座分路零线接到零排，地线接到接地排	剥线钳、手电钻	1. 导线接入空气开关，零排和接地排接线柱连接紧固、不压皮 2. 导线在配电箱内集中归边走线，横平竖直，无交叉
7	安装配电箱和插座盖板		1. 通过螺丝固定配电箱的盖板 2. 安装配套的插座盖板	盖板、手电钻	安装的盖板密封、紧固，不翘边、无倒装
8	通电测试	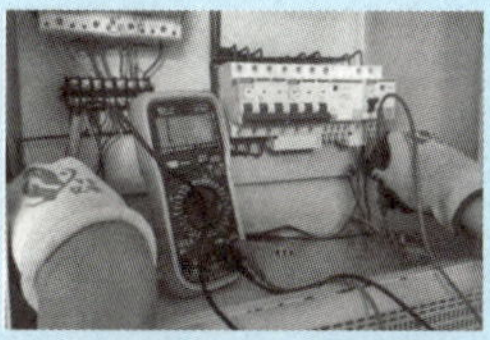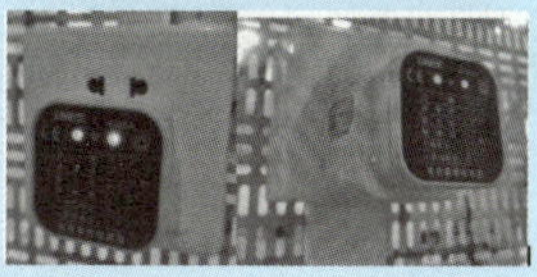	1. 穿戴电工绝缘手套、安全帽 2. 通电前检查线路是否存在短路现象 3. 操作步骤：打开设备总开关→电源配电箱照明总开关→照明供电箱总开关→普通插座开关和空调插座开关→插入电源极性检测器	绝缘手套、万用表、电源极性检测器	1. 万用表检查线路正常 2. 做好自身的安全保护，穿戴绝缘手套、安全帽，并设专人看护 3. 按顺序打开电源开关 4. 电源极性检测器指示灯显示正常

B2 - 4：能规范完成插座的安装

拓展提升——电源极性检测器

电源极性检测器（又名电源查线器），作为一款电工施工后检查线序的小工具，可以检查线路是否正常和漏电开关动作是否正常，常见的电源极性检测器如图 B2 - 4 - 9 所示。

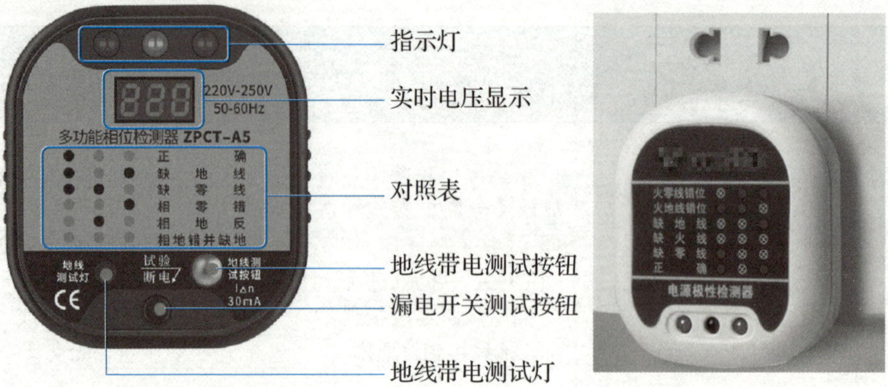

图 B2-4-9　常见的电源极性检测器

以 ZPCT-A5 电源极性检测器为例，只需将检测器插入插座，即可检查线路电压、电路是否正常和漏电开关动作。如果电路有问题，即可根据对照表进行处理。

电源极性检测器的灯光显示说明见表 B2-4-3。

表 B2-4-3　灯光显示说明

灯光显示	表示	接线状态	处理方法
🔵🔵⚫	相零错	插座上的相线（L）错接在 N 上，零线（N）错接在 L 上	把插座上的（L）零线（N）对调再重新接线
🔵⚫🔵	相地错	插座上的相线（L）错接在 E 上，地线（E）错接在 L 上	把插座上的相线（L）同地线（E）对调再重新接线
⚫⚫🔵	缺零线	插座上缺少零线（N）	检查插座上的零线是否接实或开路（电线断路）后重新连接
⚫🔵⚫	缺地线	插座上缺少地线（E）	检查插座上的地线是否接实或开路（电线断路）后重新连接
⚫⚫⚫	缺相线	插座上缺少相线（L）	检查插座上的相线是否接实或开路（电线断路）后重新连接
⚫🔵🔵	正确	—	—
🔵🔵🔵	缺零相零错	缺零线而且零线和火线接反了	把插座上的火线和零线对调，再检查零线是否接好
🔵亮灯表示　⚫非亮灯表示			

学习结果评价

“插座的定位和安装”学习结果评价见表 B2-4-4。

表 B2-4-4 "插座的定位和安装"学习结果评价

序号	评价内容	分值	得分
1	空调插座位置是否正确	4	
2	插座盒位置是否正确	4	
3	60×40 线槽位置尺寸与标示尺寸误差是否小于±5mm	10	
4	40×20 线槽位置尺寸与标示尺寸误差是否小于±5mm	10	
5	线槽连接接口处缝隙是否小于 1mm	5	
6	线槽盖板是否完全盖好，且没有翘起、未完全盖住或缺盖板现象	5	
7	线管安装与图纸要求尺寸误差是否不超过±5mm	4	
8	线管弯曲半径是否符合要求，且弯曲处无折皱、凹穴或裂缝、裂纹	4	
9	线管直线段固定是否符合要求，且每个管卡都固定牢固	8	
10	箱内所有地线是否均接在接地排上，且排列整齐、固定牢靠	4	
11	零线是否接在接零排上，且排列整齐、固定牢靠	4	
12	所有插座、开关、灯座内连接导线是否所留余量合适、连接牢固，且无压皮和露铜过长现象	4	
13	照明电路通电后，插座电压是否正常	15	
14	照明电路通电后，空调插座电压是否正常	15	
总　计		100	

注：各项在设备断电情况下进行，若所列元器件没有安装，则视为不符合要求。

课后作业

1. 三孔插座分别由________、________、________组成。
2. 四孔插座分别由________、________、________组成。
3. 五孔插座分别由________、________、________组成。
4. 线槽的定位尺寸误差不大于________，拼缝小于________。

工作领域 C

电机控制线路的安装与检修

工作任务C1 三相交流异步电动机控制线路的安装与调试

安全规范

1. 首先检查电气安装与维修理实一体化实训室的设备是否安全坚固。

2. 实施任务前，学生穿好电工服、绝缘鞋，戴好安全帽，如图 C1－1 所示。老师进行安全教育，对实训室进行 6S 管理。

3. 检查三项五线制电源是否处于断开状态，“禁止合闸，有人工作”指示牌是否放置在正确位置，如图 C1－2 所示。

图 C1－1　安全着装

图 C1－2　指示牌放置位置

4. PLC、触摸屏软件提前安装并调试正常，定期检查计算机是否携带病毒。

5. 亚龙 YL－156A 型电气安装与维修实训考核装置安装底架做好安全接地设施，如图 C1－3 所示，一旦发生短路，漏电开关可跳闸保护。

6. 操作完成离开实训室之前确保已关闭设备及电源，操作台摆放整齐，室内清洁干净，如图 C1－4 所示。

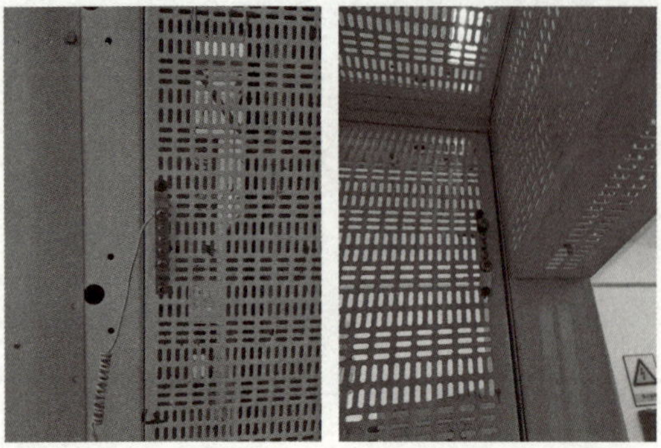

图 C1-3　安全接地设施

图 C1-4　整理实训台

教学条件及组织

教学条件：电气安装与维修理实一体化实训室、16 台 YL-156A 教学设备、计算机、32 套工具。

1. 异质分组。根据实际情况进行异质分组，每组两人，一名安装员，一名质量检测人员。

2. 协作分工。安装员负责三相交流异步电动机控制线路的安装，质检员负责检测三相交流异步电动机控制线路安装质量，各成员要协作分工、角色轮换。

3. 质量检测。质检员严格把控元器件选择、安装质量，并做好记录。

4. 任务小结。各成员总三相交流异步电动机控制线路的安装步骤，强调规范操作、安全生产的职业素养。

职业能力 C1－1　能规范完成三相交流异步电动机控制线路的安装

核心概念

三相交流异步电动机：是一种将电能转化为机械能的电力拖动装置，它主要由定子、转子和它们之间的气隙构成。

学习目标

1. 能准确说出三相交流异步电动机控制线路的工作原理。
2. 能规范完成三相交流异步电动机控制线路的安装。

基本知识

一、线路的工作原理

三相交流异步电动机控制线路的工作原理，见表 C1－1－1。

表 C1－1－1　三相交流异步电动机控制线路的工作原理

序号	工作原理
1	当 PLC 的输出 $Y_4=1$，$Y_6=1$ 时，电动机 M2 高速反转
2	当 PLC 的输出 $Y_4=1$，$Y_7=1$ 时，电动机 M2 中速反转
3	当 PLC 的输出 $Y_4=1$，$Y_{10}=1$ 时，电动机 M2 低速反转
4	当 PLC 的输出 $Y_5=1$，$Y_6=1$ 时，电动机 M2 高速正转
5	当 PLC 的输出 $Y_5=1$，$Y_7=1$ 时，电动机 M2 中速正转
6	当 PLC 的输出 $Y_5=1$，$Y_{10}=1$ 时，电动机 M2 低速正转
7	当三菱扩展模块的输出 $Y_{12}=1$，KM1 线圈得电，KM1 主触点闭合，$Y_{10}=1$，KM3 线圈得电，KM3 主触点闭合，电动机 M1 Y 形降压起动。经过预定的时间后，输出 $Y_{10}=0$，KM3 线圈失电，KM3 主触点分断，解除电动机 Y 形联结。输出 $Y_{11}=1$，KM2 线圈得电，KM2 主触点闭合，电动机 M1△形全压运行
8	按下停止按钮 SB2，电动机停止运转

续表

序号	工作原理
9	当出现紧急情况，需立刻按下急停按钮 SB3，设备将立刻停止工作，触摸屏上“报警”指示灯和控制面板上指示灯 HL1 闪亮，指示设备故障处于急停状态。松开急停按钮，相应指示灯熄灭，再次按下起动按钮后设备继续运行。在运行过程中，如安全门打开，触摸屏上对应的“报警”指示灯闪亮（每秒 1 次），关闭安全门后，相应指示灯熄灭，再次按下起动按钮后设备继续运行

二、线路安装的一般步骤

（1）识读电气控制原理图，明确线路所用电气元件及其作用，熟悉电路的工作原理。

（2）根据电气控制原理图和元器件安装位置示意图，挑选所需的元器件，并检测所用元器件的好坏。

（3）根据电气控制原理图及其要求选配连接导线及线路相应配件。

（4）根据所用元器件和连接导线选配安装工具。

（5）根据电气控制原理图和控制板上的元器件安装位置示意图布好控制板上的连接导线。

（6）根据电气控制原理图和控制箱盖板元器件安装位置示意图完成盖板上各元器件之间的导线连接。

（7）根据电气控制原理图和动力布线图依次完成按钮模块、传感器模块、电动机模块和电源配电箱之间的导线连接。

三、线路安装的工艺要求

1. 板前线槽配线的工艺要求

（1）所有导线的截面积大于或等于 $0.5mm^2$ 时，必须采用软线。考虑机械强度的原因，所用导线的最小截面积在控制箱外为 $1mm^2$，在控制箱内为 $0.75mm^2$。对控制箱内通过很小电流的电路连线，如电子逻辑电路，可用截面积为 $0.2mm^2$ 的导线，并且可以采用硬线，但只适用于不移动、无振动的场合。

（2）布线时，严禁损伤线芯和导线绝缘层。

（3）各元器件接线端子引出导线的走向以元件的水平中心线为界限，在水平中心线以上的接线端子引出的导线，必须进入元件上面的行线槽；在水平中心线以下的接线端子引出的线，必须进入元件下面的行线槽。任务导线不许从水平方向进入走线槽内。

（4）各元器件接线端子上引出或引入的导线，除间距很小或元件机械强度很差时允许直接架空敷设外，其他导线必须经过行线槽进行连接。

（5）进入行线槽内的导线要完全置于行线槽内，并应尽可能避免交叉，装线不要超过其容量的 70%，以便于能盖上线槽盖并方便以后的装配及维修。

（6）各元器件与行线槽之间的外露导线，应合理走线，并尽可能做到横平竖直，垂直变换走向。同一个元件上位置一致的端子和同型号元件中位置一致的端子上引出或引入的导线，要敷设在同一平面上，并应做到高低一致或前后一致，不得交叉。

（7）所有接线端子，导线线头上都要套有与电气控制原理图上相应接点线号一致的编码套管，并按线号进行连接，连接必须牢固。

（8）在任何情况下，接线端子都必须与导线截面积和材料性质相适应。当接线端子不适合连接软线或不适合连接较小截面积的软线时，可以在导线端头穿上针形或叉形轧头并压紧。

（9）一个元件接线端子上的连接导线不得多于两根，每节接线端子板上的连接导线只允许连接一根。

2. 控制板引入或引出线的工艺要求

（1）进箱电源线中的中性线与接地线入箱后分别接在零线排和接地排上，箱内及箱外需接中性线或地线时，分别从零线排或地线排引出。

（2）除中性线和地线外，其他连接线都通过接线端子排引入或引出。

（3）接线端子排上的连接导线一般按电源进线、电动机连接线、控制电路连接线的顺序从左向右排列，并且主电路和控制电路连接线之间有明显分界。

（4）活动部分的连接线应留有合适的余量，但不应过长；还需套有缠绕带或用塑料扎带进行捆扎，用以保护该线束。

（5）穿过箱体的连接导线需要有保护套管保护。

（6）所有连接导线都需要压接线耳，接线套上编码管并按图纸标注写上编码。

能力训练

一、任务描述

根据产能需求，某生产车间新增三相交流异步电动机控制线路，请你根据图 C1－1－1 所示的××设备电气控制原理图，规范完成三相交流异步电动机控制线路的安装。

二、操作过程

1. 准备

（1）需准备的材料：1.0mm^2 红色多股软线、0.75mm^2 黑色多股股软线、1.5mm^2 黄绿双色 BVR 导线、1008 型管形接头、红色冷压接头 SVΦ1.5－4、蓝色冷压接头 SVΦ1.5－5、缠绕带、捆扎带等。

（2）需准备的工具：螺丝刀、小型电动旋具、剥线钳、压线钳、斜口钳、万用表。

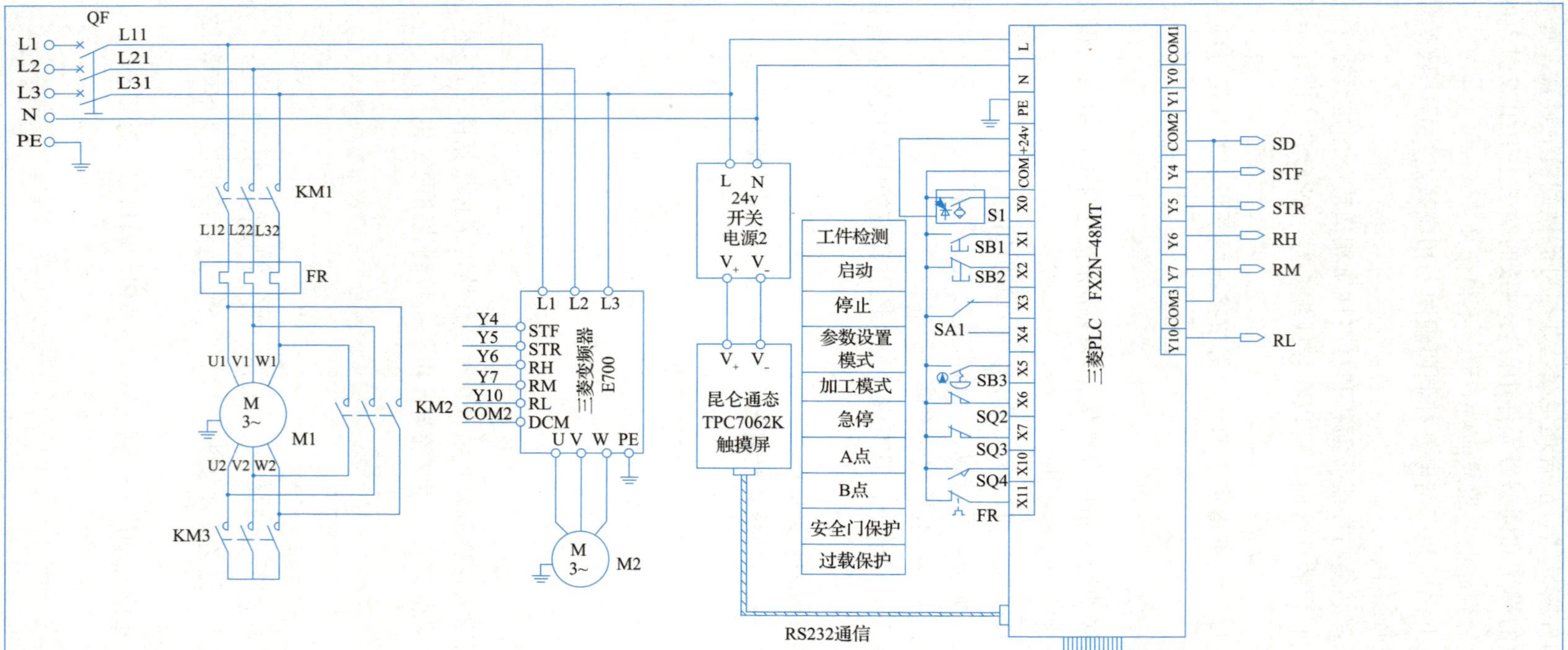

要求：

1. 电动机M1的额定电流为0.4A，请按此设置热继电器的整定电流。
2. PLC接线端子连接的导线，其两端请按PLC端子编号，其余按原理图指定编号。
3. 主电路请用1.0mm²红色多股软线安装，控制电路用0.75mm²黑色多股软线安装，零线、接地线请按规范要求选线安装。

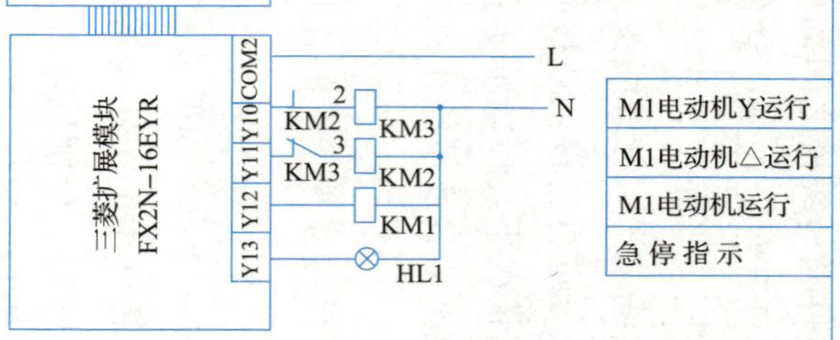

说明：

1. PLC控制程序已经输入，不需要编写PLC的程序，触摸屏的页面制作已经完成。
2. 变频器、步进驱动的参数设置请参考《××设备电气控制说明书》。
3. 调试时，控制要求请参考《××设备电气控制说明书》。

××设备电气控制原理图		图号	比例
		007	
设计		电工电子技术技能竞赛执委会	
制图			

图C1－1－1 ××设备电气控制原理图

（3）领取设备和耗材并填写表 C1－1－2。

表 C1－1－2　设备和耗材申请表

申请人：________　　　　　　　　　　　　　　　　领取时间：______年______月______日

设备/耗材	规格/型号	数量	归还时间	是否完好	备注

2. 三相交流异步电动机控制线路的安装

三相交流异步电动机控制线路的安装步骤，见表 C1－1－3。

表 C1－1－3　三相交流异步电动机控制线路的安装步骤

序号	安装步骤	图示	操作方法说明	材料工具	质量标准
1	工具摆放整齐		1. 将所需要用的工具整齐放于工作台上便于拿到的位置 2. 选择合适的耗材摆放于工作台合适的位置 3. 将电气控制电路板从箱内取出，放在工作台上	螺丝刀、剥线钳、压线钳	将工具整齐摆放在工作台上
2	连接 PLC 输入控制线路		1. 根据电气控制原理图和元器件布置图下好电源线，并按工艺要求做好接线头，连接好电源线 2. 根据接线工艺要求完成 PLC 输入控制线路	螺丝刀、剥线钳、压线钳	电路连接准确，号码管标号字迹清晰，且标号朝外

续表

序号	安装步骤	图示	操作方法说明	材料工具	质量标准
3	PLC输出控制线路与变频器的连接		根据电气控制原理图和元器件布置图，并按工艺要求做好接线头，完成PLC输出控制线路与变频器的接线	螺丝刀、剥线钳、压线钳	电路连接准确，接线排的引出线留有适当的余量，号码管标号字迹清晰，且标号朝外
4	PLC扩展模块的连接		根据电气控制原理图和元器件布置图，并按工艺要求做好接线头，完成PLC扩展模块的接线	螺丝刀、剥线钳、压线钳	电路连接准确，号码管标号字迹清晰，且标号朝外
5	主电路的接线		根据电气控制原理图和元器件布置图，并按工艺要求做好接线头，完成主电路的接线	螺丝刀、剥线钳、压线钳	电路连接准确，号码管标号字迹清晰，且标号朝外
6	三菱变频器的接线	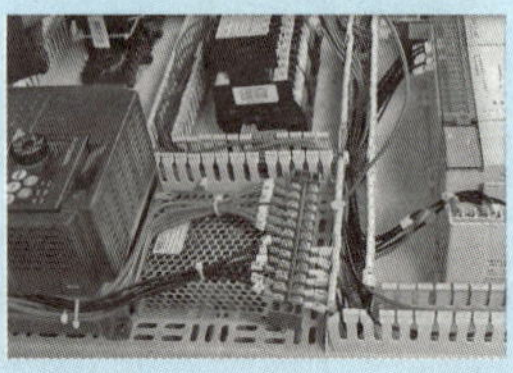	根据电气控制原理图和元器件布置图，并按工艺要求做好接线头，完成三菱变频器的接线	螺丝刀、剥线钳、压线钳	电路连接准确，接线排的引出线留有适当的余量，号码管标号字迹清晰，且标号朝外
7	连接控制电路板到按钮、开关、指示灯和触摸屏的线路		1. 根据电气控制原理图和控制箱面板元器件布置图估测接线排到按钮、开关、指示灯和触摸屏等的导线长度 2. 选择所需要的导线，按估测的长度下线，做好接头，再套上号码管，并按电气制原理图所标的号码编号 3. 根据电气控制原理图连接好导线 4. 将连接的导线套上缠绕带或用捆扎带捆扎好	螺丝刀、剥线钳、压线钳	电路连接准确，电气箱门上，按钮、开关、指示灯间的导线应使用绑扎带绑扎或缠绕管缠绕

续表

序号	安装步骤	图示	操作方法说明	材料工具	质量标准
8	连接控制电路板到传感器模块的线路	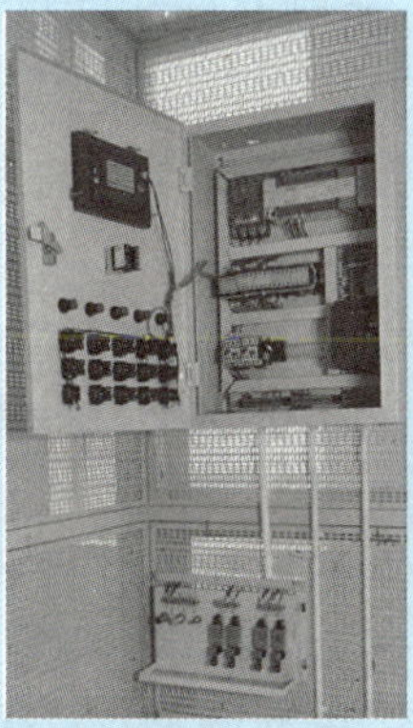	1. 根据电气控制原理图、传感器模块的具体安装位置和动力布线要求，估测接线排到传感器模块相应元器件的导线长度 2. 根据布线要求和长度下好线后，先穿管，然后再做好导线接头，并套上号码管 3. 根据电气控制原理图将各连接导线编号，并用万用表检测，保证编号相同的接头是同一根导线，然后连接好导线	螺丝刀、剥线钳、压线钳	电路连接准确，号码管标号字迹清晰，且标号朝外
9	连接电动机线路	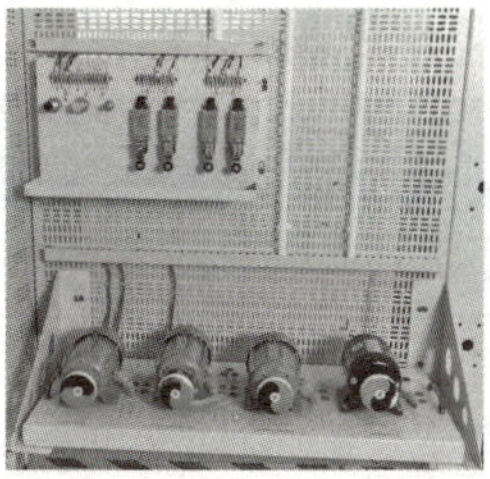	1. 根据电气控制原理图、电动机的具体安装位置和动力布线要求，估测所用电动机连接导线的长度 2. 选择合适的导线并根据导线的长度下线 3. 根据动力布线要求，准备好 PVC 软管 4. 将电动机连接的导线穿 PVC 软管 5. 将连接导线做好接头，并套好号码管 6. 用万用表检测出同一导线的接头，并按电气控制原理图编号 7. 根据电气控制原理图连接好电动机线路	螺丝刀、剥线钳、压线钳	电路连接准确，电动机需做接地保护

问题情境一： 如何连接控制电路板到按钮、开关、指示灯和触摸屏的线路？

问题情境二： 如何连接控制电路板到传感器模块的线路？

C1－1：能规范完成三相交流异步电动机控制线路的安装

拓展提升——按钮的安装与使用要求

在安装与使用按钮前，应仔细阅读其使用手册（说明书）中的相关内容，明确它的工作条件与安装条件（如安装地点、环境温度、相对湿度、振动情况等）是否符合要求：

（1）按钮安装在面板上时，应布置整齐、排列有序，如根据电动机起动的先后顺序，从左到右或从上到下排列；

（2）同一机床运动部件有几种不同工作状态时（如万能铣床工作台的上下、前后、左右运动等），应使每一对相反状态的按钮安装成一组；

（3）按钮应安装牢固，安装按钮的金属板或金属按钮盒应可靠接地；

（4）由于按钮的触点间距较小，如有油污等则极易发生短路故障，因此应注意保持触点间的清洁；

（5）光标按钮一般不宜用于需长期通电显示处，以免塑料外壳过度受热变形，使更换灯泡困难；

（6）“停止”按钮必须用红色；“急停”按钮必须用红色蘑菇形；“起动”按钮可用绿色。

学习结果评价

“三相交流异步电动机控制线路的安装”学习结果评价见表 C1－1－4。

表 C1－1－4 “三相交流异步电动机控制线路的安装”学习结果评价

序号	评价内容	分值	得分
1	电气箱电源引入线中的零线和地线是否直接接零线排和接地排	5	
2	零线排和接地排的导线接线是否牢靠、排列整齐	5	
3	零干线是否接在零线排上	5	
4	所有接地线是否接在接地排上	5	
5	电气控制盘引出至箱门的导线，在箱门交接处是否集束并使用缠绕管缠绕	5	
6	箱门交接处的线束在箱体和门上两处是否使用捆扎带十字捆扎固定，并留有余量	5	
7	电气箱门上，按钮、开关、指示灯间的导线是否使用绑扎带绑扎或缠绕管缠绕	5	
8	PLC 与触摸屏的通信线（不需要放入线槽）是否整理并固定好	5	
9	电气箱门与箱体之间是否有接地线连接，电气箱外是否与接地干线相连	5	
10	接线排的引出线是否分类引出，且线束整齐、无交叉、不凌乱	5	

续表

序号	评价内容	分值	得分
11	接线排的引出线是否留有适当的余量	5	
12	接线排的引出线是否使用绑扎带绑扎或缠绕管缠绕	5	
13	所用绑扎带绑扎是否间隔均匀、剪割平整、不划手	5	
14	电动机是否接地保护	5	
15	电动机绕组端是否按额定运行条件接线	10	
16	电气箱外的电气线路接线端是否均套有号码管（不含箱内接线端）	5	
17	号码管是否长短一致（8～10mm）、排列整齐（箱外接线端，不含箱内接线端）	5	
18	号码管是否按图纸要求进行标号，且无漏标或错标现象（箱外接线端，不含箱内接线端）	5	
19	电气控制箱内接线端号码管标号是否字迹清晰，且标号朝外（箱外接线端，不含箱内接线端）	5	
总　计		100	

注：各项在设备断电情况下进行，若所列元器件没有安装，则视为不符合要求。

课后作业

1. 同一端子或接线柱上连接的导线数量不得多于________根。

A. 两　　B. 三　　C. 四　　D. 五

2. 板前线槽配线的工艺要求，所有导线的截面积大于或等于________ mm^2 时，必须采用软线。

A. 0.1　　B. 0.5　　C. 1　　D. 1.5

3. 进入行线槽内的导线要完全置于行线槽内，并应尽可能避免交叉，装线不要超过其容量的________%，以便于能盖上线槽盖和方便以后的装配及维修。

A. 50　　B. 60　　C. 7　　D. 80

职业能力 C1－2 能规范完成三相交流异步电动机控制线路的调试与检修

核心概念

三相交流异步电动机控制线路的调试与检修：依据三相异步电动机控制线路的接线方式和工作原理，按照电工规范和标准，必要时使用电工仪器仪表，对线路进行检测、功能调试，以及对存在的问题进行查找和维修的过程。

学习目标

能规范完成三相交流异步电动机控制线路的调试与检修。

基本知识

一、三相交流异步电动机控制线路的调试

1. 检查电气布线

电气布线安装完成后，必须按要求进行检查。检查电气布线可按电路图、接线图进行，一般有查号检查法、万用表检查法。

（1）查号检查法。

查号检查法是最常规的检查方法，特别对检查主电路布线和比较简单的控制电路布线比较有效。使用该方法主要是顺着电路的电流方向，逐相、逐段检查是否有掉线、错线，是否有漏编、错编等现象，以及检查各电气元件上所在接线端子（接头、接点）的接线是否符合工艺要求等。同时，还应检查电气设备及电气元件金属外壳上的接地线接线是否正确、牢固。

主电路检查方法：主电路可从接线端子排“L1”“L2”“L3”开始，按“L1、L2、L3”→“L11、L21、L31”→“L13、L23、L33”→“U1、V1、W1”线号顺序检查。

控制电路检查方法：可从控制电路的电源引线开始，按线号顺序检查。

（2）万用表检查法。

万用表检查法是在不通电时，用手动模拟各电器的操作、动作，使用万用表检查主电路、控制电路的通断情况。从电源输入端处开始，使用仪表逐段检查线路的电阻值，以判断接线是否正确，有无漏接、错接之处。

2. 检测绝缘电阻

用兆欧表检查主、空电路的绝缘电阻值，应不小于 1MΩ。

3. 通电试车

通电试车前，应确保控制线路正确、可靠，同时清理工作台，穿好绝缘鞋。检查与通电试车相关的电气设备是否存在不安全因素，若有应立即整改，才能试车。同时，应仔细

检查熔断器所配熔体、热继电器的整定电流是否符合要求。

从配电箱引入电源，合上电源隔离开关，用验电笔检测带金属外壳的用电设备及电气元件外壳是否带电，若带电，则必须查明原因才能进行操作。

通电试车分为空载试车和有载试车。为保证通电试车时的人身和设备的安全，通电试车应遵循安全用电操作规程，由一人监护，一人操作。其中空载试车是指不接用电设备（电动机），先接通三相电源 L1、L2、L3，用万用表或验电笔检测接线端子排、电源隔离开关进线端是否有电，电压是否正确，然后合上电源隔离开关，用万用表或验电笔检查电源隔离开关出线端、熔断器进出线端是否有电。有载试车是指接上用电设备（电动机）再通电试车，观察用电设备运行情况是否正常等。观察过程中若发现异常现象，应立即停车。

二、三相交流异步电动机控制线路的检修

1. 电阻测量法

电阻测量法主要用万用表电阻挡对控制线路通断或元件好坏进行判断，可分为电阻分阶测量法和电阻分段法测量法两种。电阻测量法测量电路中的故障点具有简单、直观的特点。

（1）电阻分阶测量法。

电阻分阶测量法就是将万用表一支表笔固定接触在控制电路的一端，另一支表笔逐阶测量其他线号间的电阻值，当测量某相邻两阶的电阻值不正常时，则说明该跨接点为故障点。

（2）电阻分段测量法。

电阻分段测量法是用万用表测量相邻线号间电阻值，当测量到某相邻两点的电阻值很大时，则说明两点间为故障点。

2. 电压测量法

电压测量法就是通过检测控制线路各接线点之间的电压来判断故障的方法，可分为电压分阶测量法和电压分段测量法两种。测量时，应先将万用表转换开关置于合适的电压挡位（视控制电路、主电路的电源种类和电压值而定）。

（1）电压分阶测量法。

电压分阶测量法与电阻分阶测量法类似，就是将万用表一支表笔固定接触在控制电路的一端，另一支表笔逐阶测量其他线号间的电压，当测量某相邻两阶的电压值突然为 0 时，则说明该跨接点为故障点。

（2）电压分段测量法。

电压分段测量法就是分段测量两个线号间的电压值，当测量某相邻两线号间的电压值突变为控制电路电压时，则说明该跨接点为故障点。

能力训练

一、任务描述

根据产能需求，某生产车间新增三相交流异步电动机控制线路，请你根据图 C1－2－1 所示的××设备电气控制原理图，在完成电路的安装及电路参数的设置后，进行三相交流异步电动机控制线路的调试与检修。

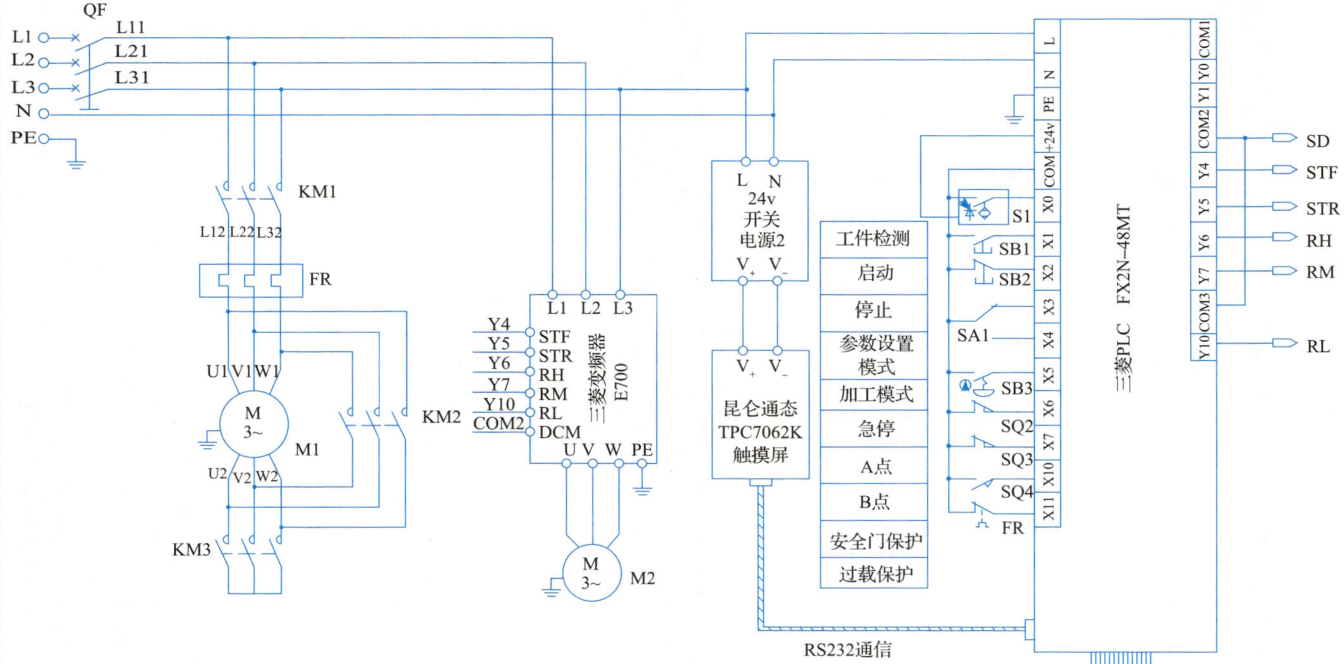

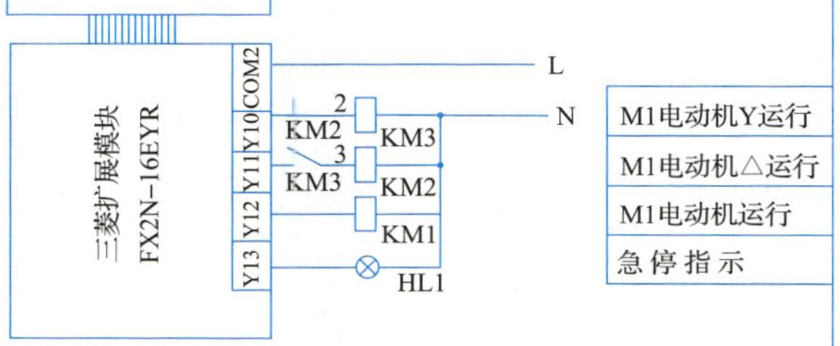

要求：

1. 电动机M1的额定电流为0.4A，请按此设置热继电器的整定电流。
2. PLC接线端子连接的导线，其两端请按PLC端子编号，其余按原理图指定编号。
3. 主电路请用1.0mm²红色多股软线安装，控制电路用0.75mm²黑色多股软线安装，零线、接地线请按规范要求选线安装。

说明：

1. PLC控制程序已经输入，不需要编写PLC的程序，触摸屏的页面制作已经完成。
2. 变频器、步进驱动的参数设置请参考《××设备电气控制说明书》。
3. 调试时，控制要求请参考《××设备电气控制说明书》

××设备电气控制原理图		图　号	比　例
		007	
设　计		电工电子技术技能竞赛执委会	
制　图			

图 C1－2－1　××设备电气控制原理图

二、操作过程

1. 准备材料

（1）需准备的材料：万用表、××设备电气控制原理图。

（2）需准备的工具：螺丝刀、小型电动旋具、剥线钳、压线钳、斜口钳、万用表。

（3）领取设备和耗材并填写表 C1-2-1。

表 C1-2-1　设备和耗材申请表

申请人：________　　　　领取时间：______年______月______日

设备/耗材	规格/型号	数量	归还时间	是否完好	备注

2. 三相交流异步电动机控制线路的调试与检修

三相交流异步电动机控制线路的调试与检修步骤，见表 C1-2-2。

表 C1-2-2　三相交流异步电动机控制线路的调试与检修步骤

序号	检查内容	图示	操作方法说明	材料工具	质量标准
1	检查主电路	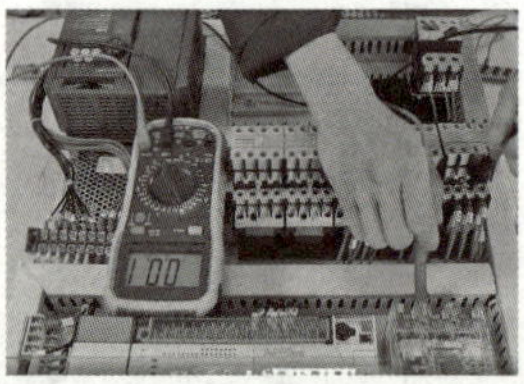	1. 万用表调到蜂鸣挡，并将表笔短接，检测性能 2. 在不接电源时，检测刀开关到交流接触器的线路，万用表显示 0，则表示电路导通，如果为∞，应及时检修 3. 按照图纸逐一检测线路，判断线路导通与否	万用表	万用表显示数值为 0
2	检查控制电路	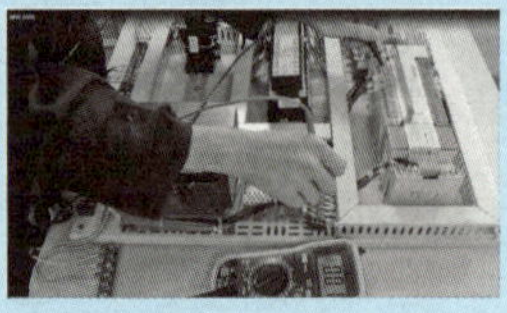	1. 万用表调到蜂鸣挡，并表笔短接，检测性能 2. 不接电源，按照电路图将万用表表笔一端搭接在线路的一端，另一表笔接在对应标号的一端，同一线路的阻值应为 0，如果为∞，应及时检修 3. 按照控制线路的工作原理，逐条支路进行检测、判断	万用表	同一线路的电阻值为 0

续表

序号	检查内容	图示	操作方法说明	材料工具	质量标准
3	验电		1. 经指导教师检查，确认无误后才能通电试车 2. 按下起动按钮，观察电动机的运转情况 3. 通过改变输入，观察电动机的运转情况，判断其是否符合功能要求	绝缘手套	电动机按任务要求运转
4	断电		1. 当电动机停止运转后，切断电源隔离开关 QF，先拆除三相电源线和接地线，再拆除电动机电源线和接地线 2. 拆除电路其他线路	螺丝刀	先切断电源隔离开关 QF，按照步骤先拆除三相电源线和接地线，再拆除电动机电源线和接地线

问题情境一：主电路中应选用什么挡进行测量？

问题情境二：辅助电路中应选用什么挡进行测量？

C1－2：能规范完成三相交流异步电动机控制线路的调试与检修

拓展提升——低压断路器常见故障及处理方法

低压断路器常见故障及处理方法见表 C1－2－3。

表 C1－2－3　低压断路器常见故障及处理方法

故障现象	可能原因	处理方法
不能合闸	1. 欠电压脱扣器无电压或线圈损坏 2. 储能弹簧变形 3. 反作用弹簧力过大 4. 机械不能复位再扣	1. 检查电压或更换线圈 2. 更换储能弹簧 3. 重新调整 4. 调整再扣接触面到规定值
电流达到整定值，断路器不动作	1. 热脱扣器双金属片损坏 2. 电磁脱扣器的衔铁与铁心距离太大或电磁线圈损坏 3. 主触点熔焊	1. 更换双金属片 2. 调整衔铁与铁心的距离或更换新断路器 3. 检查原因并更换触点
起动电动机时断路器立即分断	1. 电磁脱扣器瞬时动作整定值过小 2. 电磁脱扣器损坏	1. 调高整定值至规定值 2. 更换脱扣器

续表

故障现象	可能原因	处理方法
断路器闭合后，经一定时间自行分断	热脱扣器整定值过小	调高整定值至规定值
断路器温升过高	1. 触点压力过小 2. 触点表面磨损或接触不良 3. 两个导电零件连接螺钉松动	1. 调整触点压力或更换弹簧 2. 更换触点或修整接触器 3. 重新拧紧

学习结果评价

“三相交流异步电动机控制线路的调试与检修”学习结果评价见表 C1－2－4。

表 C1－2－4 “三相交流异步电动机控制线路的调试与检修”学习结果评价

序号	评价内容	分值	得分
1	检查方法是否规范合理	10	
2	检查结果是否正确	20	
3	热继电器整定电流整定是否合理	10	
4	是否会整定热继电器整定电流	20	
5	验电操作是否规范	10	
6	通电试车操作是否规范	10	
7	通电试车是否成功	20	
总　计		100	

注：各项在设备断电情况下进行，若所列元器件没有安装，则视为不符合要求。

课后作业

1. 用兆欧表检查主、空电路的绝缘电阻值，应不小于________。

A. 100Ω　　B. 10kΩ　　C. 1MΩ

2. 电阻分段测量法是用万用表测量相邻线号间电阻值，当测量到某相邻两点的电阻值很________时，则说明两点间为故障点。

A. 大　　B. 小　　C. 0

3. 电压分段测量法分段就是分段测量两个线号间的电压值，当测量某相邻两线号间的电压值突变为________时，则说明该跨接点为故障点。

A. 无穷大　　B. 控制电路电压　　C. 0

4. 当电动机停止运转后，切断________，先拆除三相电源线和接地线，再拆除电动机电源线和接地线。

A. 电动机　　B. 电源隔离开关 QF

工作任务C2 步进电机控制线路的安装与调试

安全规范

1. 首先检查电气安装与维修理实一体化实训室的设备是否安全坚固。

2. 实施任务前，学生穿好电工服、绝缘鞋，戴好安全帽，如图 C2－1 所示。老师进行安全教育，对实训室进行 6S 管理。

3. 检查三项五线制电源是否处于断开状态，“禁止合闸，有人工作”指示牌是否放置在正确位置，如图 C2－2 所示。

图 C2－1　安全着装

图 C2－2　指示牌放置位置

4. PLC、触摸屏软件提前安装并调试正常，定期检查计算机是否携带病毒。

5. 亚龙 YL－156A 型电气安装与维修实训考核装置安装底架做好安全接地设施，如图 C2－3 所示，一旦发生短路，漏电开关可跳闸保护。

6. 操作完成离开实训室之前确保已关闭设备及电源，操作台摆放整齐，室内清洁干净，如图 C2－4 所示。

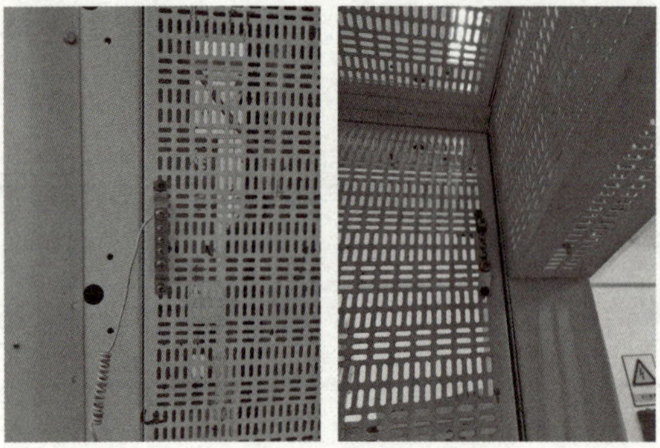

图 C2－3　安全接地设施

图 C2－4　整理实训台

教学条件及组织

教学条件：电气安装与维修理实一体化实训室、16 台 YL－156A 教学设备、计算机、32 套工具。

1. 异质分组。根据实际情况进行异质分组，每组两人，一名安装员，一名质量检测人员。

2. 协作分工。安装员负责步进电机控制线路的安装接线，质检员负责检测步进电机控制线路的安装质量，各成员要协作分工、角色轮换。

3. 质量检测。质检员严格把控步进电机控制线路的安装接线质量，包括安装接线的正确性以及工艺和标准，并做好记录。

4. 任务小结。各成员总结步进电机控制线路的安装接线步骤，强调安全生产、规范操作的职业素养。

职业能力 C2－1　能规范完成步进电机的安装

核心概念

步进电机：一种将电脉冲信号转换成相应角位移或线位移的电动机。每输入一个脉冲信号，转子就转动一个角度或前进一步，其输出的角位移或线位移与输入的脉冲数成正比，转速与脉冲频率成正比。

学习目标

1. 理解步进电机的工作原理。
2. 能规范完成步进电机的安装。

基本知识

一、步进电机的分类

（1）从其结构形式上，步进电机可分为反应式步进电机、永磁式步进电机、混合式步进电机、单相步进电机、平面步进电机等多种类型，在我国所采用的步进电机中以反应式步进电机为主。设备用的两相混合式步进电机外观如图 C2－1－1 所示。

图 C2－1－1　两相混合式步进电机外观

（2）从其控制方式来看，可以分为以下三类：开环控制系统、闭环控制系统、半闭环控制系统。半闭环控制系统在实际应用中一般归类于开环或闭环系统中。

二、步进电机的工作原理

当电流流过定子绕组时，定子绕组产生一矢量磁场。该磁场会带动转子旋转一个角度，使得转子的一对磁场方向与定子的磁场方向一致。当定子的矢量磁场旋转一个角度，转子也随着该磁场转一个角度。每输入一个电脉冲，电动机就转动一个角度前进一步。它输出的角位移与输入的脉冲数成正比，转速与脉冲频率成正比。改变绕组通电的顺序，电机就会反转。所以可用控制脉冲数量、频率及电动机各相绕组的通电顺序来控制步进电机的转动。设备用的两相混合式步进电机结构如图 C2－1－2 所示。

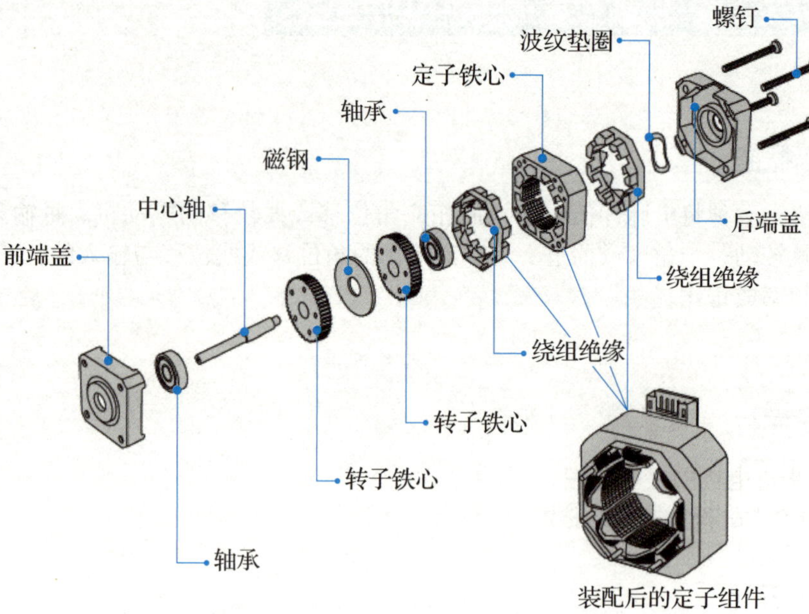

图 C2－1－2　两相混合式步进电机结构

以 1.8°两相步进电机为例：两相控制绕组按 AA BB 或 BB AA 的次序轮流通电，每拍只有一相绕组通电，四拍构成一个循环。两相混合式步进电机绕组结构如图 C2－1－3 所示。

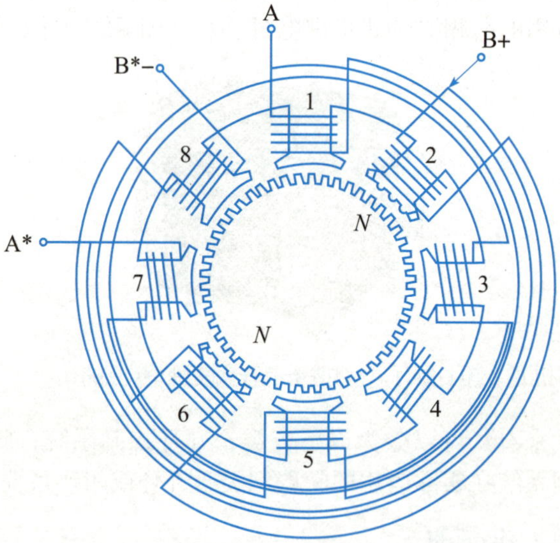

图 C2－1－3　两相混合式步进电机绕组结构

三、步进电机的基本参数

1. 步进电机技术参数

设备采用的步进电动机为两相混合式步进电动机，电压为 10～40V，型号为 35BYG250［其中 35（mm）为基座尺寸，BYG 为混合式，2 为两相，50 位转子齿数］。其技术参数见表 C2－1－1。

表 C2－1－1　35BYG250 型两相混合式步进电动机技术参数

型号	相数	步距角/°	静态相电流/A	相电阻/Ω	相电感/mH	保持转矩/mN·m	定位转矩/mN·m	转动惯量
35BYG250	2	1.8	0.8	5.7	7	110	12	14

2. 部分技术参数说明

（1）步距角。

它表示控制系统每发一个步进脉冲信号，电机所转动的角度。电机出厂时给出了一个步距角的值，如 86BYG250A 型电机给出的值为 0.9°/1.8°（表示半步工作时为 0.9°，整步工作时为 1.8°），这个步距角可以称为电机固有步距角，它不一定是电机实际工作时的真正步距角，真正的步距角和驱动器有关。

通常步进电机步距角 β 按下式计算。

$$\beta=360°/(Z\cdot m\cdot K)$$

式中，β——步进电机的步距角；

Z——转子齿数；

m——步进电动机的相数；

K——控制系数，是拍数与相数的比例系数。

（2）相数。

步进电机的相数是指电机内部的线圈组数，目前常用的有二相、三相、四相、五相步进电机。电机相数不同，其步距角也不同，一般二相电机的步距角为 0.9°/1.8°、三相的为 0.75°/1.5°、五相的为 0.36°/0.72°。在没有细分驱动器时，用户主要靠选择不同相数的步进电机来满足自己步距角的要求。如果使用细分驱动器，则“相数”将变得没有意义，用户只需在驱动器上改变细分数，就可以改变步距角。

（3）保持转矩。

保持转矩指步进电机通电但没有转动时，定子锁住转子的力矩。它是步进电机最重要的参数之一，通常步进电机在低速时的力矩接近保持转矩。由于步进电机的输出力矩随速度的增大而不断衰减，输出功率也随速度的增大而变化，因此保持转矩就成为衡量步进电机最重要的参数之一。

四、步进电机驱动器

1. 步进电机驱动器功能

步进电机驱动器是一种将电脉冲转化为角位移的执行机构。当步进驱动器接收到一个脉冲信号，它就驱动步进电机按设定的方向转动一个固定的角度，即步距角。它的旋转是以固定的角度一步一步运行的。可以通过控制脉冲个数来控制角位移量，从而达到准确定位的目的；同时可以通过控制脉冲频率来控制电机转动的速度和加速度，从而达到调速和定位的目的。设备用步进电机驱动器外观如图 C2－1－4 所示。

2. 输入信号

（1）脉冲输入信号。共阳极时该脉冲信号下降沿被驱动器解释为一个有效脉冲，并驱动电机运行一步。为了确保脉冲信号的可靠响应，共阳极时脉冲低电平的持续时间不应少 10μs。本驱动器的信号响应频率为 70kHz，过高的输入频率将可能得不到正确响应。

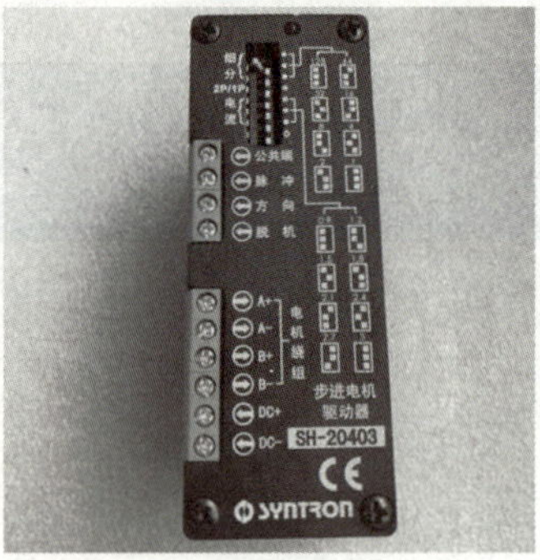

图 C2－1－4　设备用步进电机驱动器外观

（2）方向输入信号。该端信号的高电平和低电平控制电机的两个转向。共阳极时该端悬空被等效认为输入高电平。控制电机转向时，应确保方向信号领先脉冲信号至少建立 10μs，可避免驱动器对脉冲的错误响应。

（3）脱机输入信号。该端接收控制机输出的高、低电平信号，共阳极低电平时电机相电流被切断，转子处于自由状态（脱机状态）。共阳极高电平或悬空时，转子处于锁定状态。

3. 公共端

本驱动器的输入信号采用共阳极接线方式，用户应将输入信号的电源正极连接到该端子上，将输入的控制信号连接到对应的信号端子上。控制信号低电平有效，此时对应的内部光耦导通，控制信号输入驱动器中。

4. 步进电机驱动器接线

步进电机驱动器接线示意图如图 C2－1－5 所示，步进电机模块部分接线图如图 C2－1－6 所示。

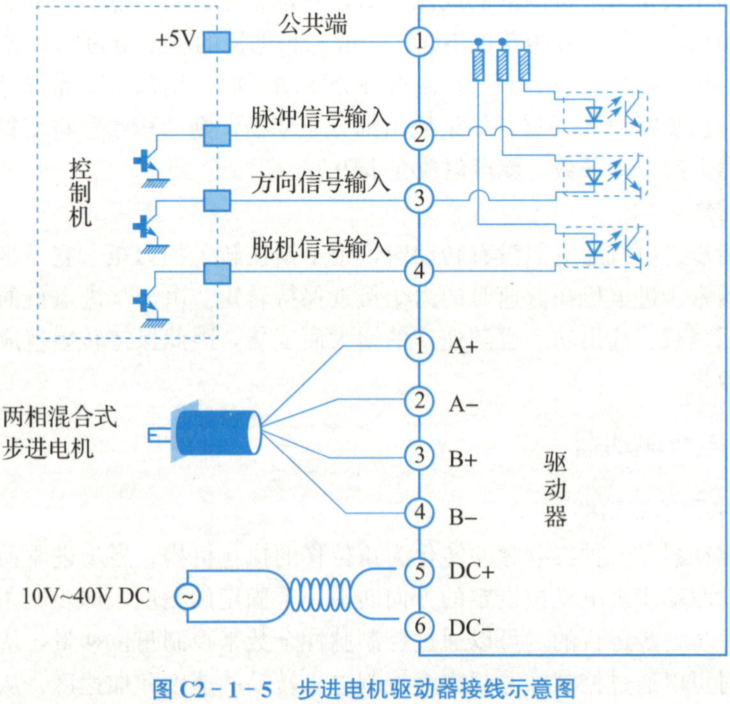

图 C2－1－5　步进电机驱动器接线示意图

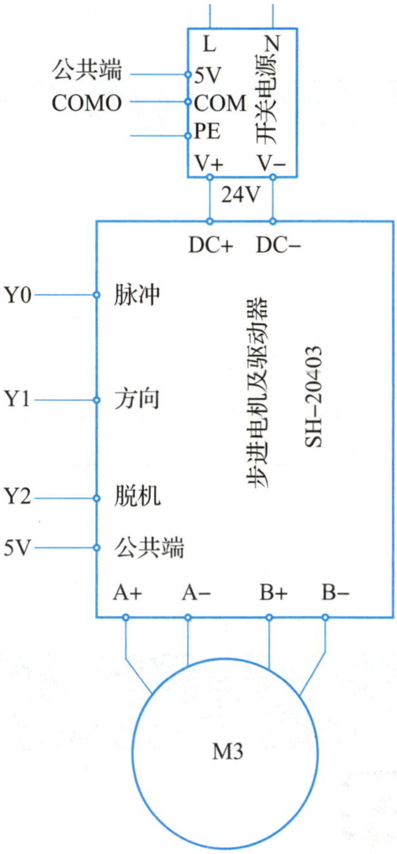

图 C2-1-6　步进电机模块部分接线图

能力训练

一、任务描述

某食品生产作业车间里，有一个步进电机控制的分拣装置，请根据提供的电机控制模块，规范完成安装。其电机控制要求如下：按下起动按钮 SB1，电机以 90r/min（转/分）的速度，正转 3 圈，完成后，按下复位按钮 SB2，电机以 30r/min 的速度，反转 3 圈，完成后需要等待 1s，之后返回等待下一次起动重复分拣控制。其中，步进驱动器选择 2 细分。请按规定的定位完成步进电机的安装与调试。

二、操作过程

1. 准备

（1）需准备的材料：步进电机模块，包含开关电源 YL-012、驱动器 SH-20403、电机 42BYGH5403（AA）；导线，包含火线、零线、地线以及黑色控制线若干。

（2）需准备的工具：手电钻、锉刀、开孔器。

（3）领取设备和耗材并填写表 C2-1-2。

表 C2－1－2　设备和耗材申请表

申请人：________　　　　　　　　　　领取时间：______年______月______日

设备/耗材	规格/型号	数量	归还时间	是否完好	备注

2. 步进电机的安装

步进电机的安装步骤见表 C2－1－3。

表 C2－1－3　步进电机的安装步骤

序号	安装步骤	图示	操作方法说明	材料工具	质量标准
1	连接开关电源 YL－012	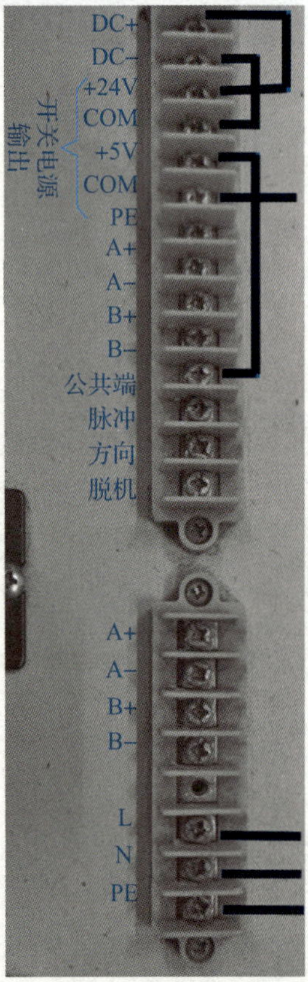	1. L 端接火线（红色） 2. N 端接零线（蓝色） 3. PE 端接地线（黄绿双色） 4. 开关电源输出＋24V 接 DC+，下方 COM 接 DC− 5. ＋5V 接公共端，下方 COM 接 PLC 对应的 COM	导线、手电钻	区分火线、零线、地线和控制线的颜色，导线与接线端紧密贴合、无松动

续表

序号	安装步骤	图示	操作方法说明	材料工具	质量标准
2	驱动模块连接	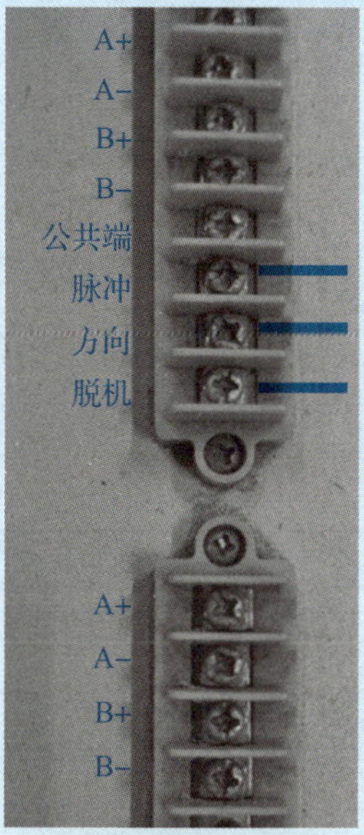	1. 脉冲接 PLC 的 Y0 端 2. 方向接 PLC 的 Y1 端 3. 脱机接 PLC 的 Y2 端	导线、手电钻	导线与接线端紧密贴合、无松动
3	步进电机的连接	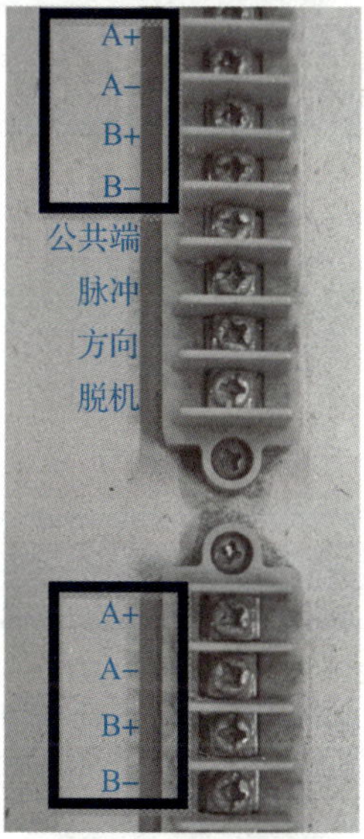	步进电机的 A+、A−、B+、B−四个端子分别与驱动模块的 A+、A−、B+、B−四个端子对应连接	导线、手电钻	导线与接线端紧密贴合、无松动
4	PLC 的连接		Y0 端接脉冲，Y1 端接方向，Y2 端接脱机，COM 端接开关电源+5V 的 COM	导线、手电钻、锉刀开孔器	导线与接线端紧密贴合、无松动，导线完全安装在线槽里

C2-1：步进电机控制线路的安装

拓展提升——步进电机驱动器电气性能

设备使用的驱动器型号为 SH-20403，它是两相混合式步进电机细分驱动器，它的特点是能适应较宽电压范围 10～40V DC，采用恒电流控制，它的电气性能见表 C2-1-4。

表 C2-1-4　SH-20403 型两相混合式步进电机驱动器电气性能

供电电源	10～40V DC
输出电流	峰值 3A/相
驱动方式	恒相电流 PWM 控制
励磁方式	整步，半步，4、8、16、32、64 细分
输入信号	光电隔离，共阳单脉冲接口，提供“0”信号 输入信号包括步进脉冲、方向变换和脱机保持

学习结果评价

“步进电机的安装”学习结果评价见表 C2-1-5。

表 C2-1-5　“步进电机的安装”学习结果评价

序号	评价内容	分值	得分
1	电气箱电源引入线中的零线和地线是否直接接零线排和接地排	10	
2	电气箱内电源引入线集中走线，是否留适当余量	10	
3	零线排和接地排的导线是否接线牢靠、排列整齐	10	
4	所有接地线是否接在接地排上	10	
5	PLC 与触摸屏的通信线（不需要放入线槽）是否整理并固定好	10	
6	电动机和步进电机模块接线外露部分，是否用缠绕管缠绕	10	
7	电动机是否做接地保护	20	
8	所有导线有无伤绝缘层的现象	4	

续表

序号	评价内容	分值	得分
9	电气箱内除电源进线端、接零排、接地排，其他接线端是否均套有号码管（含箱门接线端，不含箱外接线端）	4	
10	电气控制箱固定螺丝是否不少于 3 颗，且固定牢固，无倾斜或松动现象	4	
11	电气控制盘引出至箱门的导线，在箱门交接处是否集束使用缠绕管缠绕	4	
12	所用绑扎带是否绑扎间隔均匀、剪割平整、不划手	4	
总　计		100	

注：各项在设备断电情况下进行，若所列元器件没有安装，则视为不符合要求。

课后作业

1. 零线的连接应该选用________的导线。

A. 红色　B. 蓝色　C. 黄绿双色　D. 黑色

2. 控制线的连接应该选用________的导线。

A. 红色　B. 蓝色　C. 黄绿双色　D. 黑色

3. 开关电源的电压输出有________和________两种。

A. 5V　B. 12V　C. 24V　D. 36V

4. 步进电机模块的 A 和 B 是指步进电机的________。

A. 电压　B. 电流　C. 绕组　D. 信号

5. 步进电机模块的两个 COM 有什么不同？

职业能力 C2-2 能规范完成步进电机的调试与检修

核心概念

步进电机的步距角与转速：步进电机每接收一个脉冲信号，转子就转动一个步距角，其输出的角位移或线位移与输入的脉冲数成正比，转速与脉冲频率成正比。

学习目标

1. 理解步进电机步距角和转速的控制原理。
2. 能规范完成步进电机的调试与检修。

基本知识

一、PLC 控制步进电机的脉冲输出指令 PLSY

指令格式：PLSY [S1] [S2] [D]

1. 指令功能

(1) PLSY 是 16 位的脉冲输出指令，以 [S1] 指定的频率产生 [S2] 个定量的脉冲，输出 [D] 所指定的软元件中（Y0 或 Y1）。

(2) [S1] [S2] 操作数范围：K、H、KnX、KnY、KnM、KnS、T、C、D、V、Z。其中 [S1] 指定频率范围，16 位指令时的数值范围为 K2～K20000，对应频率为 2～20000Hz；[S2] 指定产生脉冲量，允许设定范围：16 位指令，1～32767（PLS），将该值指定为 0 时，则对产生的脉冲不做限制。

(3) [D] 操作数范围：Y0 或 Y1。

2. 指令规则

(1) 在指令执行过程中，变更 [S2] 指定的字元件内容后，将从下一个指令驱动开始执行变更内容。

(2) [D] 指令输出脉冲 Y 的编号，仅限于 Y0 或 Y1 有效（请使用晶体管输出方式），为了输出高频脉冲，RLC 的输出晶体管上必须是额定负载的电流。

(3) 脉冲的占空比为 50%ON，50%OFF。输出控制不受扫描周期的影响，采用中断处理。

(4) 设定脉冲发完后，执行结束标志 M8029 动作。

(5) 从 Y0 或 Y1 输出的脉冲数将保存于下列特殊数据寄存器中。D8140（低位）、D8141（高位）：输出至 Y0 的脉冲总数 [FNC59（RLSY）指令的输出脉冲总数]。

D8142（低位）、D8143（高位）：输出至 Y1 的脉冲总数［FNC59（PLSR）、FNC57（PLSY）指令的输出脉冲总数］。

D8136（低位）、D8137（高位）：输出至 Y0 和 Y1 的脉冲总数。

各个数据寄存器内容可以利用“DMOV　K0　D80　＊　＊”执行清除。

3. 脉冲输出完成标志位 M8092

PLC 特殊辅助继电器 M8092 为 PLSY 脉冲输出完成的标志位，当脉冲输出完成后，M8029 将置 1。

二、转角和转速的计算

（1）35BYG250 步进电机的细分等级选择见表 C2－2－1。

表 C2－2－1　35BYG250 步进电机的细分等级选择

1	2	3		1	2	3		1	2	3		1	2	3	
ON	ON	ON	保留	ON	OFF	ON	32 细分	ON	ON	OFF	8 细分	ON	OFF	OFF	半步
OFF	ON	ON	64 细分	OFF	OFF	ON	16 细分	OFF	ON	OFF	4 细分	OFF	OFF	OFF	整步

（2）细分后步进电机步距角按下列方法计算：

步距角＝电机固有步距角/细分数

例如：一台 1.8°电机设定为 4 细分，其步距角为 1.8°/4＝0.45°。当细分等级大于 1/4 后，电机的定位精度并不能提高，只是电机转动更平稳。如图 C2－2－1 所示，图中调节的细分为 2 细分。

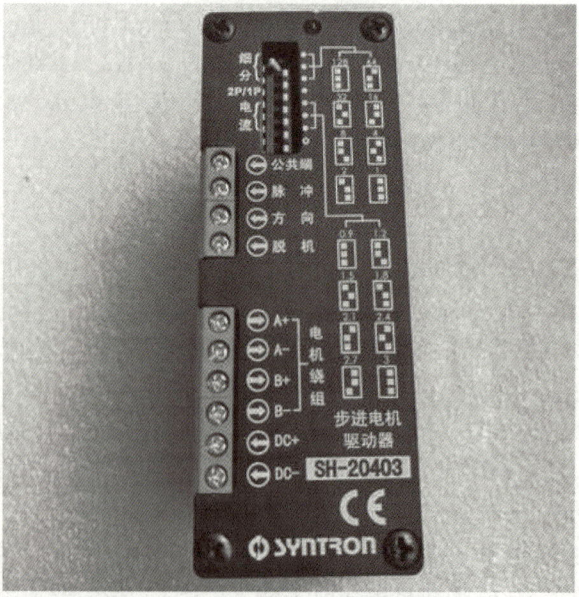

图 C2－2－1　步进电机驱动器细分调节图

(3) 旋转指定角度所需脉冲数的计算：

脉冲数=旋转角度/步距角

步距角指对应一个脉冲信号，电机转子转过的角位移。一般二相电机的步距角为 1.8°，在细分为 1 的情况下，即电机运动一周需要 200 步。

(4) 转速的计算。步进电机的转速可以用频率来控制，步进电机的运行频率跟速度成正比，可以通过公式计算出步进电机的转速：

步进电机的转速=频率 * 60/[(360/T) * X]

步进电机的转速单位是：转/分钟；频率的单位是：赫兹；X：细分倍数；T：固有步距角。

举例说明：步进电机采用整部，即 1 细分；频率 1kHz，即 1 000 赫兹；套公式：1 000 * 60/200=300 转/分。注意，此公式适用于两相步进电机。

(5) 转向的控制：当步进驱动器的方向端有信号输入时，电机正转；反之，则反转。例如：将 PLC 的 Y2 端接入到步进驱动器的方向端，当 Y2 接通时，电机正转。

能力训练

一、任务描述

某食品生产作业车间里，有一个步进电机控制的分拣装置，其电机控制要求如下：按下起动按钮 SB1，电机以 90r/min 的速度，正转 3 圈，完成后，按下复位按钮 SB2，电机以 30r/min 的速度，反转 3 圈，完成后需要等待 1s，之后返回等待下一次起动重复分拣控制。其中，步进驱动器选择 2 细分。请按规定的定位完成步进电机的安装与调试。

根据任务要求，确定步进电机相关参数。

1. 频率及转角的确定

(1) 频率 S_1。根据步进电机的转速公式：转速=频率 * 60/[(360/T) * X]，代入具体数值，转速为 90，T 为 1.8，细分 X 为 2，则：

正转时，$S_1=[90*(360/1.8)*2]/60=600$
反转时，$S_1=[30*(360/1.8)*2]/60=200$

(2) 转角 S_2 由于 1 圈为 360°，步进驱动器选择 2 细分，则：

$S_2=(360°*3)/(1.8°/2)=1200$

2. 列出 I/O 分配表

按要求列出 I/O 分配表，见表 C2-2-2。

表 C2－2－2　I/O 分配表

输入		输出	
元件名称	端子编号	元件名称	端子编号
起动按钮 SB1	X001	步进电机脉冲	Y000
复位按钮 SB2	X002	步进电机方向	Y001
停止按钮 SB3	X000		

3. 编写控制程序

按要求编写控制程序，如图 C2－2－2 所示。需要注意的是，M8029 为脉冲输出完成标志位，当 PLSY 指令完成后，M8029 置 1，直到 PLSY 触发条件断开后 M8029 复位。

图 C2－2－2　PLC 控制步进电机生产实例控制程序

二、操作过程

1. 准备

（1）需准备的材料：步进电机模块，包含开关电源 YL－012、驱动器 SH－20403、电机 42BYGH5403（AA）；FX_{2N}－48MR PLC；导线，包括火线、零线、地线以及黑色控制线若干。

（2）需准备的工具：手电钻、万用表。

（3）领取设备和耗材并填写表 C2－2－3。

表 C2-2-3 设备和耗材申请表

申请人：________ 领取时间：______年______月______日

设备/耗材	规格/型号	数量	归还时间	是否完好	备注

问题情境一：使用 PLC 前应完成哪些检查？

问题情境二：如何确保正确连接电路图？

2. 步进电机的调试

步进电机的调试步骤，见表 C2-2-4。

表 C2-2-4 步进电机的调试步骤

序号	调试步骤	图示	操作方法说明	材料工具	质量标准
1	设备检查	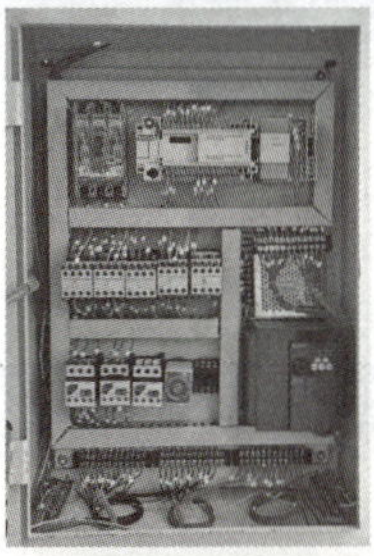	1. 检查电源是否接通，是否已安全接地 2. 检查线路是否按要求连接，接线端有无松动或漏接 3. 检查电源开关能否正常通断 4. 检查 PLC 通信端口有无杂质或损坏，运行和停止开关能否正常动作	步进电机模块、计算机、PLC	电源能正常接通，设备检查无异常
2	将 PLC 与计算机正确连接，打开 PLC 电源	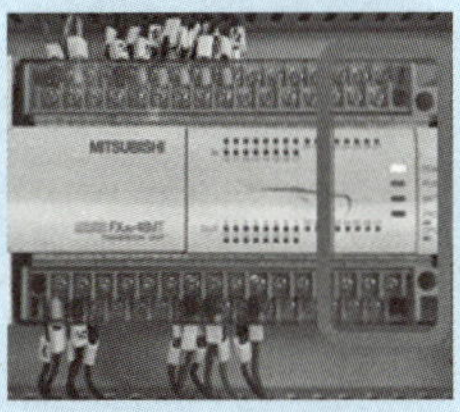	1. 将 PLC 与计算机正确连接，检查通信端连接情况 2. 打开 PLC 电源	步进电机模块、计算机、PLC	计算机与 PLC 接线端紧密贴合、无松动，PLC 指示灯正常，能正常通信，各项检查正常

续表

序号	调试步骤	图示	操作方法说明	材料工具	质量标准
3	程序输入	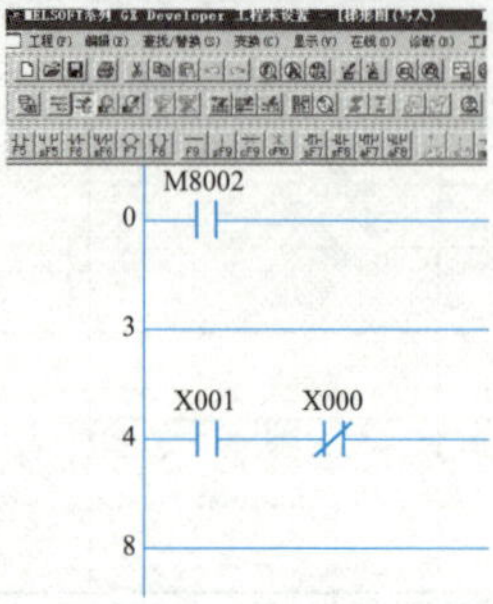	1. 打开编程软件 GX Developer 2. 创建新工程，选择 FX_{2N} 类型 3. 输入控制程序 4. 保存工程 5. 写入程序	步进电机模块、计算机、PLC	准确输入程序，写入程序后 PLC 运行指示灯正常
4	程序调试	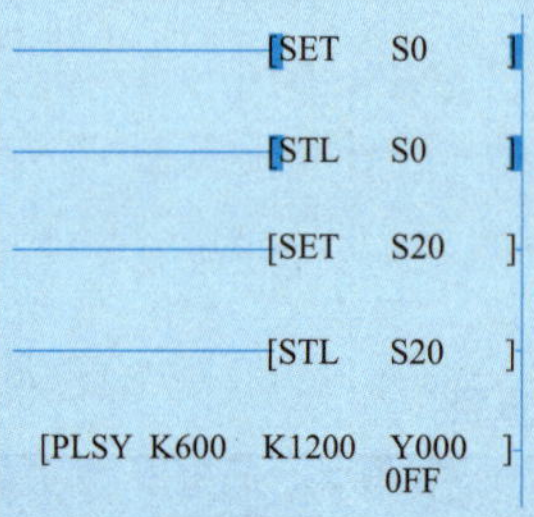	1. 在软件中打开监视模式，检查各元件通断情况 2. 按下起动按钮 SB1，观察步进电机正转情况 3. 按下复位按钮 SB2，观察步进电机反转情况 4. 按下停止按钮，观察系统运作情况	步进电机模块、计算机、PLC	步进电机能按要求实现转速、角度和方向的控制

3. 步进电机的检修

步进电机的检修是基于步进电机的安装和调试过程中常见的故障及原因分析，遇到故障时可参照对应的原因分析，做出相应的检修处理。步进电机检修对照见表 C2－2－5。

表 2－2－5　步进电机检修对照表

常见故障类型	故障说明	原因分析
步进电机模块故障	步进电机不能起动、失步、超步、异常停转	1. 驱动模块或电机模块电源电压不稳定，低于额定工作电压 2. 驱动模块故障，直流电源不能供电，熔断器损坏 3. 系统接线不正确，包括脉冲、方向端、电源端接线 4. 步进电机模块接线端存在松动 5. 参数设置不合理，频率指令偏高 6. 环境尘埃过多，外转轴缝隙有杂物
PLC 模块故障	PLC 不能正常输出，指示灯无法显示，错误提示灯闪烁	1. PLC 接线错误，未连接好输入或输出的公共端 2. 通信端接线端子松动，通信线损坏 3. 未正常写入程序 4. 程序输入错误 5. 运行按钮未接通 6. 内存已满
电源端故障	电源无法正常供电	1. 电源未合上或接线端松动 2. 电源熔断器损坏 3. 未正常接地

C2－2：步进电机控制线路的调试

拓展提升——实际生产应用中步进电机常见故障

机械工程师对机器的日常维护中，需要了解步进电机在运行中出现的常见故障，一般有以下三种。

一、步进电机温升过高

下列几种情况将使步进电机温升过高：

（1）环境温度过高，散热条件差，安装接触面积不符合标准；

（2）工作方式不符合技术要求，如三相六拍工作的电机改为双三拍工作，温升要变高；

（3）驱动电路发生故障，电机长期工作在单一高电压下或长期工作在高频状态，同样会使其温升变高。

（4）高、低压供电的驱动电路在高频工作时，高压脉宽不能太宽，应按技术标准调整，否则温升也会高。

二、步进电机运行不正常

运行不正常是指电机不能起动，产生失步、超步甚至停转等故障。其原因是：

（1）环境尘埃过多，被电机吸入使转子卡死；

（2）传动齿轮的间隙过大，配合的键槽松动而产生失步；

（3）驱动电路的电压偏低；

（4）工作方式不按规定标准，例如：四相八拍电动机改为四相四拍运行，产生振荡或失步；

（5）存放不当，定子、转子表面生锈卡住；

（6）定子、转子间划碰、扫膛；

（7）负载过重或负载转动惯量过大；

（8）接线不正确；

（9）驱动电路参数与电机不匹配，达不到额定值要求；

（10）转子铁心与电机转轴配合过松，在重负载下，铁心发生错移而造成停转；

（11）没有清零复位，环形分配器进入死循环；

（12）在电机振荡区范围运行。

三、步进电机噪音、振动过大

其主要原因有以下几种：

（1）传动齿轮间隙过大；

（2）纯惯性负载，正反转频繁；

（3）轴向间隙过大；

（4）在共振频率范围工作；

（5）阻尼器未调好或失灵。

学习结果评价

“步进电机调试与检修”学习结果评价见表 C2－2－6。

表 C2－2－6 “步进电机调试与检修”学习结果评价

序号	评价内容	分值	得分
1	电气箱电源引入线中的零线和地线是否直接接零线排和接地排	10	
2	电气箱内电源引入线是否集中走线，且留适当余量	10	
3	零线排和接地排的导线是否接线牢靠、排列整齐	10	
4	所有接地线是否接在接地排上	10	
5	PLC 与触摸屏的通信线（不需要放入线槽）是否整理并固定好	10	
6	电动机和步进电机模块接线外露部分，是否用缠绕管缠绕	10	
7	电动机是否做接地保护	20	
8	所有导线有无伤绝缘层的现象	4	
9	电气箱内除电源进线端、接零排、接地排，其他接线端是否均套有号码管（含箱门接线端，不含箱外接线端）	4	
10	电气控制箱固定螺丝是否不少于 3 颗，且固定牢固、无倾斜或松动现象	4	
11	电气控制盘引出至箱门的导线，在箱门交接处是否集束并使用缠绕管缠绕	4	
12	所用绑扎带是否绑扎间隔均匀、剪割平整、不划手	4	
总计		100	

注：各项在设备断电情况下进行，若所列元器件没有安装，则视为不符合要求。

课后作业

1. 可用作步进电机脉冲控制指令的是________。

A. RST　　B. SET　　C. PLSY　　D. DEC

2. 步进电机脉冲控制的参数包括________和________。

A. 频率　　B. 转角　　C. 脉宽控制比　　D. 主控指令

3. PLC 步进控制状态初始化可采用的软元件为 S0 至________。

A. S9　　B. S10　　C. S19　　D. S20

4. PLC 步进控制状态结束后需要用指令________返回主程序。

A. RST　　B. RET　　C. SET　　D. STL

5. 步进电机模块常见故障原因有哪些？

工作任务C3

交流伺服电机控制线路的安装与调试

安全规范

1. 首先检查电气安装与维修理实一体化实训室的设备是否安全坚固。

2. 实施任务前，学生穿好电工服、绝缘鞋，戴好安全帽，如图 C3-1 所示。老师进行安全教育，对实训室进行 6S 管理。

3. 检查三项五线制电源是否处于断开状态，“禁止合闸，有人工作”指示牌是否放置在正确位置，如图 C3-2 所示。

图 C3-1　安全着装

图 C3-2　指示牌放置位置

4. PLC、触摸屏软件提前安装并调试正常，定期检查计算机是否携带病毒。

5. 亚龙 YL-156A 型电气安装与维修实训考核装置安装底架做好安全接地设施，如图 C3-3 所示，一旦发生短路，漏电开关可跳闸保护。

6. 操作完成离开实训室之前确保已关闭设备及电源，操作台摆放整齐，室内清洁干净，如图 C3-4 所示。

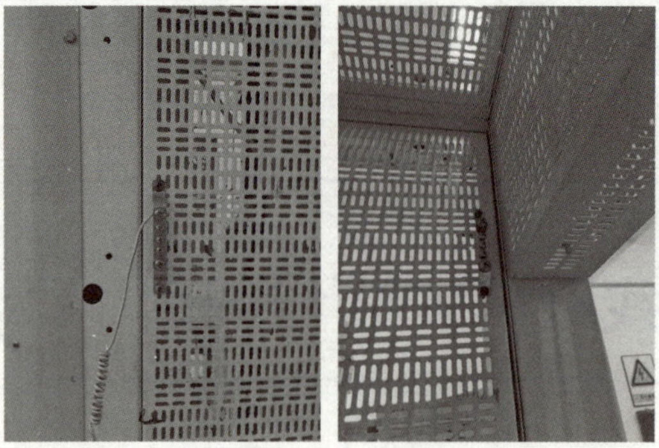

图 C3－3　安全接地设施

图 C3－4　整理实训台

教学条件及组织

教学条件：电气安装与维修理实一体化实训室、16 台 YL－156A 教学设备、计算机、32 套工具。

1. 异质分组。根据实际情况进行异质分组，每组两人，一名安装员，一名质量检测人员。

2. 协作分工。安装员负责交流伺服电机控制线路的安装接线，质检员负责检测交流伺服电机控制线路的安装质量，各成员要协作分工、角色轮换。

3. 质量检测。质检员严格把控交流伺服电机控制线路的安装接线质量，包括安装接线的正确性以及工艺和标准，并做好记录。

4. 任务小结。各成员总结交流伺服电机控制线路的安装接线步骤，强调规范操作、精益求精的职业素养。

职业能力 C3－1　能规范完成伺服电机的安装

核心概念

伺服电机：指在伺服系统中控制机械元件运转的发动机，是一种补助马达间接变速装置。伺服电机可使控制速度、位置精度非常准确，可以将电压信号转化为转矩和转速以驱动控制对象。伺服电机转子转速受输入信号控制，并能快速反应，在自动控制系统中，用作执行元件，且具有机电时间常数小、线性度高等特性，可把所收到的电信号转换成电动机轴上的角位移或角速度输出。

学习目标

1. 理解伺服电机的工作原理。
2. 能规范完成伺服电机的安装。

基本知识

一、伺服电机的工作原理

1. 伺服系统

伺服系统是指使物体的位置、方位、状态等输出被控量能够跟随输入目标（或给定值）的任意变化的自动控制系统。它的主要任务是按控制命令的要求，对功率进行放大、变换与调控等处理，使驱动装置输出的力矩、速度和位置控制非常灵活方便。这里的伺服系统专指被控制量（系统的输出量）是机械位移或位移速度、加速度的反馈控制系统，其作用是使输出的机械位移（或转角）准确地跟踪输入的位移（或转角）。实训用的台达伺服器与伺服电机如图 C3－1－1 所示。

（a）台达伺服驱动器　　（b）伺服电机

图 C3－1－1　伺服系统

伺服系统控制原理如图 C3－1－2 所示。

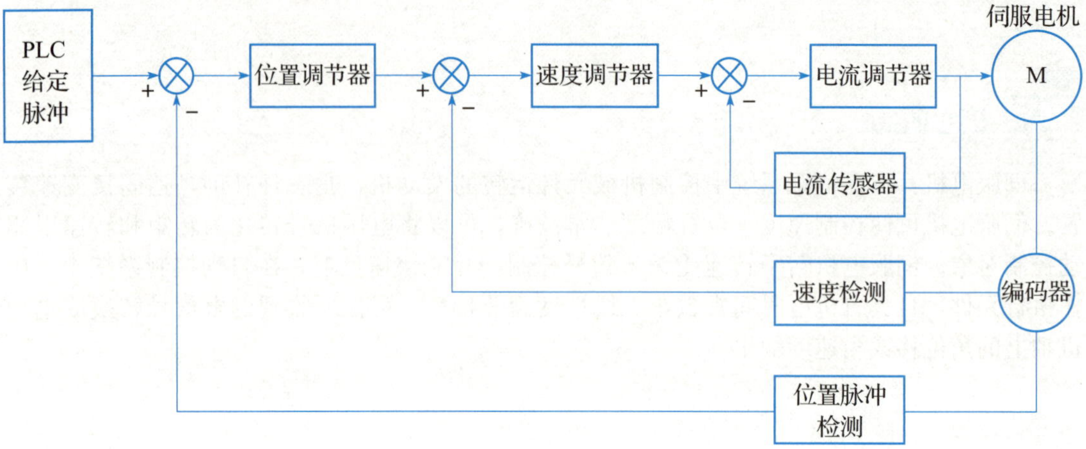

图 C3－1－2　伺服系统控制原理

2. 工作原理

伺服电机在伺服系统中是执行元件，它的作用是把信号，即控制电压或相位转换成一定的转速或角位移。伺服电机内部的转子材料采用永磁铁制造，驱动器控制的三相电可以形成电磁场，转子在磁场的作用下转动。同时，电机自带的尾部编码器把反馈信号传给驱动器，驱动器根据反馈值与目标值进行对比，随时调整转子转动的角度。伺服电机内部结构简图如图 C3－1－3 所示。

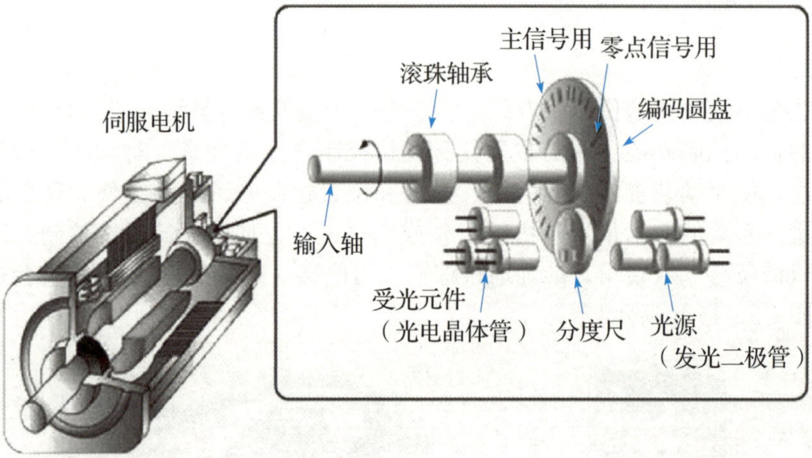

图 C3－1－3　伺服电机内部结构简图

伺服电机的控制主要靠脉冲来定位，伺服电机接收到 1 个脉冲，就会旋转 1 个脉冲对应的角度，从而实现位移。伺服电机本身具备发出脉冲的功能，它每旋转一个角度，会发送对应数量的脉冲，与它接收的脉冲形成呼应。因此，系统能通过发送和接收的脉冲数量达到精确控制电机转动的目的，从而实现精确的定位。伺服电机的精度取决于编码器的精度，即线数。

二、台达伺服器驱动器

1. 台达伺服器驱动器外观及接线端

台达伺服器驱动器外观及接线端说明如图 C3-1-4 所示。

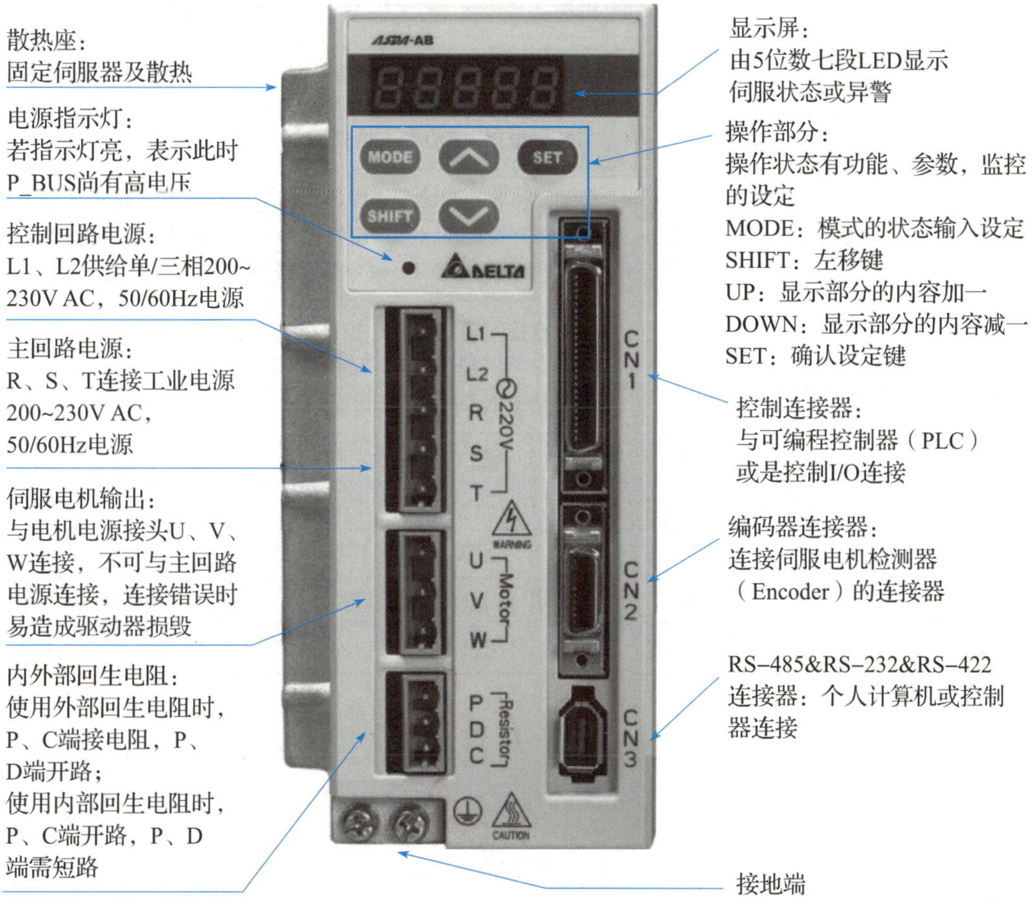

图 C3-1-4　台达伺服器驱动器外观及接线端说明

2. 伺服驱动器操作模式

伺服驱动器的模式选择是通过参数 P1-01 来达成的，当新模式设定后，必须将驱动器重新送电，新模式即可生效。伺服驱动器操作模式简介见表 C3-1-1。

表 C3-1-1　伺服驱动器操作模式简介

模式名称		模式代码	说明
单一模式	位置模式（端子输入）	Pt	驱动器接收位置命令，控制电机至目标位置。位置命令由端子输入，信号形态为脉冲
	位置模式（内部寄存器输入）	Pr	驱动器接收位置命令，控制电机至目标位置。位置命令由内部寄存器提供（共八组寄存器），可利用 DI 信号选择寄存器编号

续表

模式名称		模式代码	说明
单一模式	速度模式	S	驱动器接收速度命令，控制电机至目标转速。速度命令可由内部寄存器提供（共三组寄存器），或由外部端子输入模拟电压（－10～＋10V）。命令是根据 DI 信号来选择的
	速度模式（无模拟输入）	Sz	驱动器接收速度命令，控制电机至目标转速。速度命令仅可由内部寄存器提供（共三组寄存器），无法由外部端子提供。命令是根据 DI 信号来选择的
	扭矩模式	T	驱动器接收扭矩命令，控制电机至目标扭矩。扭矩命令可由内部寄存器提供（共三组寄存器），或由外部端子输入模拟电压（－10～＋10V）。命令是根据 DI 信号来选择的
	扭矩模式（无模拟输入）	Tz	驱动器接收扭矩命令，控制电机至目标扭矩。扭矩命令可由内部寄存器提供（共三组寄存器），无法由外部端子提供。命令是根据 DI 信号来选择的
混合模式		Pt-S	Pt 与 S 可通过 DI 信号切换
		Pt-T	Pt 与 T 可通过 DI 信号切换
		Pr-S	Pr 与 S 可通过 DI 信号切换
		Pr-T	Pr 与 T 可通过 DI 信号切换
		S-T	S 与 T 可通过 DI 信号切换

能力训练

一、任务描述

某汽车零部件作业车间里，需要安装一个 PLC 控制 ECMA-C30604PS 伺服电机夹持作业，请根据提供的电机控制模块，规范完成安装。

二、操作过程

1. 准备

（1）需准备的材料：伺服电机模块，包含开关电源 YL-012、伺服驱动器 ASDA-AB 系列、伺服电机 ECMA-C30604PS（伺服电机参数：交流伺服电机，额定功率电压 220V，额定转速 3000r/min，额定输出功率 400W）；导线，包含火线、零线、地线以及黑色控制线若干。

（2）需准备的工具：手电钻、锉刀、开孔器。

（3）领取设备和耗材并填写表 C3-1-2。

表 C3-1-2 设备和耗材申请表

申请人：________ 领取时间：______年______月______日

设备/耗材	规格/型号	数量	归还时间	是否完好	备注

2. 伺服电机的安装

伺服电机的安装步骤，见表 C3-1-3。

表 C3-1-3 伺服电机的安装步骤

序号	安装步骤	图示	操作方法说明	材料工具	质量标准
1	按编号顺序连接	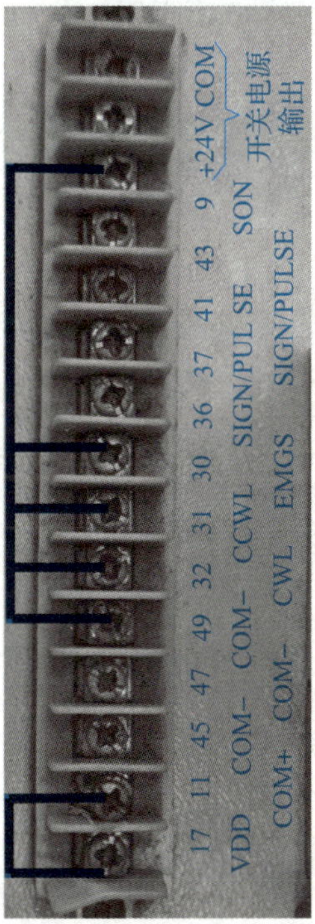	1. 11 与 17 端相连 2. 49、32、31、30 与 9 端相连 3. 36、43 端与开关电源输出+24V 相连 4. 37 与 PLC 的 Y2 端相连 5. 41 与 PLC 的 Y0 端相连	黑色导线、手电钻	准确区分编号，导线与接线端紧密贴合、无松动

续表

序号	安装步骤	图示	操作方法说明	材料工具	质量标准
2	检查模块中电源接线		1. 检查 L1 与 R 端是否与开关电源 L 端相连 2. 检查 L2 端与 S 端是否与开关电源 N 端相连 3. 检查 U、V、W 端是否与电机对应三相相连	导线、手电钻	准确区分火线和零线的延伸，检查 U、V、W 三相连接情况，导线与接线端紧密贴合、无松动
3	PLC 的连接	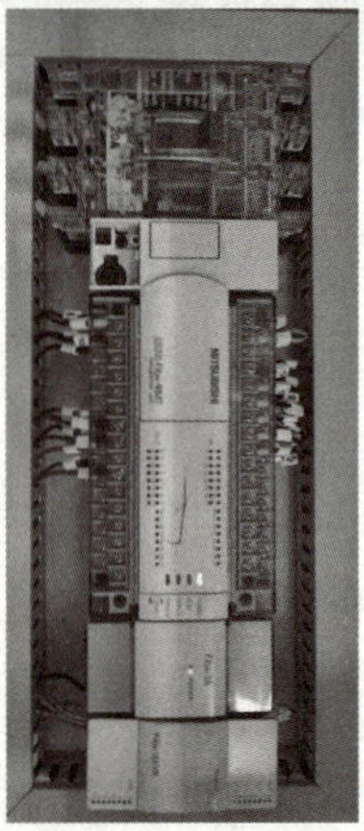	PLC 的 Y0 端与 Y2 端接线	导线、手电钻	导线与接线端紧密贴合、无松动，导线完全安装在线槽里

C3－1：伺服电机控制线路的安装

拓展提升——伺服电机与步进电机的区别

伺服电机与步进电机是工业生产中常见的用于位置和速度控制的电机，它们在工作原理、控制方式以及性能上都存在一定的区别。

一、工作原理差异

伺服电机内部的转子材料采用永磁铁制造，驱动器控制的三相电可以形成电磁场，转子在磁场的作用下转动。同时，电机自带的尾部编码器把反馈信号传给驱动器，驱动器根据反馈值与目标值进行对比，随时调整转子转动的角度。伺服电机的精度取决于编码器的精度，即线数。

步进电机是一种将电脉冲转化为角位移的执行机构，当步进驱动器接收到一个脉冲信号时，驱动步进电机按设定的方向转动一个固定的角度，其旋转是以固定的角度一步一步运行的，可以通过控制脉冲个数来控制角位移量，也可以通过控制脉冲频率来控制电机转动的速度和加速度。

二、控制方式差异

伺服电机是通过控制脉冲时间的长短控制转动角度；步进电机是通过控制脉冲的个数控制转动角度的，一个脉冲对应一个步距角。

三、性能差异

伺服电机与步进电机在性能上的主要差异见表 C3-1-4。

表 C3-1-4 伺服电机与步进电机主要性能差异

性能	伺服电机	步进电机
转速	快	较慢
矩频特征	额定转速内力矩恒定	转速越快，力矩越小
过载能力	三倍过载以内	无过载
调试难易度	复杂	无须调试
噪音	轻微	大
发热	轻微	大
振动	轻微	大，存在低频共振
工作模式	位置、速度、力矩	位置、速度
位置跟踪误差	有	无
精度	高	低
价格	高	低
速度波动	较小	较大
起跳速度	200～300r/min	100～200r/min
定位时间	<10ms	无

学习结果评价

“伺服电机的安装”学习结果评价见表 C3－1－5。

表 C3－1－5 “伺服电机的安装”学习结果评价

序号	评价内容	分值	得分
1	电气箱电源引入线中的零线和地线是否直接接零线排和接地排	10	
2	电气箱内电源引入线是否集中走线，且留适当余量	10	
3	零线排和接地排的导线是否接线牢靠、排列整齐	10	
4	所有接地线是否接在接地排上	10	
5	PLC 与触摸屏的通信线（不需要放入线槽）是否整理并固定好	10	
6	电动机和步进电机模块接线外露部分，是否用缠绕管缠绕	10	
7	电动机是否做接地保护	20	
8	所有导线有无伤绝缘层的现象	4	
9	电气箱内除电源进线端、接零排、接地排，其他接线端是否均套有号码管（含箱门接线端，不含箱外接线端）	4	
10	电气控制箱固定螺丝是否不少于 3 颗，且固定牢固、无倾斜或松动现象	4	
11	电气控制盘引出至箱门的导线，在箱门交接处是否集束且使用缠绕管缠绕	4	
12	所用绑扎带是否绑扎间隔均匀、剪割平整、不划手	4	
总　计		100	

注：各项在设备断电情况下进行，若所列元器件没有安装，则视为不符合要求。

课后作业

1. 信号线的连接应该选用________的导线。

A. 红色　　B. 蓝色　　C. 黄绿双色　　D. 黑色

2. 伺服驱动器的 CN2 与伺服电机的________连接。

A. 电源　　B. 编码器　　C. 接地　　D. PLC 控制

3. 开关电源的电压输出有________和________两种。

A. 5V　　B. 12V　　C. 24V　　D. 36V

职业能力 C3-2　能规范完成伺服电机的调试与检修

核心概念

伺服电机的角位移与转速控制：伺服电机接收到 1 个脉冲，就会旋转 1 个脉冲对应的角度，通过控制脉冲输出的频率，可以控制伺服电机的转速。伺服电机的角位移与输入的脉冲数成正比，转速与脉冲频率成正比，其精度取决于编码器的精度。

学习目标

1. 理解伺服电机角位移和转速的控制原理。
2. 能规范完成伺服电机的调试与检修。

基本知识

一、PLC 控制伺服电机的脉冲输出指令 PLSY 及电机参数计算

指令格式：PLSY [S1] [S2] [D]

1. 指令功能

(1) PLSY 是 16 位的脉冲输出指令，以 [S1] 指定的频率产生 [S2] 个定量的脉冲，输出 [D] 所指定的软元件中（Y0 或 Y1）。

(2) [S1] [S2] 操作数范围：K、H、KnX、KnY、KnM、KnS、T、C、D、V、Z。其中 [S1] 指定频率范围。16 位指令时的数值范围为 K2～K20000，对应频率为 2～20000Hz。

[S2] 指定产生脉冲量。允许设定范围：16 位指令，1～32767（PLS），将该值指定为 0 时，则对产生的脉冲不做限制。

(3) [D] 操作数范围：Y0 或 Y1。

2. 指令规则

(1) 在指令执行过程中，变更 [S2] 指定的字元件内容后，将从下一个指令驱动开始执行变更内容。

(2) [D] 指令输出脉冲 Y 的编号。仅限于 Y0 或 Y1 有效（请使用晶体管输出方式），为了输出高频脉冲，可编程控制器的输出晶体管上必须是额定负载的电流。

(3) 脉冲输出完成标志位 M8092。

PLC 特殊辅助继电器 M8092 为 PLSY 脉冲输出完成的标志位，当脉冲输出完成后，M8092 将置 1。

3. 角位移与转速的计算

要理解伺服电机的角位移与转角的计算，我们需要先了解伺服电机的分辨率、电子齿

轮比等概念。

（1）分辨率。

伺服电机分辨率就是伺服电机编码每转刻线的最小分辨率。实训室所用台达 ASD－A0421－AB 伺服驱动器的分辨率为 2 500ppr，对应的 ECMA－C30604PS 伺服电机分辨率也为 2 500ppr。由于编码器输出的信号为 TTL 方波信号，A，B 两相相差 90°相（1/4T），在 0°、90°、180°、270°相位角，这四个位置有上升沿和下降沿，实际的 1/4T 方波周期就有方向变化的判断，使得 1/4 的 T 周期就是最小测量步距。通过电路对于这些上升沿与下降沿的判断，可以 4 倍于 ppr 读取位移的变化，这就是方波的四倍频。实际应用中，使用公式对伺服电机的角位移和转速进行计算时，可直接看作编码器的分辨率为 10 000ppr，即要使得伺服电机旋转一圈，需要提供 10 000 个脉冲。

（2）电子齿轮比。

伺服电机控制中的电子齿轮比，是指对伺服电机接收上位机的频率进行放大或缩小的一个参数，具体数值为分子与分母的比值。电子齿轮比的分子与分母的数值需要在伺服驱动器上设置，其中，分子的参数号为 P1－44，分母的参数号为 P1－45。

（3）角位移的计算。

伺服电机角位移的计算公式为：

角位移＝角位移脉冲数＊360°/分辨率

或　　转动圈数＝角位移脉冲数/分辨率

例如：PLC 向 ASD－A0421－AB 伺服驱动器输出 5 000 个脉冲，根据上述计算公式可得，伺服电机转动的角位移为 180°，即 0.5 圈。

（4）转速的计算。

对应一个脉冲信号，电机转子转过的角位移。一般二相电机的步距角为 1.8。

频率＊电子齿轮比＝转速＊分辨率

其中，转速的单位为 r/s。

例如：要用 PLC 控制伺服电机的转速为 2r/s，根据上述公式，可得

频率＝(2＊10 000)/10＝20 000Hz

（5）转向的控制。

当伺服驱动器的方向端有信号输入时，电机正转；反之，则反转。例如：将 PLC 的 Y2 端接入到伺服驱动器的方向端，当 Y2 接通时，电机正转。

能力训练

一、任务描述

某汽车零部件作业车间里，需要安装一个 PLC 控制 ECMA－C30604PS 伺服电机夹持作业，伺服电机控制要求如下：按下起动按钮 SB1，电机以 1r/s 的速度，正转 2 圈，完成后，按下复位按钮 SB2，电机以 2r/s 的速度，反转 2 圈，之后返回等待下一次起动重复夹

持控制，停止按钮为 SB3。其中，伺服驱动器按给定的参数设置。请按规定的定位完成伺服电机的安装与调试。

伺服驱动器参数设置见表 C3－2－1。

表 C3－2－1　伺服驱动器参数设置

参数号	参数含义	设定值
P2－08	恢复出厂值	10
P1－00	脉冲输入形式	2
P1－01	控制模式	0
P1－44	齿轮比分子	10
P1－45	齿轮比分母	1

1. 脉冲频率 S_1 与角位移脉冲数 S_2 的确定

（1）脉冲频率 S_1。

根据伺服电机的转速公式：转速＝频率＊电子齿轮比/分辨率，代入具体数值，转速为 1r/s，则：

$$正转时，S_1=1*10\,000/10=1\,000\text{Hz}$$
$$反转时，S_1=2*10\,000/10=2\,000\text{Hz}$$

（2）角位移脉冲数 S_2。

根据伺服电机的角位移公式：转动圈数＝角位移脉冲数/分辨率，代入具体数值，则：

$$S_2=2*10\,000=20\,000$$

2. 列出 I/O 分配表

按要求列出 I/O 分配表，见表 C3－2－2。

表 C3－2－2　I/0 分配表

输入		输出	
元件名称	端子编号	元件名称	端子编号
起动按钮 SB1	X001	伺服电机脉冲	Y000
复位按钮 SB2	X002	伺服电机方向	Y002
停止按钮 SB3	X000		

3. 编写控制程序

按要求编写控制程序，如图 C3－2－1 所示。需要注意的是，M8029 为脉冲输出完成标志位，当 PLSY 指令完成后，M8029 置 1，直到 PLSY 触发条件断开后 M8029 复位。

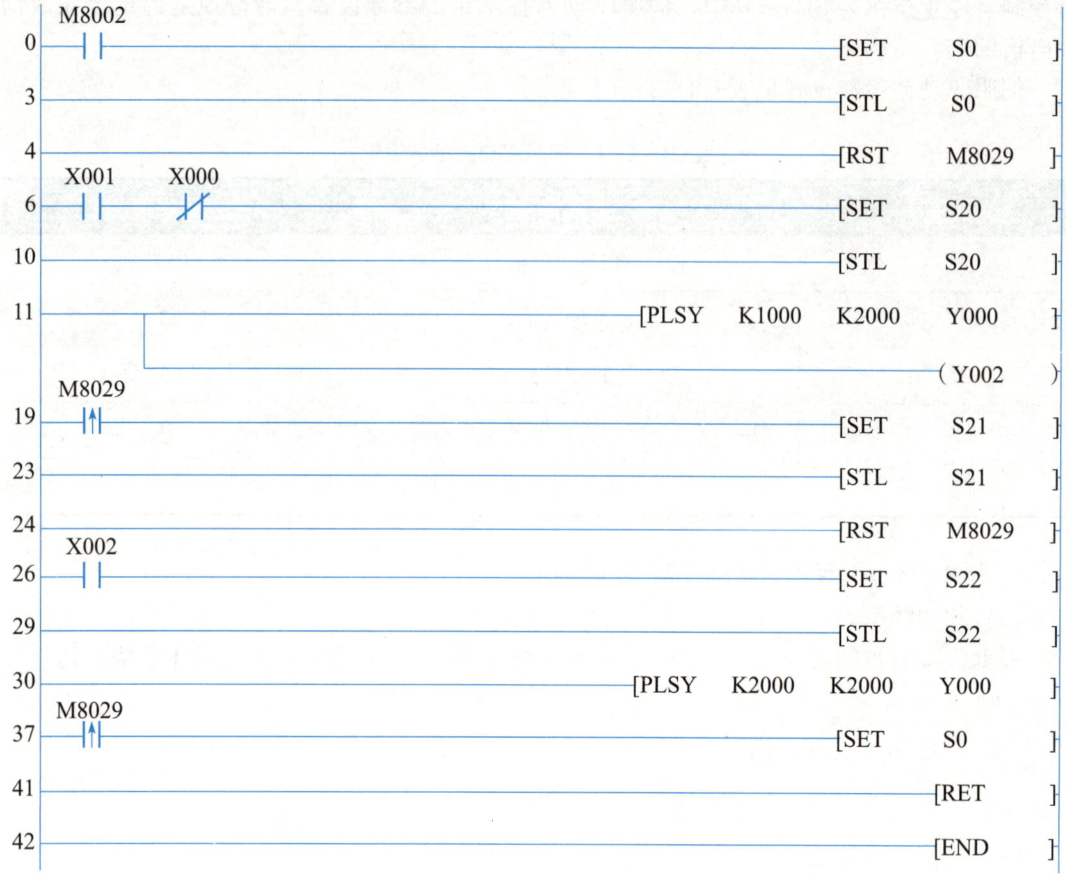

图 C3－2－1　PLC 控制伺服电机生产实例控制程序

二、操作过程

1. 准备

（1）需准备的材料：伺服电机模块，包含开关电源 YL－012、ECMA－C30604PS 伺服电机、ASD－A0421－AB 伺服驱动器；FX_{2N}－48MR PLC；导线，包括火线、零线、地线以及黑色控制线若干。

（2）需准备的工具：手电钻、万用表。

（3）领取设备和耗材并填写表 C3－2－3。

表 C3－2－3　设备和耗材申请表

申请人：________　　　　领取时间：______年______月______日

设备/耗材	规格/型号	数量	归还时间	是否完好	备注

续表

设备/耗材	规格/型号	数量	归还时间	是否完好	备注

2. 伺服电机的调试与检修

伺服电机的调试步骤，见表 C3-2-4。

表 C3-2-4　伺服电机的调试步骤

序号	调试步骤	图示	操作方法说明	材料工具	质量标准
1	设备检查	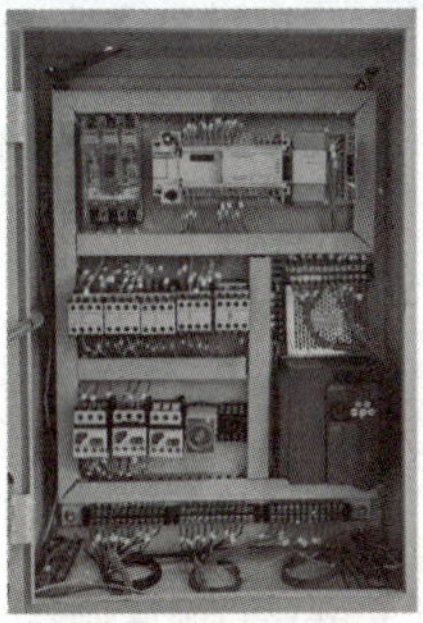 	1. 检查电源是否接通，是否已安全接地 2. 检查线路是否按要求连接，接线端有无松动或漏接 3. 检查电源开关能否正常通断 4. 检查 PLC 通信端口有无杂质或损坏，运行和停止开关能否正常动作	伺服电机模块、计算机、PLC	电源能正常接通，设备检查无异常
2	将 PLC 与计算机正确连接，打开 PLC 电源	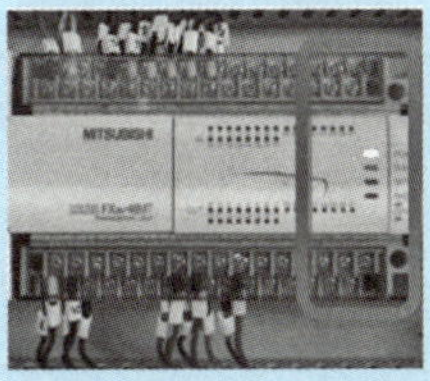	1. 将 PLC 与计算机正确连接，检查通信端连接情况 2. 打开 PLC 电源	伺服电机模块、计算机、PLC	计算机与 PLC 接线端紧密贴合、无松动，PLC 指示灯正常、能正常通信，各项检查正常

续表

序号	调试步骤	图示	操作方法说明	材料工具	质量标准
3	程序输入	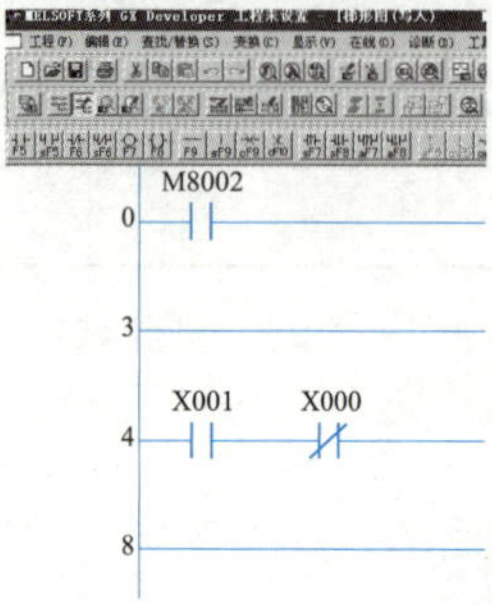	1. 打开编程软件 GX Developer 2. 创建新工程，选择 FX_{2N} 类型 3. 输入控制程序 4. 保存工程 5. 写入程序	伺服电机模块、计算机、PLC	准确输入程序，写入程序后 PLC 运行指示灯正常
4	程序调试	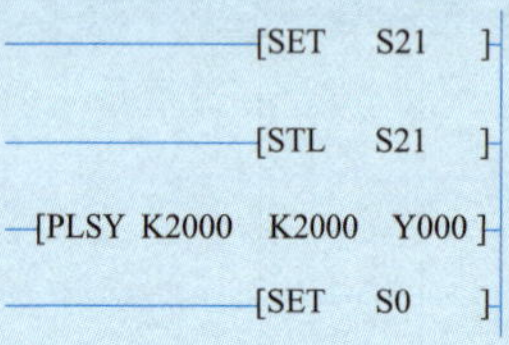	1. 在软件中打开监视模式，检查各元件通断情况 2. 按下起动按钮 SB1，观察伺服电机正转情况 3. 按下复位按钮 SB2，观察伺服电机反转情况 4. 按下停止按钮，观察系统运作情况	伺服电机模块、计算机、PLC	伺服电机能按要求实现转速、角度和方向的控制

3. 伺服电机的检修

伺服电机的检修是基于伺服电机的安装和调试过程中常见的故障及原因分析，遇到故障时可参照对应的原因分析，做出相应的检修处理。伺服电机检修对照表见表 C3－2－5。

表 C3－2－5　伺服电机检修对照表

常见故障类型	故障说明	原因分析
伺服电机模块故障	伺服电机不能起动，产生失步、超步、异常停转	1. 驱动模块或电机模块得到电源电压不稳定，低于额定工作电压 2. 驱动模块故障，直流电源不能供电，熔断器损坏 3. 系统接线不正确，包括脉冲、方向端、电源端接线 4. 伺服电机模块接线端存在松动 5. 参数设置不合理，频率指令偏高 6. 环境尘埃过多，外转轴缝隙有杂物
PLC 模块故障	PLC 不能正常输出，指示灯无法显示，错误提示灯闪烁	1. PLC 接线错误，未连接好输入或输出的公共端 2. 通信端接线端子松动，通信线损坏 3. 未正常写入程序 4. 程序输入错误 5. 运行按钮未接通 6. 内存已满

续表

常见故障类型	故障说明	原因分析
电源端故障	电源无法正常供电	1. 电源未合上或接线端松动 2. 电源熔断器损坏 3. 未正常接地

C3－2：伺服电机控制线路的调试

拓展提升——实际生产应用中伺服电机常见故障

机械工程师对机器的日常维护中，需要了解伺服电机在运行中出现的常见故障，一般有以下三种。

一、伺服电机温升过高

下列几种情况将使伺服电机温升过高：

（1）环境温度过高、散热条件差、安装接触面积不符合标准；

（2）负载过大；

（3）驱动电路发生故障，电机长期工作在单一高电压下或长期工作在高频状态；

（4）定子绕组短路或接地。

二、伺服电机外壳带电

伺服电机外壳带电的原因主要是：

（1）绕组受潮，绝缘老化；

（2）引出线与接线盒壳触碰。

三、伺服电机噪音、振动过大

伺服电机噪音、振动过大的主要原因有：

（1）转子不平衡；

（2）传动齿轮间隙过大；

（3）纯惯性负载，正反转频繁；

（4）轴向间隙过大或轴弯曲。

学习结果评价

“伺服电机调试与检修”学习结果评价见表 C3－2－6。

表 C3-2-6 “伺服电机调试与检修”学习结果评价

序号	评价内容	分值	得分
1	电气箱电源引入线中的零线和地线是否直接接零线排和接地排	10	
2	电气箱内电源引入线是否集中走线，且留适当余量	10	
3	零线排和接地排的导线是否接线牢靠、排列整齐	10	
4	所有接地线是否接在接地排上	10	
5	PLC 与触摸屏的通信线（不需要放入线槽）是否整理并固定好	10	
6	电动机和步进电机模块接线外露部分，是否用缠绕管缠绕	10	
7	电动机是否做接地保护	20	
8	所有导线有无伤绝缘层的现象	4	
9	电气箱内除电源进线端、接零排、接地排，其他接线端是否均套有号码管（含箱门接线端，不含箱外接线端）	4	
10	电气控制箱固定螺丝是否不少于 3 颗，且固定牢固、无倾斜或松动现象	4	
11	电气控制盘引出至箱门的导线，在箱门交接处是否集束且使用缠绕管缠绕	4	
12	所用绑扎带是否绑扎间隔均匀、剪割平整、不划手	4	
总计		100	

注：各项在设备断电情况下进行，若所列元器件没有安装，则视为不符合要求。

课后作业

1. 用作伺服电机脉冲控制指令的是________。

A. RST　　B. SET　　C. PLSY　　D. DEC

2. 伺服电机脉冲控制的参数包括________和________。

A. 频率　　B. 转角　　C. 脉宽控制比　　D. 主控指令

3. 伺服电机模块常见故障原因有哪些？

工作领域 D

综合控制线路的安装与检修

工作任务 D1 电动葫芦控制线路的安装与调试

安全规范

1. 首先检查电气安装与维修理实一体化实训室的设备是否安全坚固。

2. 实施任务前，学生穿好电工服、绝缘鞋，戴好安全帽，如图 D1－1 所示。老师进行安全教育，对实训室进行 6S 管理。

3. 检查三项五线制电源是否处于断开状态，“禁止合闸，有人工作”指示牌是否放置在正确位置，如图 D1－2 所示。

图 D1－1　安全着装

图 D1－2　指示牌放置位置

4. PLC、触摸屏软件提前安装并调试正常，定期检查计算机是否携带病毒。

5. 亚龙 YL－156A 型电气安装与维修实训考核装置安装底架做好安全接地设施，如图 D1－3 所示，一旦发生短路，漏电开关可跳闸保护。

6. 操作完成离开实训室之前确保已关闭设备及电源，操作台摆放整齐，室内清洁干净，如图 D1－4 所示。

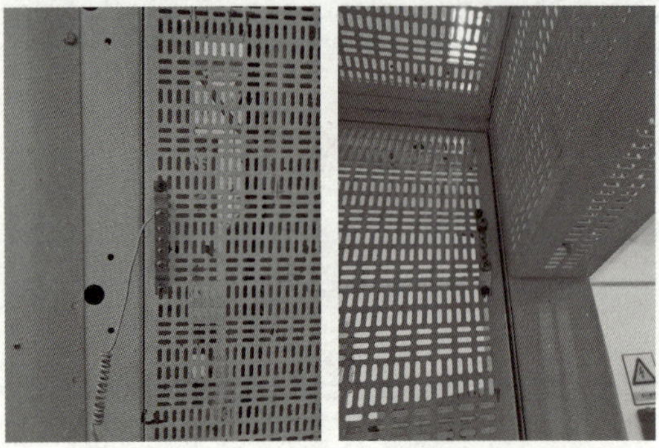

图 D1－3　安全接地设施

图 D1－4　整理实训台

教学条件及组织

教学条件：电气安装与维修理实一体化实训室、16 台 YL－156A 教学设备、计算机、32 套工具。

1. 异质分组。根据实际情况进行异质分组，每组两人，一名安装员，一名质量检测人员。

2. 协作分工。安装员负责电动葫芦控制线路的安装、调试和检修，质检员负责检测线路安装质量，各成员要协作分工、角色轮换。

3. 质量检测。质检员严格把控安装质量，包括安装工艺、线槽规格、定位标准、操作功能、调试检修规范等，并做好记录。

4. 任务小结。各成员总结电动葫芦控制线路的安装、调试和检修步骤，强调规范操作、精益求精的职业素养。

职业能力 D1－1　能规范完成电动葫芦控制线路的安装

核心概念

电气原理图：采用国家统一规定的电气符号和文字符号，按电气设备和电气元件的工作顺序，详细表示电路、设备或成套装置的全部基本组成和连接关系，但不考虑电气元件的作用，是电气控制线路安装、调试和检修的依据。

学习目标

1. 能够分析电动葫芦控制线路的工作原理。
2. 能够根据电动葫芦的电路图、布置图和布线示意图规范完成电气控制柜的安装。
3. 能够熟悉电气线路的安装工艺。

基本知识

一、电动葫芦简介

电动葫芦简称电葫芦，是一种轻小型起重设备，安装于天车、龙门吊之上，具有体积小、自重轻、操作简单、使用方便等特点，用于工矿企业、仓储码头等场所，如图 D1－1－1 所示。多数电动葫芦由人使用按钮在地面跟随操纵，也可在司机室内操纵或采用有线（无线）远距离控制。其起重量一般为 0.1～80t，起升高度为 3～30m。

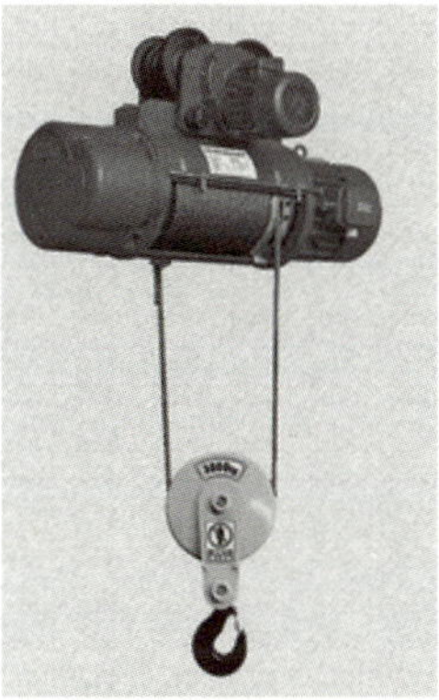

图 D1－1－1　电动葫芦

电动葫芦的基本结构如图 D1－1－2 所示。CD 型提升机构用锥形电动机拖动，移动装置用普通笼型电动机拖动。起升限位器的作用是防止吊钩上升撞到电葫芦。手柄用来控制电葫芦起升和移动。电气箱是安装电葫芦的电气控制回路，包括电葫芦的控制回路和保护回路。减速箱的作用是把起升电机的速度通过减速箱转变成低速高扭矩的转矩来带动吊钩。

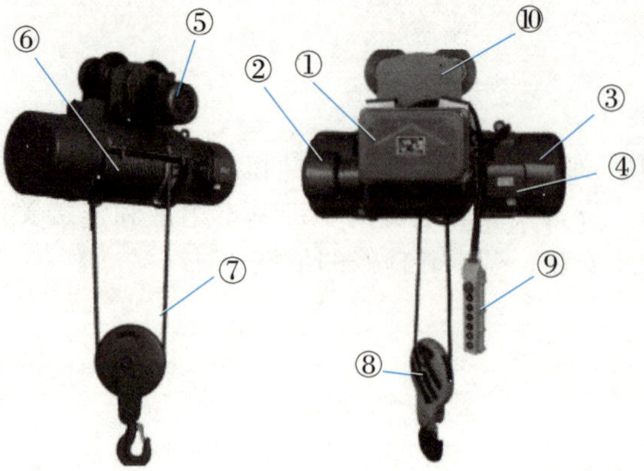

图 D1－1－2　电动葫芦的基本结构

1—电气箱　2—减速箱　3—起升电机　4—起升限位器　5—行车电机　6—卷筒及外罩　7—钢丝绳　8—吊钩　9—手柄　10—行车总成

二、电动葫芦的工作原理

图 D1－1－3 所示为电动葫芦的电气原理图，主要由起升电机 M1 和前后行车电机 M2 及有关控制、保护电器组成。

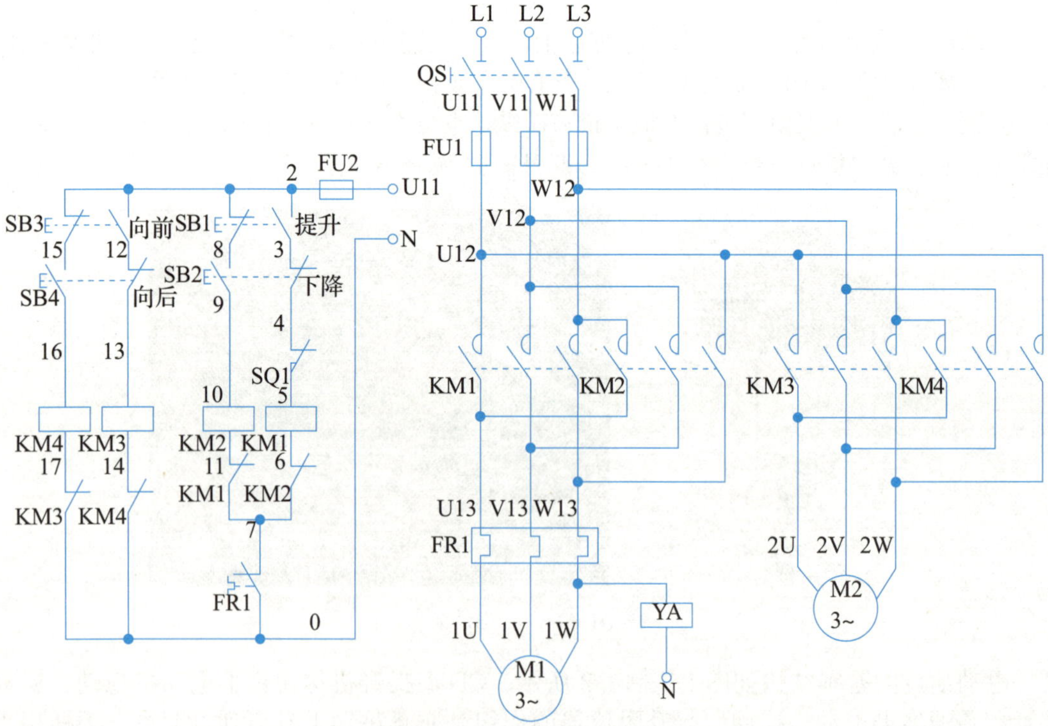

图 D1－1－3　电动葫芦电气原理图

1. 主电路

三相电源由 QS 引入，FU1 作全电路的短路保护。M1 为起升电机，分别由 KM1、KM2 控制正、反转（上升、下降），热继电器 FR 作过载保护。M2 为前后行车电机，分别由 KM3、KM4 控制正、反转（向前、向后）。YA 起到电磁抱闸作用。

2. 控制电路

控制电路主要由两部分控制回路组成，一部分是起升控制回路，由按钮 SB1 和 SB2、接触器 KM1 和 KM2 组成，另一部分是前后行车回路，由按钮 SB3 和 SB4、接触器 KM3 和 KM4 组成。

（1）起升控制回路的工作过程。

电动葫芦起升控制回路如图 D1－1－4 所示。按钮 SB1 点动控制 KM1 线圈得电，从而控制 M1 电机正转（提升）。按钮 SB2 点动控制 KM2 线圈得电，从而控制 M2 电机反转（下降）。同时采用了按钮互锁和电气互锁，防止 KM1 和 KM2 线圈同时得电，造成主电路短路。

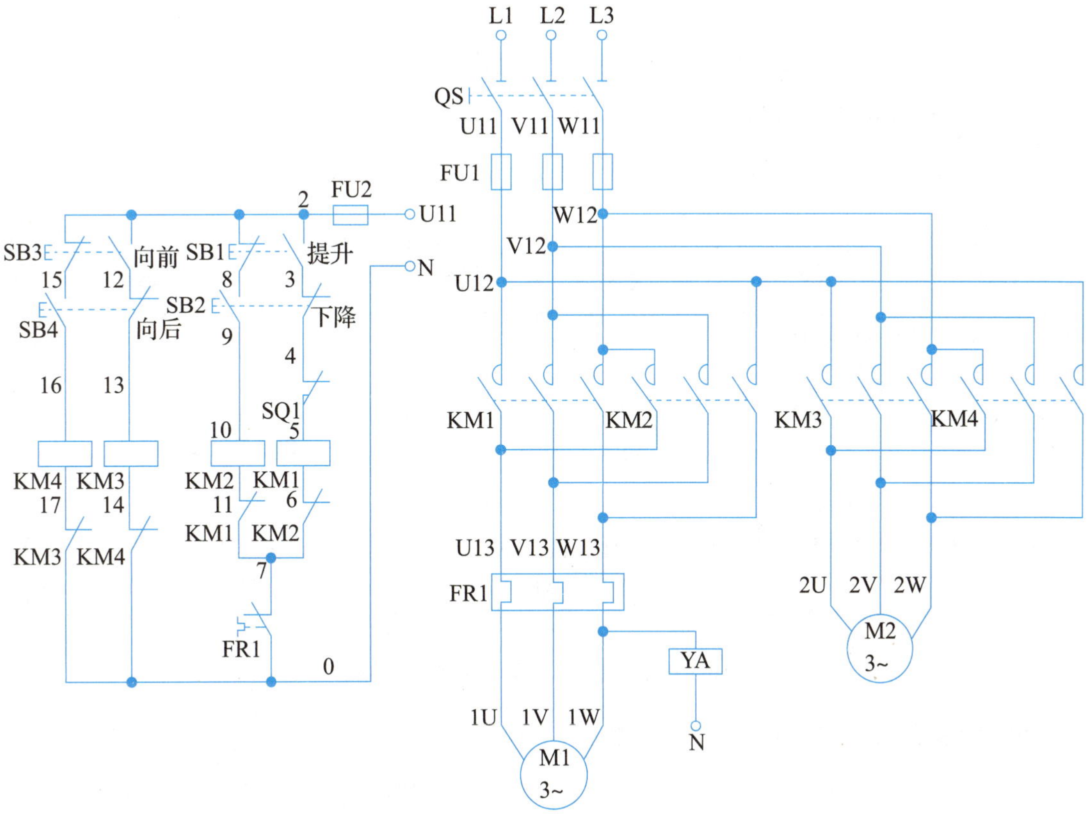

图 D1－1－4　电动葫芦起升控制回路

电动葫芦的起升电机的工作过程：

起动（上升）：　合上QS → 按下SB1 → KM1线圈得电 → KM1主触点闭合 → 起升电机M1正转（上升）
　　　　　　　　　　　　　　　　　　　　　　→ KM1辅助动断触点断开，对KM2进行互锁

停止：　松掉SB1 → KM1线圈失电 → KM1触点复位 → 起升电机M1停止

起动（下降）： 合上QS → 按下SB2 → KM2线圈得电 → KM2主触点闭合 → 起升电机M1反转（下降）
→ KM2辅助动断触点断开，对KM1进行互锁

停止： 松掉SB2 → KM2线圈失电 → KM2触点复位 → 起升电机M1停止

(2) 前后行车回路的工作过程。

电动葫芦行车前后控制回路如图 D1－1－5 所示。按钮 SB3 点动控制 KM3 线圈得电，从而控制 M2 电机正转（向前）。按钮 SB4 点动控制 KM4 线圈得电，从而控制 M1 电机反转（向后）。同时采用了按钮互锁和电气互锁，防止 KM3 和 KM4 线圈同时得电，造成主电路短路。

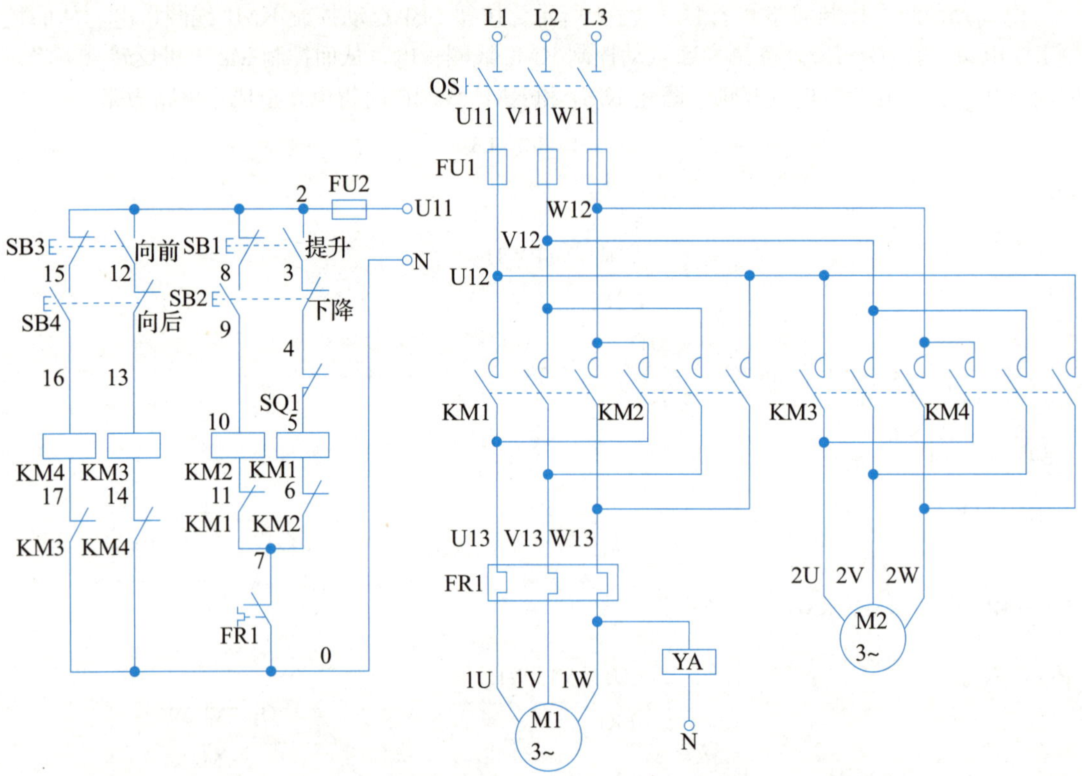

图 D1－1－5 电动葫芦行车前后控制回路

电动葫芦的行车前后电机的工作过程：

起动（向前）： 合上QS → 按下SB3 → KM3线圈得电 → KM3主触点闭合 → 前后行车电机M2正转（向前）
→ KM3辅助动断触点断开，对KM4进行互锁

停止： 松掉SB3 → KM3线圈失电 → KM3触点复位 → 前后行车电机M2停止

起动（向后）： 合上QS → 按下SB4 → KM4线圈得电 → KM4主触点闭合 → 前后行车电机M2反转（向后）
→ KM4辅助动断触点断开，对KM3进行互锁

停止： 松掉SB4 → KM4线圈失电 → KM4触点复位 → 前后行车电机M2停止

（3）电动葫芦控制线路的保护环节。

1）短路保护。熔断器 FU1 作为主电路的短路保护；FU2 作为辅助电路的短路保护。

2）过载保护。热继电器 FR1 作为过载保护。

3）欠电压保护与失电压保护。依靠接触器 KM1、KM2、KM3、KM4 本身的电磁机构实现欠电压与失压保护。

4）联锁保护。依靠交流接触器 KM1、KM2、KM3、KM4 的辅助动断触点实现上升下降和行车前后电气联锁。

5）电磁抱闸保护。依靠抱闸线圈 YA 实现起升电机得电松闸运行，失电抱闸停止。

6）限位保护。依靠行程阀 SQ1 作为限位保护，当起升电机正转上升吊环碰到 SQ1 时，断开 KM1 线圈，使电机停止。

能力训练

一、任务描述

某车间要新增一套电动葫芦搬运货物，公司要求根据图 D1－1－6 所示电动葫芦电路图、图 D1－1－7 所示电动葫芦元器件布置图、图 D1－1－8 所示电动葫芦的动力布线示意图和图 D1－1－9 所示电气设备与器件安装示意图完成电动葫芦电路控制柜的安装与调试。

电源开关及保护	提升电动机	前后行车电动机	短路保护	提升电机下降控制	提升电机上升控制	行车向后控制	行车向前控制

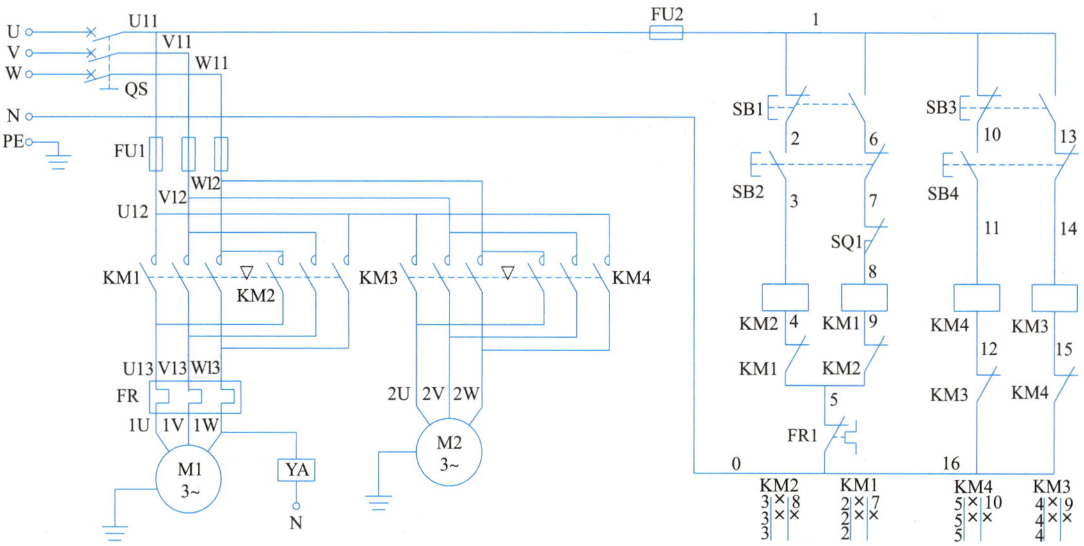

1	2	3	4	5	6	7	8	9	10

图 D1－1－6　电动葫芦电路图

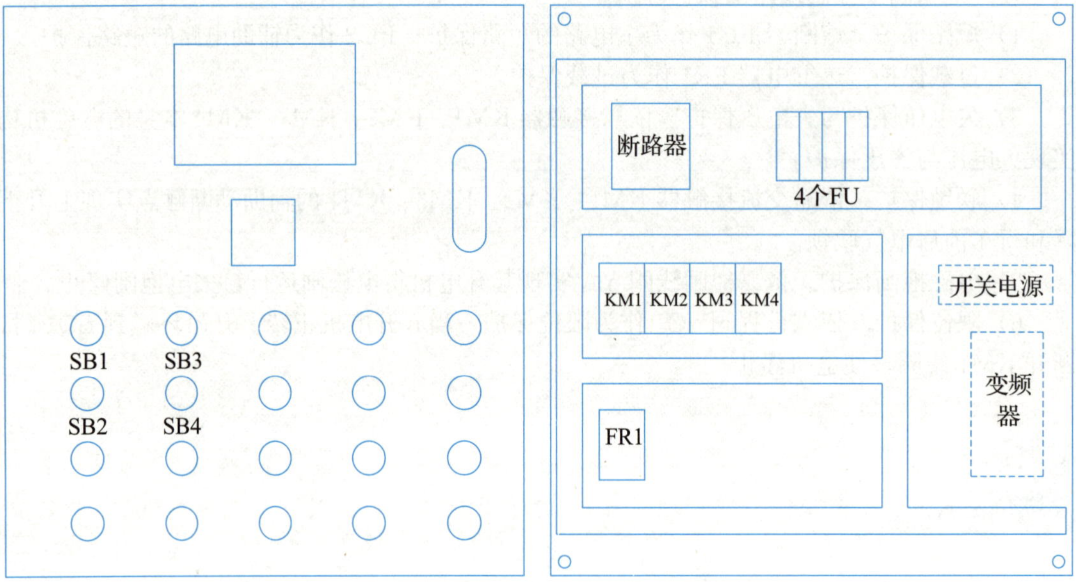

图 D1-1-7　电动葫芦元器件布置图

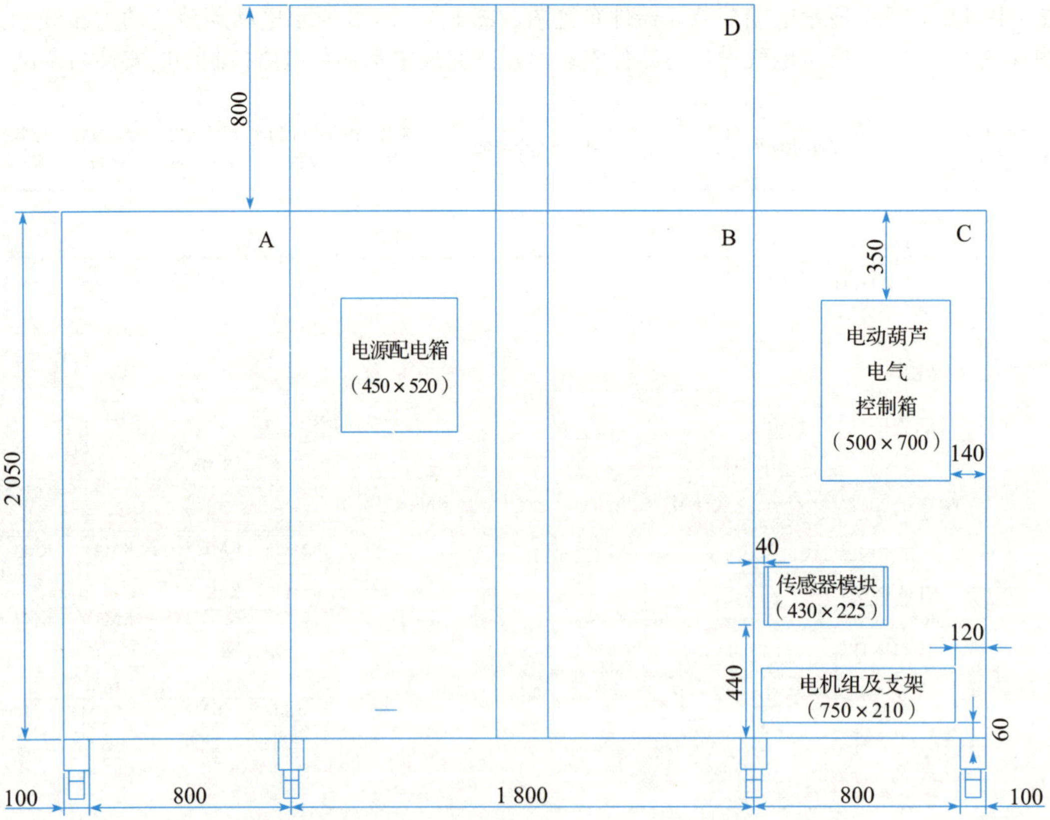

图 D1-1-8　电动葫芦动力布线示意图

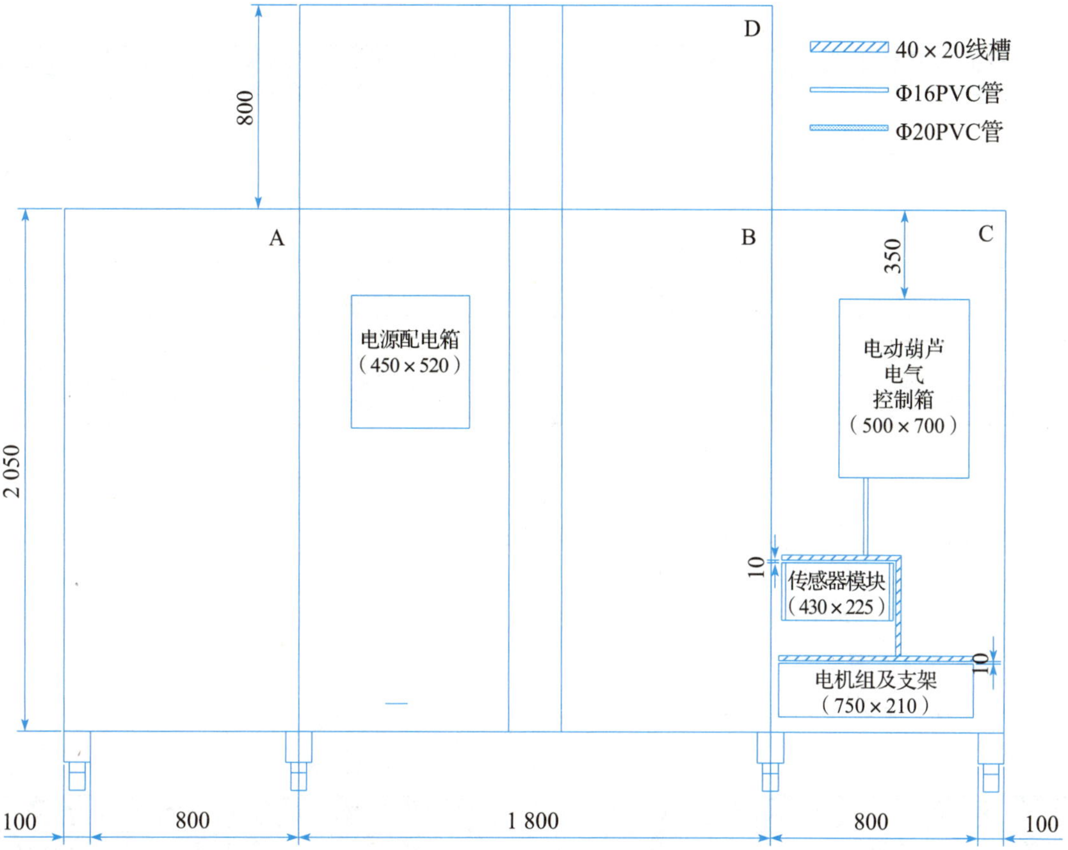

图 D1-1-9　电气设备与器件安装示意图

要求：

(1) 主电路采用 1.0mm 多股软线安装，控制电路采用 0.75mm 多股软线安装，零线、接地线按规范要求选线安装。

(2) 电动机 M1 的额定电流是 0.4A，按此整定热继电器的动作电流。

(3) 线路安装按照接线工艺要求施工。

二、操作过程

1. 准备

(1) 需准备的材料：根据电动葫芦电路图选择元器件包括 1 个断路器、4 个熔断器、4 个交流接触器、1 个热继电器、4 个按钮、1 个行程开关和 2 个交流异步电动机；提前装配好电源配电箱。

(2) 需准备的工具：卷尺、手电钻、锉刀、手锯、水性笔、线管钳、剪刀、弯管器、压线钳、剥线钳。

(3) 领取设备和耗材并填写表 D1-1-1。

表 D1－1－1　设备和耗材申请表

申请人：________　　　　　　　　　　　　领取时间：_____年_____月_____日

设备/耗材	规格/型号	数量	归还时间	是否完好	备注

问题情境一：零线和地线通常使用什么颜色的导线？

问题情境二：如何识读导线的型号？

问题情境三：热继电器的动作电流如何整定？

2. 电动葫芦控制线路的安装

电动葫芦控制线路的安装步骤见表 D1－1－2。

表 D1－1－2　电动葫芦控制线路的安装步骤

序号	安装步骤	图示	操作方法说明	材料工具	质量标准
1	元器件定位		1. 用卷尺确定电气控制箱、电机组支架、传感器模块位置 2. 用自攻螺丝固定元器件	手电钻、水性笔、卷尺、自攻螺丝	1. 按照施工图纸要求完成安装，定位和方位正确，误差不大于±5mm 2. 固定螺丝不少于 3 颗，且固定牢固，无倾斜或松动现象
2	行线槽加工	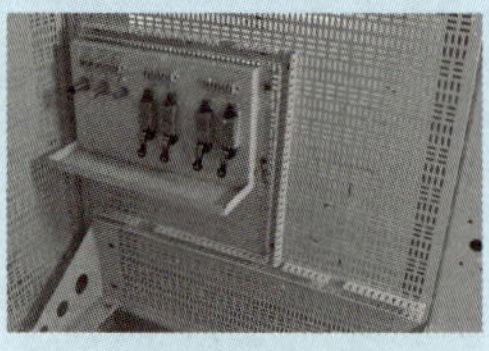	1. 根据图纸尺寸要求剪行线槽 2. 用自攻螺丝固定行线槽	剪刀、手电钻、卷尺、自攻螺丝、线槽	1. 行线槽无歪斜或松动，两端锯口平整 2. 行线槽螺丝固定间距符合要求，不少于 3 颗 3. 行线槽尺寸和与支架间距符合要求
3	线管加工		1. 根据线管的走向，塞入胶塞，并安装管卡 2. 根据图纸截取合适的长度并做鸭脖弯，并卡入管卡	手电钻、卷尺、管卡、胶塞、线管钳、线管	1. 线管入箱制作鸭脖弯符合要求 2. 线管伸入行线槽内 1cm 左右

续表

序号	安装步骤	图示	操作方法说明	材料工具	质量标准
4	安装元器件		根据元器件布置图，安装相应的低压元器件	元器件	安装位置、方向要正确
5	控制回路安装	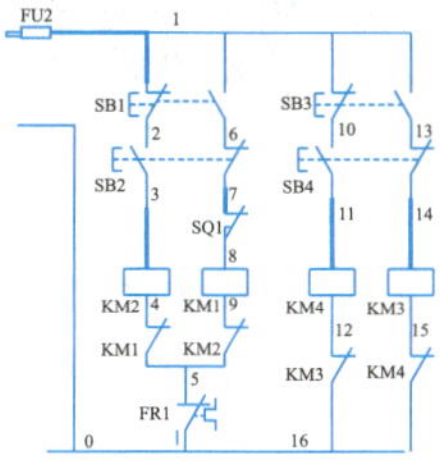	箱门按钮引出线安装： 1. 根据图纸提前配好合适的线，并套上异型管和插针 2. 安装好进柜门的导线，分别是 1、3、7、11、14 号线（7 号线接端子排）	手电钻、剥线钳、压线钳、插针、导线	1. 按电气原理图正确完成控制回路安装 2. 控制导线使用 0.75mm 黑色软线 3. 导线使用合适的插针和套入异形管 4. 同一接线端不能超过两根导线，接线牢固可靠 5. 接线无外露铜丝或接线端露铜过长现象 6. 进行线槽的导线不能交叉，同一槽孔不能超过两根导线
		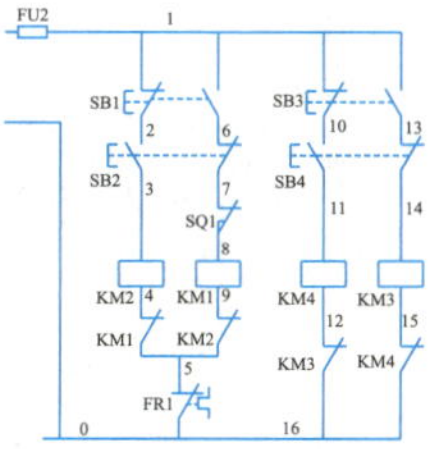	箱内线圈控制部分安装： 安装好箱内线圈部分的导线，分别是 4、5、8、9、12、15 号线（8 号线接端子排）		
6	主电路安装	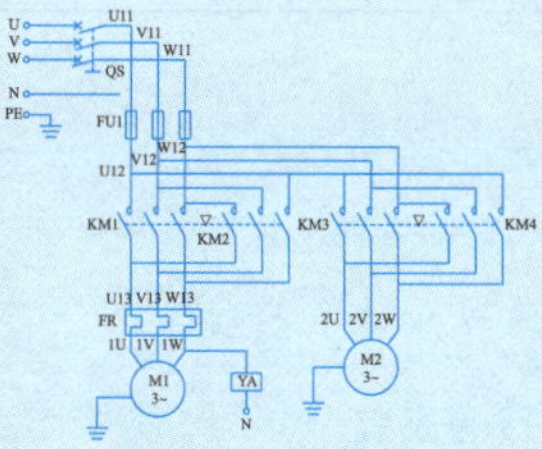	1. 根据图纸提前配好合适的线，并套上异型管和冷压插 2. 根据图纸完成主电路 M1 电机和 M2 电机的线路安装 3. 1U、1V、1W 和 2U、2V、2W，6 条电机线要进端子排	手电钻、剥线钳、压线钳、冷压插、导线	1. 按电气原理图正确完成主电路安装 2. 主电路导线使用 Φ1mm 红色软线 3. 导线使用合适的冷压插和套入异形管 4. 同一槽孔不能超过两根导线
7	零线、零排、地线、地排安装		1. 根据电路图完成零线和地线的安装 2. 将零线统一装到零排 3. 将地线统一装到地排 4. 完成剩余端子排的接线 5. 盖上线槽盖，用笔标注线码	手电钻、剥线钳、压线钳、冷压插、插针、导线	1. 零线用 Φ0.75mm 蓝色软线，地线用 Φ1.5mm 黄绿软线 2. 标注的数字位置要正确并朝外

续表

序号	安装步骤	图示	操作方法说明	材料工具	质量标准
8	固定电气盘并完成按钮接线	 	1. 将电气盘固定在电气控制箱内并将零排和地排固定 2. 安装按钮部分的导线，并用扎带绑扎和缠绕管缠绕 3. 电气控制箱引出线（接线排引出线）应留有富余，缠绕一圈并用扎带绑扎	手电钻、扎带、剪刀、缠绕管	1. 电气盘用至少 3 颗固定螺钉进行固定 2. 开关门处导线必须集束使用缠绕管缠绕，并使用扎带十字绑扎固定且留有余位 3. 电气柜门上导线应使用绑扎带绑扎
9	传感器模块安装		1. 将引出线穿过线管 2. 将行程开关两根线 7 和 8 接入行程开关的动断触点	手电钻	按图纸要求完成行程开关动断触点的安装
10	电机组模块安装	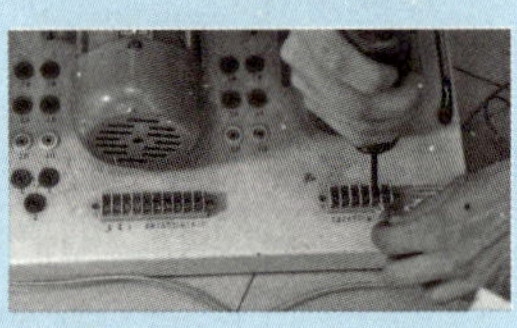	1. 根据原理图完成电机和地线的安装，电机接法采用 Y 形接法 2. 盖上将行线槽盖	手电钻、行线槽盖	1. 电机 Y 形接法准确、不短路 2. 行线槽整齐美观、接缝不超过 1mm
11	电气控制箱电源线安装	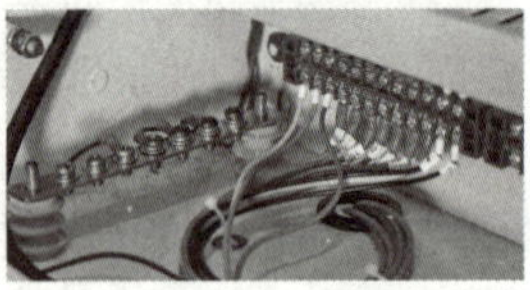	根据电源线的相序依次接入三相交流电	手电钻	1. 电源线根据电源相序按规范安装 2. 电源之间不短路

D1－1：能规范完成电动葫芦控制线路的安装

拓展提升——热继电器动作电流整定

热继电器（见图 D1－1－10）的工作原理是流入发热元件的电流产生热量，使有不同膨胀系数的双金属片发生形变，当形变达到一定距离时，就推动连杆动作，使控制电路断开，从而使接触器失电，主电路断开，实现电动机的过载保护。

热继电器的主要技术数据是整定电流。整定电流是指长期通过发热元件而不致使热继电器动作的最大电流。热继电器的整定电流大小可通过整定电流旋钮来改变，通常将整定电流值调节到电动机额定电流的 0.95～1.15 倍。

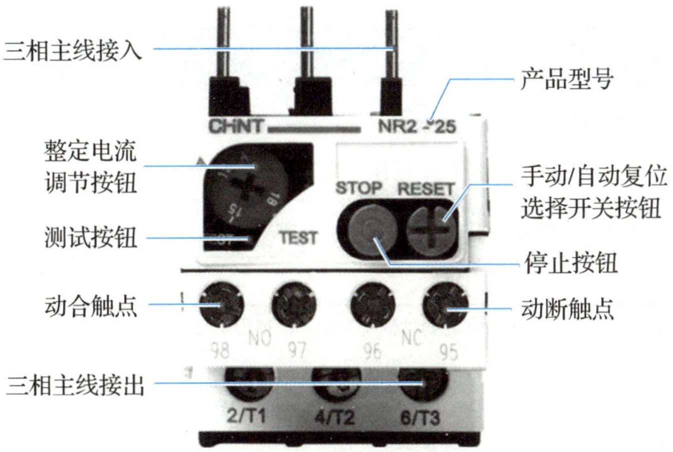

图 D1-1-10　热继电器

由于热继电器是受热而动作的，热惯性较大，因而即使通过发热元件的电流短时间内超过整定电流几倍，热继电器也不会立即动作。只有这样，在电动机起动时热继电器才不会因起动电流大而动作，否则电动机将无法起动。

学习结果评价

“电动葫芦电气控制线路安装”学习结果评价见表 D1-1-3。

表 D1-1-3　“电动葫芦电气控制线路安装”学习结果评价

序号	评价内容	分值	得分
1	电气控制箱安装位置是否正确	4	
2	电机组支架安装位置是否正确	4	
3	电机组支架与行线槽之间的距离是否正确	2	
4	传感器模块安装位置是否正确	2	
5	传感器模块与行线槽之间的距离是否正确	2	
6	线管鸭脖弯是否符合要求	10	
7	导线是否使用合适的 U 形冷压端子或插针，且无遗漏	10	
8	电动机是否做接地保护	10	
9	行线槽有无歪斜或松动	10	
10	控制线路板上的连接导线是否均入线槽走线	6	
11	接线有无外露铜丝或接线端露铜过长的现象	10	

续表

序号	评价内容	分值	得分
12	同一接线端有无超过两根导线的现象	10	
13	接线端号码管标号是否字迹清晰，且标号朝外	10	
14	电气柜门上导线是否使用绑扎带绑扎或缠绕管缠绕	10	
总　计		100	

注：各项在设备断电情况下进行，若所列元器件没有安装，则视为不符合要求。

课后作业

1. 一个电气元件接线端子上的连接导线不得多于（　　），每节接线端子板上的连接导线只允许连接（　　）。

A. 一根　　B. 二根　　C. 三根　　D. 四根

2. 除（　　）和（　　）外，其他连接线都通过接线端子排引入或引出。

A. 火线　　B. 地线　　C. 中性线

3. 假定电动机的额定功率为5.5kW，整定热继电器的动作电流为多少？

职业能力 D1-2　能规范完成电动葫芦控制线路的调试和检修

核心概念

电阻法：被测期间在不加电的情况下，用万用表的电阻挡测量电路中的可疑点或可疑元件，将测到的数据与正常数据相比较，以此判断故障的具体位置和损坏的元件。

电压法：通过检测电路中某些测量点工作电压有还是没有、偏大还是偏小，判断产生电压变化的原因，从而确定故障的原因。

学习目标

1. 能够规范调试电动葫芦控制线路。
2. 能使用电阻法检修电动葫芦控制线路。

基本知识

一、电动葫芦控制线路的调试

电动葫芦控制线路在安装完后，必须按要求进行检查。用万用表分别检查主电路和辅助电路，待控制线路检查正常后，才可以通电调试。

1. 主电路的检查

（1）合上 QS 断路器，用万用表蜂鸣挡测量主电源 U、V、W 每相之间、每相对地、每相对零的阻值，阻值无穷大则正常。

（2）根据电路图，观察 KM1、KM2、KM3 和 KM4 主触点动作与不动作时（手动按下接触主触点），从电源输入端 U11、V11、W11 处开始到 M1、M2 电机电源输入端是否导通。如图 D1-2-1 所示，检查 M1 电机正转 U 相回路是否正常，KM1 主触点不动作时，电阻无穷大正常；KM1 主触点动作时，蜂鸣器鸣叫，回路导通正常。

2. 辅助电路的检查

（1）提升回路检查。

根据提升回路，观察 SB1、SB2 动作和不动作时，1-0 之间的阻值是否正常。如图 D1-2-2 所示，用万用表的 2kΩ 电阻挡检查提升回路的 KM1 线圈部分，SB1 不动作时，电阻无穷大正常；SB1 动作时能测量 KM1 线圈电阻为正常。

（2）行车回路检查。

根据提升回路，观察 SB3、SB4 动作和不动作时，1-16 之间的阻值是否正常。如图 D1-2-3 所示，检查行车回路的 KM3 线圈部分，SB3 不动作时，电阻无穷大正常；SB3 动作时，能测量 KM3 线圈电阻为正常。

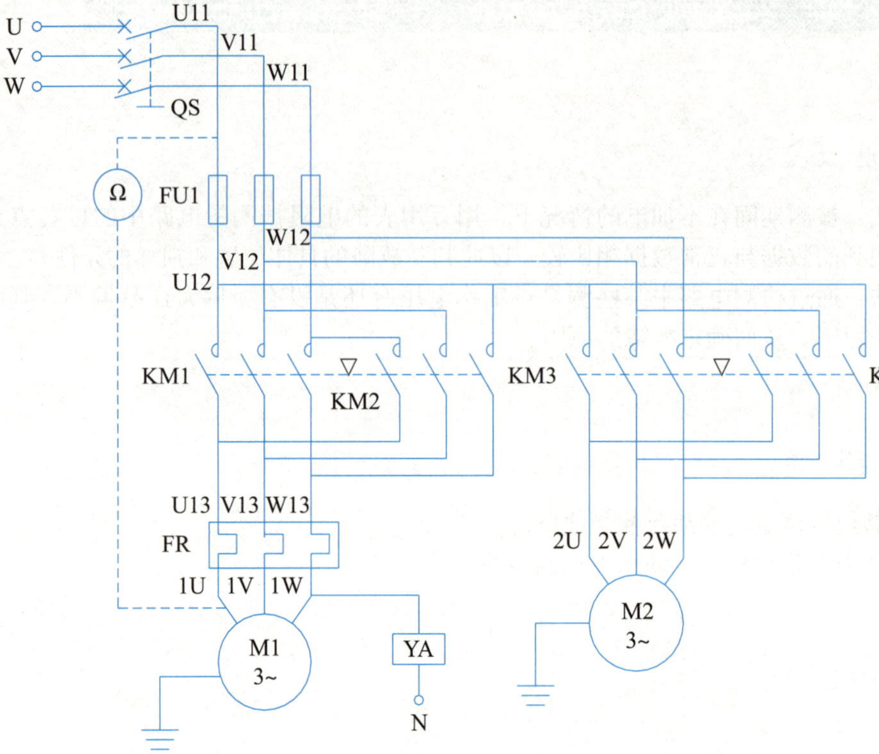

图 D1－2－1　M1 电机 U 相回路检查

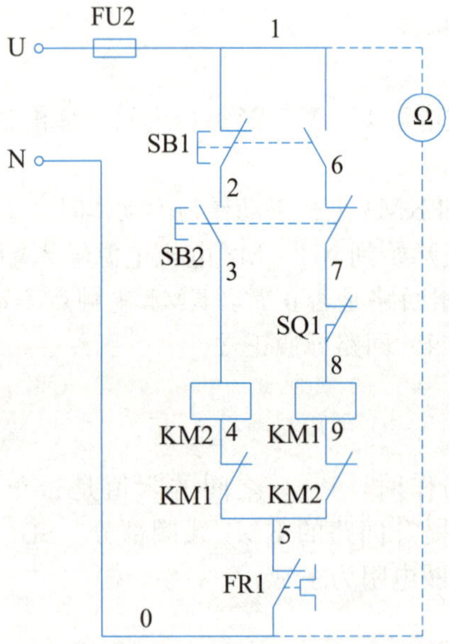

图 D1－2－2　提升回路检查

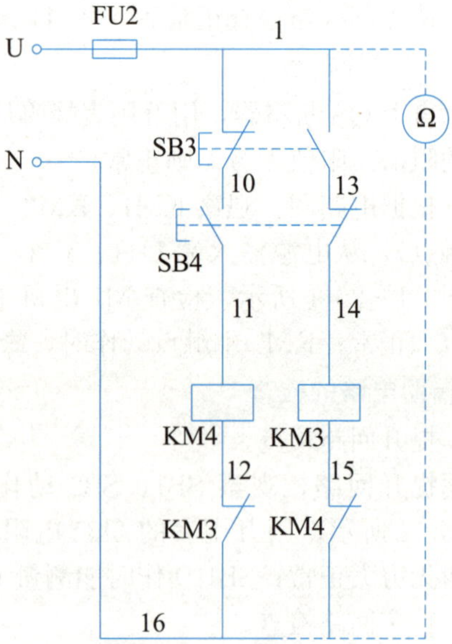

图 D1－2－3　行车回路检查

3. 通电调试

电动葫芦通电调试前，应确保控制线路正确、可靠，同时清理工作台，穿好绝缘鞋，戴好绝缘手套。上电要遵循规范上电流程，由一人监护、一人操作。通电调试（见表 D1-2-1）内容根据工作原理，依次规范地完成。

表 D1-2-1 电动葫芦通电调试

动作序号	动作内容	动作效果
1	按下 SB1	KM1 线圈得电动作，M1 电机正转
2	按下 SB2	KM2 线圈得电动作，M1 电机反转
3	按下 SB3	KM3 线圈得电动作，M2 电机正转
4	按下 SB4	KM4 线圈得电动作，M2 电机反转
5	按下 SB1 后再按下 SQ1	M1 电机正转后马上停止

二、线路故障诊断分析方法

1. 用实验法观察故障现象，初步判定故障范围

在不扩大故障范围、不损坏电气设备和机械设备的前提下，对线路进行通电试验，通过观察电气设备和元器件的动作是否正常、各控制环节的动作程序使否符合要求，初步确定故障发生的大概部位或回路。

2. 用逻辑分析法缩小故障范围

根据电气控制线路的工作原理、控制环节的动作程序以及它们之间的联系，结合故障现象进行具体的分析，缩小故障范围。此方法特别适用于对复杂线路的故障检查。

3. 用测量法确定故障点

利用电工工具和仪表对电路进行带电或断电测量，常用的方法有电压测量法、电阻测量法等。

（1）电压测量法。

测量检查时，首先把万用表的转换开关置于交流电压 500V 的挡位上，然后按如图 D1-2-4 的方法进行测量。

接通电源，若按下按钮 SB1 时，接触器 KM1 不吸合，则说明控制电路有故障。

检测时，在松开按钮 SB1 的条件下，先用万用表检测 0 和 1 两点之间的电压，若电压为 220V，则说明控制线路的电源电压正常。然后把黑表笔接到 0 点上，红表笔依次接到 6、7、8 各点上，分别测量 0-6、0-7、0-8 两点之间的电压，若电压 0-7 的电压为 220V，但 0-8 的电压为 0V，则 7-8 两点之间有故障，可能是 SQ1 接触不良或者 SQ1 断开。

（2）电阻测量法。

测量检查时，首先把万用表的转换开关置于倍率适当的电阻挡位上（一般选 R*100 以上的挡位），然后按如图 D1-2-5 所示的方法进行测量。

接通电源，若按下按钮 SB1 时，接触器 KM1 不吸合，则说明控制电路有故障。

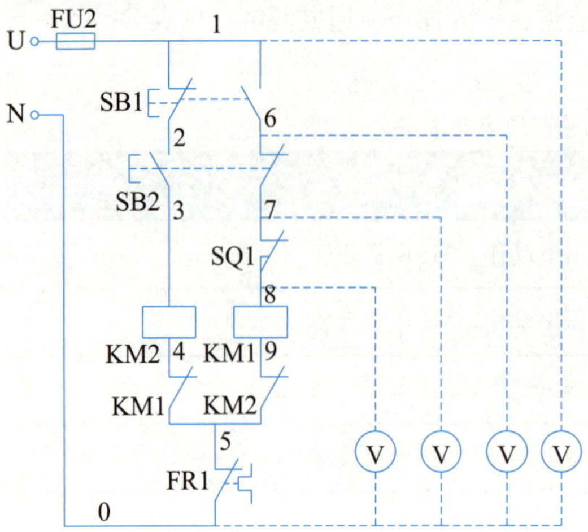

图 D1-2-4　电压测量法

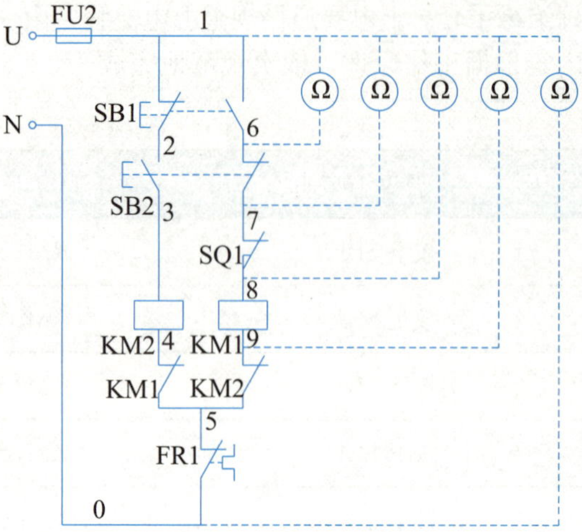

图 D1-2-5　电阻测量法

检测时，首先切断电路的电源（这点与电压测量法不同），用万用表测量 0 和 1 之间的电阻，若按下 SB1 电阻为∞，则说明 KM1 线圈那条支路有故障。然后把黑表笔接到 0 点上，红表笔接 6 点，不按下 SB1 电阻为∞，按下 SB1 电阻为 0，则 0-6 段没故障，依次类推分别测量 0-7、0-8、0-9，哪一段测量结果与实际有误，则判断相邻两端有故障。例如 0-7 测量无误，0-8 测量有误，则 7-8 段有故障。然后再具体分析故障原因，可能 SQ1 接触不良或 SQ1 断开。

能力训练

一、任务描述

车间有一台新安装的电动葫芦设备，如图 D1-2-6 所示，请你规范完成该设备的通电调试。同时车间有一台旧的电动葫芦设备，在运行过程中，突然出现故障，不能正常工作，请你检修设备并排除故障。

图 D1-2-6　电动葫芦设备

二、操作过程

1. 准备

工具：万用表、螺丝刀。

2. 电动葫芦控制线路的调试

电动葫芦控制线路的调试步骤，见表 D1－2－2。

表 D1－2－2　电动葫芦控制线路的调试

序号	安装步骤	图示	操作方法说明	材料工具	结果判断
1	主电路检查	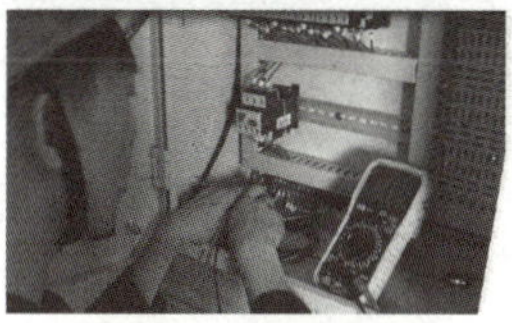	1. 确保断开设备总电源 2. 打开电源配电箱的空气开关和电气控制箱的断路器 3. 用万用表分别检测电气控制箱电源每相之间、每相对地、每相对零	万用表	万用表检查电气控制箱电源，每相之间不导通，每相地不导通，每相对零不导通
		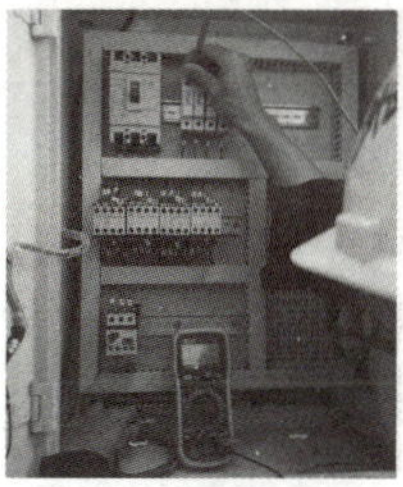	根据主电路，分别测量 KM1、KM2、KM3、KM4 动作和不动作时，电源输入端到电机电源输入端是否导通	万用表	1. KM 不动作时，万用表显示“1”，表示不导通，回路正常 2. KM 动作时，万用表鸣叫，表示导通，回路正常
2	辅助电路检查	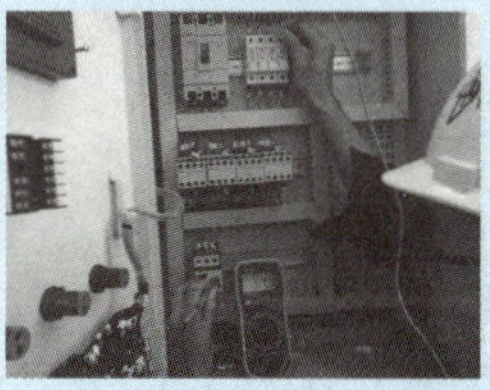	提升电机回路检查： 1. 用万用表 2kΩ 电阻挡测量 1－0 之间的阻值 2. 分别按下 SB1 和 SB2 后，用万用表 2kΩ 电阻挡测量 1－0 之间的阻值	万用表	1. SB1 和 SB2 不动作时，1－0 之间的阻值无穷大，回路正常 2. SB1 和 SB2 动作时，1－0 之间的阻值分别为 KM1 线圈阻值和 KM2 线圈阻值，回路正常
		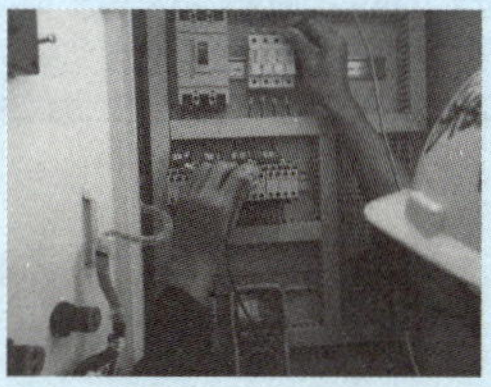	行车电机回路检查： 1. 用万用表 2kΩ 电阻挡测量 1－0 之间的阻值 2. 分别按下 SB1 和 SB2 后，用万用表 2kΩ 电阻挡测量 1－0 之间的阻值	万用表	1. SB3 和 SB4 不动作时，1－0 之间的阻值无穷大为正常 2. SB3 和 SB4 动作时，1－0 之间的阻值分别为 KM3 线圈阻值和 KM4 线圈阻值为正常

续表

序号	安装步骤	图示	操作方法说明	材料工具	结果判断
3	接通电源		1. 做好自身的安全保护，穿戴绝缘手套、安全帽和设专人看护 2. 打开设备总电源→打开电源配电箱空气开关→打开电气控制箱断路器		电源正常
4	起升电机M1控制		1. 点动按下 SB1，电机 M1 正转（提升），松掉 SB1，电机 M1 停止 2. 点动按下 SB2，电机 M1 反转（下降），松掉 SB2，电机 M1 停止		起升电机正常动作，无短路，无发热噪音
5	行车前后电机M2控制		1. 点动按下 SB3，电机 M2 正转（向前），松掉 SB3，电机 M2 停止 2. 按下 SB4，电机 M2 反转（向后），松掉 SB4，电机 M2 停止		行车电机正常动作，无短路，无发热噪音
6	限位保护		按下 SB1，电机 M1 正转（提升），手动压下 SQ1，电机 M1 停止		SQ1 行程开关正常保护断开，提升电机正常停止

问题情境一：电动葫芦的控制回路电压是多少？

问题情境二：电动葫芦控制电路中的接触器线圈电阻是多少？

问题情境三：在使用电阻法检测时，是否要断开电源？

3. 电动葫芦不提升（SQ1 触点接错）的故障检修和排除

电动葫芦不提升（SQ1 触点接错）的故障检修和排除步骤，见表 D1-2-3。

表D1-2-3　电动葫芦不提升（SQ1 触点接错）的故障检测和排故步骤

序号	安装步骤	图示	操作方法说明	材料工具	结果判断
1	接通电源		1. 穿戴相应的绝缘护具，按顺序接通电源 2. 按下 SB1，观察 KM1 线圈情况 3. 按下 SB2，观察 KM2 线圈情况	绝缘护具	KM1 线圈不动作，KM2 线圈动作，排除电源和 FU2 的故障

续表

序号	安装步骤	图示	操作方法说明	材料工具	结果判断
2	采用电阻法检测KM1控制回路		1. 按顺序断开电源 2. 松开 SB1，用万用表测量1－0间电阻 3. 按下 SB1，用万用表测量1－0间电阻	万用表	1. 松开 SB1，1－0间电阻无穷大，万用表显示1 2. 按下 SB1，1－0间电阻还是无穷大，万用表显示1 3. 1－0之间有故障
		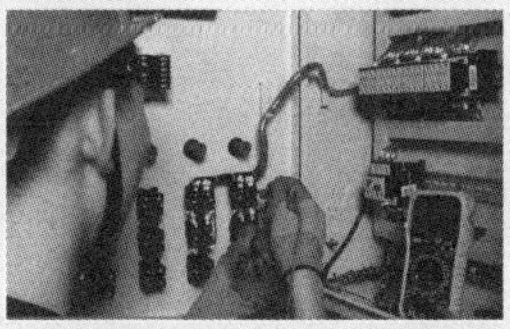	1. 按顺序断开电源 2. 松开 SB1，用万用表测量1－6间电阻 3. 按下 SB1，用万用表测量1－6间电阻		1. 松开 SB1，1－6间电阻无穷大，万用表显示1 2. 按下 SB1，1－6间电阻为0
		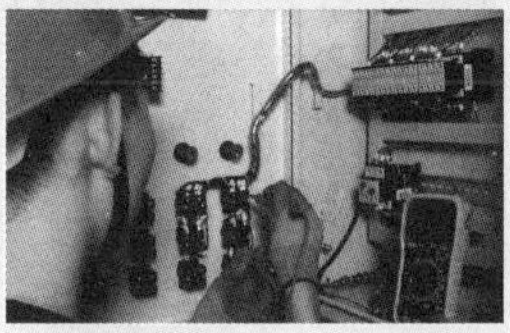	1. 松开 SB1，用万用表测量1－7之间电阻 2. 按下 SB1，用万用表测量1－7之间电阻		1. 松开 SB1，1－7间电阻无穷大 2. 按下 SB1，1－7间电阻为0
			1. 松开 SB1，用万用表的电阻挡测量1－8之间电阻 2. 按下 SB1，用万用表的电阻挡测量1－8之间电阻		1. 松开 SB1，1－8间电阻无穷大 2. 按下 SB1，1－8间电阻无穷大 3. 7－8之间回路有故障
3	检修7－8间回路		用万用表的电阻挡测量行程开关7－8两端	万用表	检查 SQ1 发现动断触点接错
4	排除故障恢复通电		1. 重新用手电钻接好 SQ1 的动断触点 2. 打开电源，重新按下 SB1，观察 KM1 线圈是否正常	手电钻	故障排除，KM1 正常动作，提升电机正转上升

问题情境四：如果故障点是 KM1 线圈损坏，应如何检修？

D1－2：能规范完成电动葫芦控制线路的调试和检修

拓展提升——电动葫芦的常见故障处理

一、起动后，电机不转，不能提起重物

（1）过度超载。处理：不允许超载使用。
（2）电压比额定电压低 10%以上。处理：等电压恢复正常。
（3）电器有故障，导线断开或接触不良。处理：检修电器与线路。
（4）制动轮与后端盖锈蚀咬死，制动轮脱不开。处理：卸下制动轮，清洗锈蚀表面。
（5）电机扫膛。处理：按故障序号 9 处理。
（6）导线过细。处理：更换导线。

二、制动不可靠，下滑距离超过规定要求

（1）因制动环磨损大或其他原因，使弹簧压力减少。处理：弹簧压力调整。
（2）制动环与后端盖锥面接触不良。处理：拆下修磨。
（3）制动面有油污。处理：拆下清洗。
（4）制动环松动。处理：更换制动环。
（5）压力弹簧疲劳。处理：更换弹簧。
（6）联轴器窜动不灵或卡死。处理：检查其连接部分。
（7）锥形转子窜动量过大。处理：按规定调整。

三、电动机升温过高

（1）超载使用。处理：减载使用。
（2）作业过于频繁。处理：减少作业次数。
（3）制动器间隙太小，运转时制动环未完全脱开，相当于附加载荷。处理：重新调整。

四、减速器响声过大

润滑不良。处理：拆卸检修。

五、起动时电机发出嗡嗡声

电源及电机少相。处理：检修或更换接触器。

六、重物升至半空中，停车后不能再起动

（1）电压过低波动大。处理：等电压恢复后再起动。
（2）超载起吊。处理：减载使用。

七、起动后不能停车，或者到极限位置时，仍不停车

（1）交流接触器触点熔焊。处理：迅速切断总电源拆卸检修或更换。
（2）限位器失灵。处理：换交流接触器。
（3）限位器内线头接错。处理：检修限位器线路。

八、减速器漏油

(1) 箱体与箱盖之间，密封圈装配不良或失效损坏。处理：拆下检修或更换密封圈。
(2) 连接螺钉未拧紧。处理：拧紧螺钉。
(3) 加油超量。处理：按规定加油。

学习结果评价

“电动葫芦控制线路调试与检修”学习结果评价见表 D1 - 2 - 4。

表 D1 - 2 - 4 “电动葫芦控制线路调试与检修”学习结果评价

序号	评价内容	分值	得分
1	是否正确穿戴绝缘护具	10	
2	是否正确操作万用表对线路进行通电前测试	20	
3	能否正确规范操作电动葫芦动作	30	
4	能否正确使用电阻法检查故障	20	
5	能否排除故障并通电运行成功	20	

注：各项在设备断电情况下进行，若所列元器件没有安装，则视为不符合要求。

课后作业

1. 采用电阻法检查线路故障，应将万用表调到________。
A. 电流挡　　B. 电压挡　　C. 电阻挡
2. 电动葫芦控制线路 FR 热继电器在主电路中，起到________作用。
A. 过载保护　　B. 短路保护　　C. 欠压保护
3. 在电动葫芦控制线路中，如果 FU1 有一相熔断器熔断，会出现什么故障？

____

4. 在电动葫芦控制线路中，如果接触器 KM1 和 KM2 的动断互锁触点接反，会出现什么故障？

____

工作任务D2

厨房（潮湿）照明系统的安装与调试

安全规范

1. 首先检查电气安装与维修理实一体化实训室的设备是否安全坚固。

2. 实施任务前，学生穿好电工服、绝缘鞋，戴好安全帽，如图 D2 - 1 所示。老师进行安全教育，对实训室进行 6S 管理。

3. 检查三项五线制电源是否处于断开状态，“禁止合闸，有人工作”指示牌是否放置在正确位置，如图 D2 - 2 所示。

图 D2 - 1　安全着装

图 D2 - 2　指示牌放置位置

4. PLC、触摸屏软件提前安装并调试正常，定期检查计算机是否携带病毒。

5. 亚龙 YL - 156A 型电气安装与维修实训考核装置安装底架做好安全接地设施，如图 D2 - 3 所示，一旦发生短路，漏电开关可跳闸保护。

6. 操作完成离开实训室之前确保已关闭设备及电源，操作台摆放整齐，室内清洁干净，如图 D2 - 4 所示。

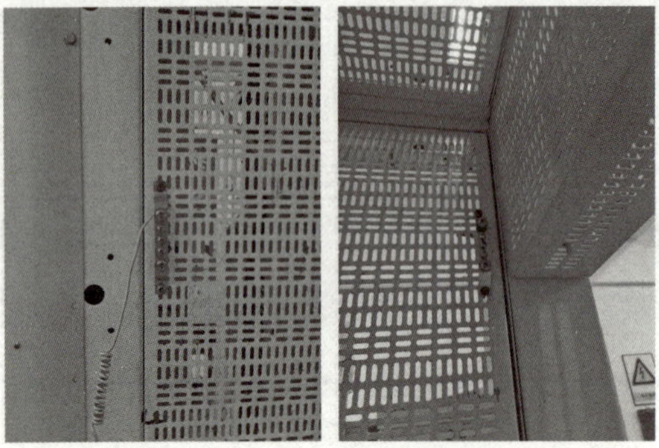

图 D2-3　安全接地设施

图 D2-4　整理实训台

教学条件及组织

教学条件：电气安装与维修理实一体化实训室、16 台 YL-156A 教学设备、计算机、32 套工具。

1. 异质分组。根据实际情况进行异质分组，每组两人，一名安装员，一名质量检测人员。

2. 协作分工。安装员是组长，负责组织、协调、分配任务，各个角色要轮换。

3. 质量检测。质量检测人员检测电箱、灯具、插座定位情况，包括安装位置、灯具、插座规格，定位并做好记录。

4. 任务小结。各成员总结厨房照明系统安装、调试与检修事项，说出灯具、插座的选择方法，强调安全生产、精益求精的职业素养。

职业能力 D2－1　能规范完成厨房照明系统的安装

核心概念

照明系统：指以提供照明为基础的系统，包括自然光照明系统、人工照明系统及二者结合构成的系统，是利用计算机、无线通信数据传输、计算机智能化信息处理、扩频电力载波通信技术及节能型电气控制等技术组成的分布式无线遥测、遥控、遥讯控制系统，实现照明应用的安全性、节能性、便利性、舒适性、艺术性。

学习目标

1. 能正确选择厨房照明系统的元器件。
2. 能规范定位安装元器件。

基本知识

一、照明方式

照明装置按照其分布特点分为以下三种照明方式。

1. 一般照明

一般照明指在整个房间内普遍产生规定的视觉条件的一种照明方式。其中，在整个房间的被照面上产生同样照度的称为均匀一般照明；在房间的不同被照面上产生不同照度的，称为分区一般照明。一般照明的照明器在被照面空间均匀布置，适用于对光照方向无特殊要求的场所。

2. 局部照明

局部照明是局限于工作部位的固定的或移动的照明，是为了提高房间内某一工作地点的照度而装设的照明系统。

3. 混合照明

混合照明是一般照明与局部照明共同组成的照明。对于工作位置需要较高照度并对照射方向有特殊要求的场所，宜采用混合照明。此时，一般照明照度宜按不低于混合照明总照度的 5%～10%选取，且不低于 20lx。

二、照明质量及照度标准

1. 照明质量

（1）照度均匀度指参考平面（工作面）上的最低照度与平均照度之比值，室内一般照明照度均匀度不应小于 0.7。

（2）一般照明在工作面上产生的照度，不宜低于由一般照明和局部照明所产生的总照度的1/5～1/3，且不宜低于50lx。

（3）照明光源的颜色特征与室内表面的配色宜互相协调，以形成相应于房间功能要求的色彩环境。在设计一般照明时，应根据视觉工作环境特点和眩光程度，合理确定对直接眩光限制的质量等级。

2. 照度标准

照度标准是关于照明数量和质量的规定。最基本的是照明数量，即工作面上的亮度或照度。因此在照度标准中主要是规定工作面的照度。

（1）在选择照度时，应符合下列分级0.1、0.2、0.5、1、2、3、5、10、15、20、30、50、75、100、150、200、300、500、750、1 000、1 500、200（单位：lx）。

（2）民用建筑照度标准所规定的照度，指工作面上的平均维护照度。若设计未加指明时，以距地0.75m的参考水平面作为工作面。

（3）用于备用照明，其工作面上的照度不应低于一般照明照度的10%，当仅作为事故情况下短时使用时可为5%。用于疏散照明，其照度不应低于0.5lx，工作场所内安全照明的照度不宜低于该场所一般照明照度的5%。

（4）视觉工作对应的照度分级范围，见表D2-1-1。

表D2-1-1　视觉工作对应的照度分级范围

视觉工作	照度分级范围/lx	照明方式	适用场所示例
简单视觉工作的照明	<30	一般照明	普通仓库等
一般视觉工作的照明	50～500	一般照明或分区照明或混合照明	设计室、办公室、教室、报告厅等
特殊视觉工作的照明	750～2 000	一般照明或分区照明或混合照明	大会堂、综合性体育馆、拳击场地等

（5）在民用建筑照明设计中，应根据建筑性质、建筑规模、等级标准、功能要求和使用条件等选用不同的照度。住宅照度标准见表D2-1-2。

表D2-1-2　住宅照度标准

房间或场所		参考平面及其高度	照度标准值/lx	Ra
起居室	一般活动	0.75m水平面	100	80
	书写、阅读		300*	
卧室	一般活动	0.75m水平面	75	80
	床头、阅读		150*	
餐厅		0.75m餐桌面	150	80
厨房	一般活动	0.75m水平面	100	80
	操作台	台面	150*	
卫生间		0.75m水平面	100	80

注：*宜用混合照明。

三、防潮插座

随着现代厨具越来越方便、多样，厨房中对插座的需求也越来越多，以前需要小功率插座比较多，现在大功率插座的需求数量也日益增加。因此，在考虑厨房中的插座时，需要安装一些大功率的插座，以保证厨房用电的多样性。

同时，在比较潮湿、多油烟的厨房环境中安装插座，潮湿的空气会渗入到插座的插孔中，容易引起漏电情况的发生。因此，在安装插座时，还要对插座安装防潮盖。

防潮盖的安装方法如下：

（1）插座与接线盒内的预留导线端子连接完成后，将插座穿入防潮盖中；

（2）盘绕多余的电线；

（3）由于需要对插座及防潮盖同时进行固定，因此，需要选择长度适中的螺钉；

（4）将螺钉放置到插座的固定点，并选择合适的十字螺丝刀拧螺钉，固定插座及防潮盖，完成插座防潮盖的安装。

四、厨房照明系统定位要求

厨房照明系统定位要根据平面示意图确定，具体定位要求，见表 D2-1-3。

表 D2-1-3　定位要求

要求		正确	错误
配电箱及元件安装位置	按图纸要求，配电箱、元件定位、元件安装均符合图纸要求	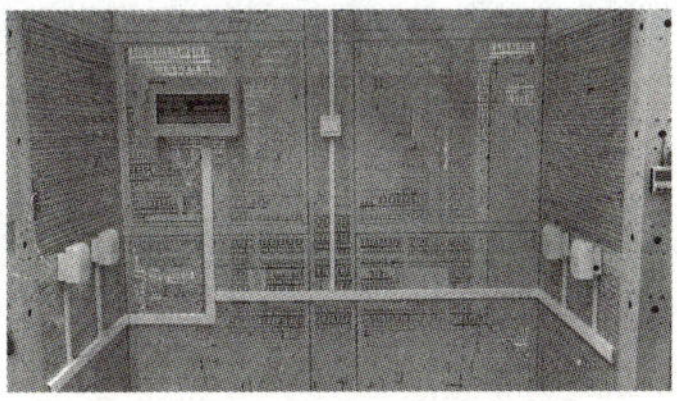	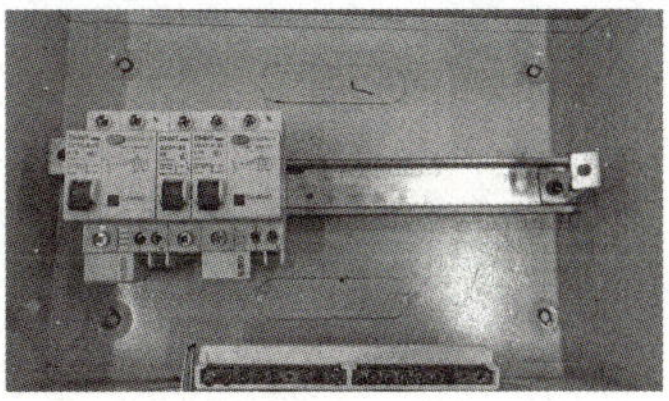
	按图纸要求，照明配电箱定位和方位正确，误差不得大于±5mm	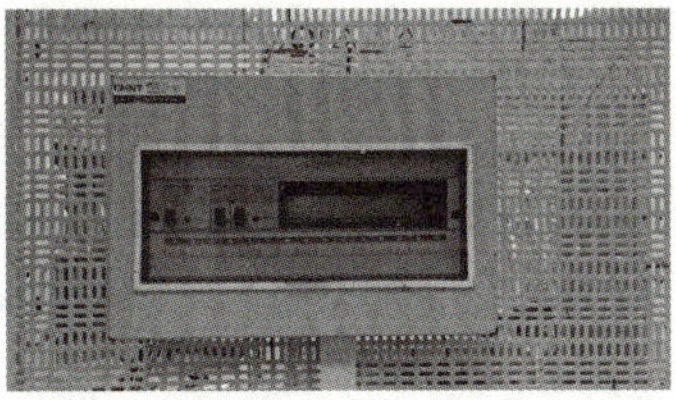	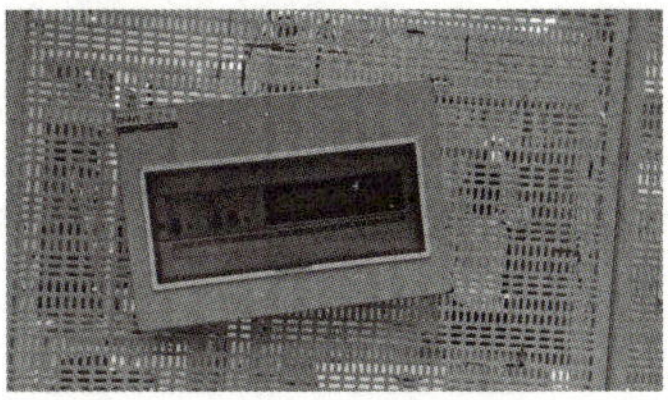
	按图纸要求，同一面墙上插座的水平高度要一致，误差不得大于±1mm	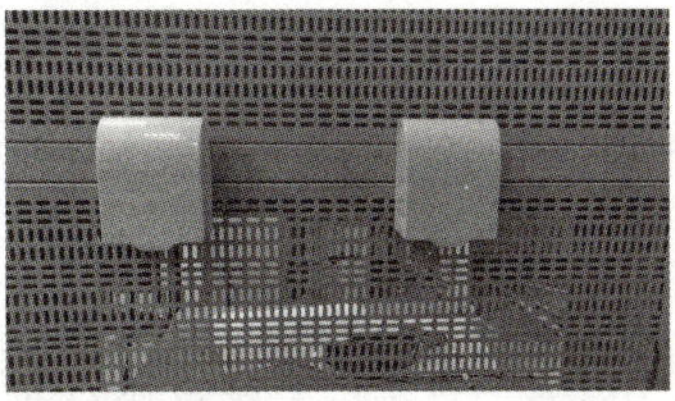	

能力训练

一、任务描述

根据客户需求，某小区单元需要对厨房进行照明系统的安装，要求配套安装相应的照明配电箱、灯具、防潮插座及开关。请你根据厨房照明系统示意图 D2－1－1，正确选择元器件并规范完成厨房照明系统的安装。

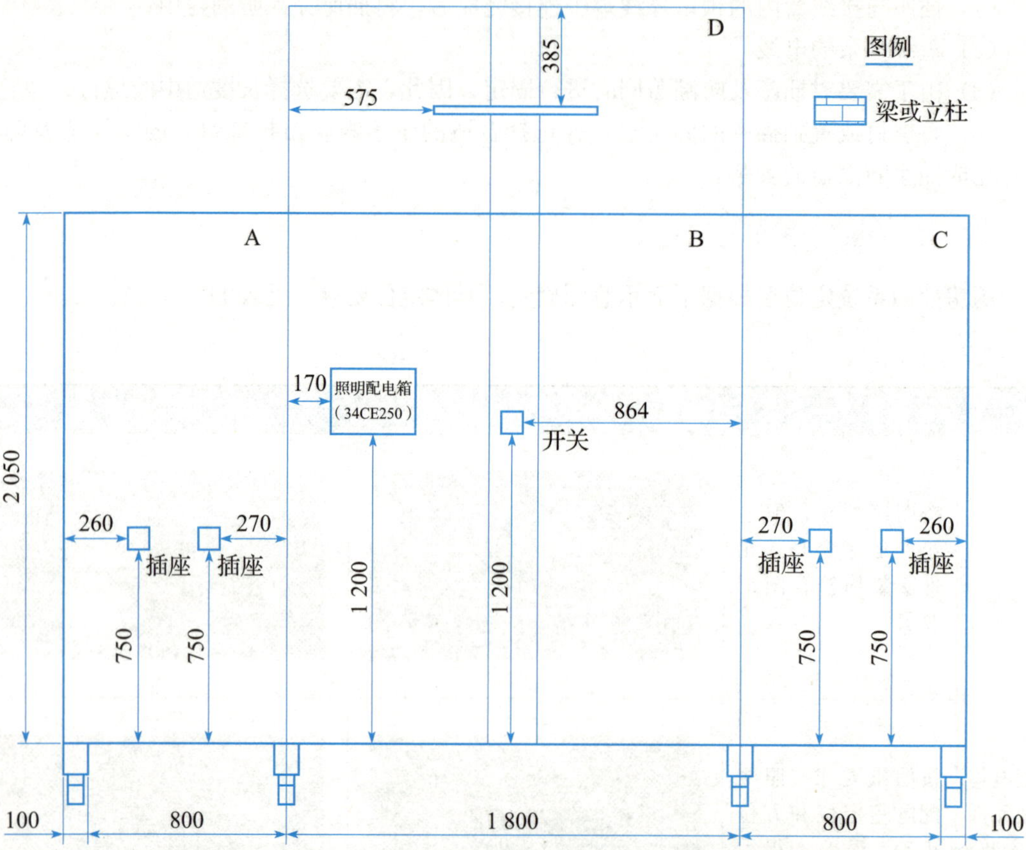

图 D2－1－1　厨房照明系统施工示意图

二、操作过程

1. 准备

（1）需准备的材料：根据厨房照明系统施工示意图选择元器件包括 1 个照明配电箱，4 个漏电开关 DZ 系列，4 个防潮插座，1 个开关，1 盏灯，红、绿、黄、蓝、黄绿双色导线若干，安装螺丝若干。

（2）需准备的工具：卷尺、手电钻、锉刀、手锯、水性笔、开孔器。

（3）领取设备和耗材并填写表 D2－1－4。

表 D2－1－4　设备和耗材申请表

申请人：________　　　　　　　　　　　　　　领取时间：_____年_____月_____日

设备/耗材	规格/型号	数量	归还时间	是否完好	备注

2. 元器件的定位安装

元器件的定位安装步骤，见表 D2－1－5。

表 D2－1－5　元器件的定位安装步骤

序号	安装步骤	图示	操作方法说明	材料工具	质量标准
1	根据图纸确定元器件安装尺寸	 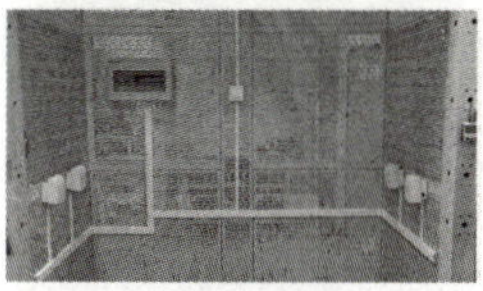	1. 测量 A 墙面的尺寸，插座的位置 2. 测量 B 墙面的尺寸，确定照明配电箱、开关的位置 3. 测量 C 墙面的尺寸，确定插座的位置 4. 测量 D 墙面的尺寸，确定灯具的位置 5. 用水性笔标识	卷尺、水性笔	1. 按照图纸要求，开关、插座、接线盒、配电箱的箱体在建筑物上，定位和方位正确，误差不大于±5mm 2. 固定螺丝不少于 3 颗，且固定牢固，无倾斜或松动现象
2	固定照明配电箱	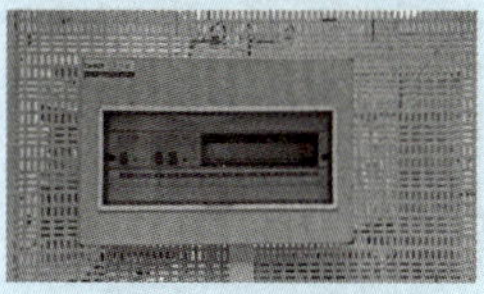	1. 测量尺寸 2. 安装电源配电箱 3. 根据布线要求，连接火线、零线和地线	手电钻 卷尺 水性笔	配电箱在图纸 B 面，距网孔板左边 170mm，距网孔板底 1 200mm，尺寸误差不大于±5mm
3	定位安装灯具	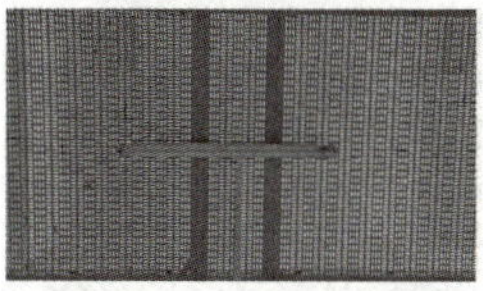	1. 测量尺寸 2. 安装灯具底座 3. 连接火线、零线 4. 安装灯具	手电钻 卷尺 水性笔	灯具距网孔板左边 575mm，距网孔板顶 385mm，尺寸误差不大于±5mm
4	定位安装开关		1. 测量尺寸 2. 安装开关底座 3. 连接火线端子 4. 安装开关面板	手电钻 卷尺 水性笔	开关距网孔板右边 864mm，距网孔板底 1 200mm，尺寸误差不大于±5mm

续表

序号	安装步骤	图示	操作方法说明	材料工具	质量标准
5	定位安装插座	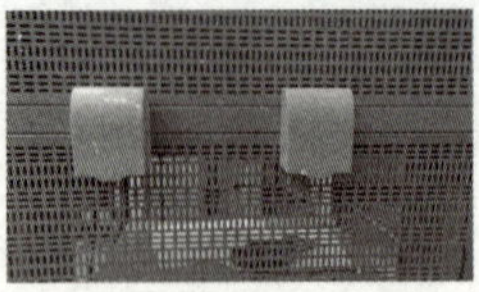	1. 测量尺寸 2. 安装插座底座 3. 二孔插座：左零、右火，三孔插座：上地、左零、右火，连接导线 4. 安装插座面板，盖上防潮盖子	手电钻 卷尺 水性笔	插座距网孔板左边270mm，距网孔板底750mm，尺寸误差不大于±5mm
6	根据从上到下从左到右的原则布好线	 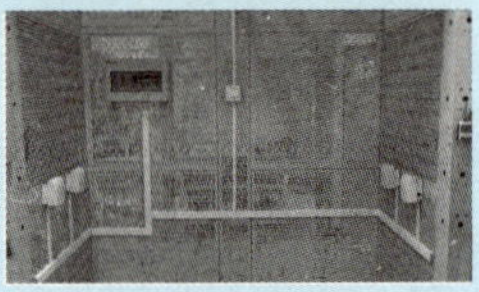	1. 安装线槽 2. 布线 3. 接零排、地排	手电钻 卷尺 水性笔	三相用红、绿、黄色导线；零线用蓝色导线；地线用黄、绿双色导线；导线要横平竖直

问题情境：如何能精准给元器件定位安装？

D2－1：厨房照明系统的安装

拓展提升——灯具的分类

按灯具结构可分为以下几类：

（1）开启型，光源裸露在外，灯具是敞口的或无灯罩的。

（2）闭合型，透光罩将光源包围起来，但透光罩内外空气能自由流通，尘埃易进入罩内。光照的效率主要取决于透光罩的透射比。

（3）封闭型，灯具透光罩固定处加以封闭，使尘埃不易进入罩内，但当内外气压不同时空气仍能流通。

（4）密闭型，灯具透光罩固定处加以密封，与外界可靠隔离，内外空气不能流通。这种灯具根据用途又分为防水防潮型和防水防尘型，适用于浴室、厨房、潮湿或有水蒸气的车间、仓库及隧道、露天堆场等场所。

（5）防爆安全型，这种灯具适用于在不正常情况下可能发生爆炸危险的场所。其功能主要使周围环境中的爆炸性气体进不了灯具内，可避免灯具正常工作中产生火花而引起爆炸。

（6）隔爆型，这种灯具适用于在正常情况下可能发生爆炸的场所。其结构特别坚实，即使发生爆炸，也不易破裂。

（7）防腐型，这种灯具适用于含有腐蚀性气体的场所。灯具外壳用耐腐蚀材料制成，且密封性好，腐蚀性气体不能进入灯具内部。

学习结果评价

“元器件的定位安装”学习结果评价见表 D2－1－6。

表 D2－1－6 “元器件的定位安装”学习结果评价

序号	评价内容	分值	得分
1	照明配电箱位置是否正确	10	
2	节能灯中心位置是否正确	10	
3	防潮插座盒位置是否正确	10	
4	开关位置是否正确	10	
5	照明配电箱固定螺丝是否不少于 3 颗，且固定牢固、无倾斜或松动现象	20	
6	开关、插座面板安装有无倾斜、倒装、松动现象	20	
7	网孔板是否干净，且无施工遗留痕迹	20	
总　计		100	

注：各项在设备断电情况下进行，若所列元器件没有安装，则视为不符合要求。

课后作业

1. 厨房家用电器额定电流为________A 左右，由于有大功率电器，一般应选用截面积为________ mm^2 或________ mm^2 的导线，甚至截面积为________ mm^2 的导线，以保证厨房支路的正常工作。

2. 当灯具距地面高度小于 2.4m 时，应使用额定电压为________V 及以下的照明灯具，或采取保护措施。

3. 暗装插座按插座孔数分为单相两孔插座、________插座、三相四孔插座和________插座。

4. 在连接插座时，同一环境下所安装的插座高度应________，高度差不可大于 5mm，而且并列安装的相同型号的插座高度差不应大于________mm。

职业能力 D2－2　能规范完成厨房照明系统的调试与检修

核心概念

电气调试：指电气设备的调整和试验，是工厂、企业建设中设备安装工作完毕后，投入生产运行前的一道工序。为了使设备能够安全、合理、正常地运行，避免发生意外事故造成经济损失、人员伤亡，必须进行调试工作。

学习目标

1. 能说出厨房照明系统安装的验收标准。
2. 能完成厨房照明系统的调试与检修。

基本知识

一、照明配电箱调试

照明配电箱是在低压供电系统末端负责完成电能控制、保护、转换和分配的设备，主要由电线、元器件（包括隔离开关、断路器等）及箱体等组成。

1. 调试内容

（1）线路绝缘电阻的测量。

（2）试动作。

2. 配电箱绝缘电阻的测试

（1）配电箱的电阻测试仅对进、出线测试，而对箱内的线路不做测试。

（2）测试电箱的进线电阻：测试前要断开上级配电箱的出线开关或断开线路，使用500V 摇表，确保进线电缆绝缘电阻不小于 1MΩ。

（3）测试电箱的出线电阻：测试前要断开下级开关或断开线路，使用 500V 摇表，确保出线电缆绝缘电阻不小于 1MΩ。

3. 相位的核对

相位的测试需使用相序表。先检查电缆接线颜色是否统一；送电后，再用相序表测试进线端的相位，若发现不正确，立即调整；出线端的相位亦按照以上方法进行并做相应调整。

4. 漏电断路器的测试

漏电保护采用单相对地短路进行测试，线路前安装 10A 熔断器，测试次数不小于 2 次，并且动作要全部正确。除上述测试外，还应对漏电断路器的动作电流及动作时间进行测试。

配电箱的断路器还需按设计图纸上标明的整定值进行模拟试验。

二、灯位及插座的检查

（1）使用临时用电，分别检查各灯回路，确定回路符合设计。

（2）测量回路电流，确定回路电流负荷符合设计。

（3）使用临时用电，分别检查各插座回路，确定回路符合设计。

（4）使用测试插座，检查每个插座是否存在断路、缺相、零相错位、对地短路等不正常情况，确保接地良好。

（5）灯位及插座的相位检查采用对单相供电的方法，检查每个回路是否正确。

三、空气开关跳闸原因分析

原因分析：

（1）该输出线路出现对地故障。

（2）该输出线路出现短路故障。

（3）线路的输出电流长时间超过额定电流。

四、厨房照明系统验收表

验收需要根据厨房照明系统质量验收标准的要求来进行，见表 D2－2－1。

表 D2－2－1　厨房照明系统质量验收标准表

序号	验收项目	质量验收标准	检验情况	处理意见
1	元器件安装	1. 位置正确，部件齐全 2. 插座、开关的盖板紧贴墙面，无缝隙		
2	照明配电箱安装	1. 断路器选择正确 2. 导线线径和颜色选择正确 3. 导线连接规范 4. 套号码管并按要求标号 5. 零线、地线的连接正确		
3	线槽安装	1. 线槽接缝间隙小于等于 0.5mm 2. 异径线槽做三通（T 形）连接（无配件）时，小线槽的底槽应插入大线槽的底槽中，伸入长度为 5～10mm 3. 线槽进盒或灯具底座时，底槽应伸入盒或底座内，长度为 5～15mm 4. 线槽的固定，20－40 单排螺丝固定，60 双排螺丝固定 5. PVC 线槽末端需做封堵 6. 线槽弯角两端均有固定点且对称，固定点与线槽端部边距不少于 20mm		

续表

序号	验收项目	质量验收标准	检验情况	处理意见
4	线管安装	1. 线管固定牢固，且管卡位置符合要求，线管转弯处两端管卡应对称，管卡对转弯点距离应小于 50mm 2. 硬质线管入箱需做鸭脖弯，使管垂直入箱，鸭脖弯进盒（箱）的线管进盒（箱）前要有管卡固定，管卡固定孔与盒（箱）边距离为 180～300mm，线管的弯曲半径应为线管外径的 4～5 倍 3. 线管与槽、盒、箱连接时需用连接件固定 4. 线管直线两端、转弯处两端、入盒（箱、槽）前端需要装管卡固定		
5	导线连接	1. 导线线径和颜色选择正确 2. 导线连接规范 3. 导线余量适当		
6	接地与接零	器具的接地（接零）保护措施符合施工规范要求		
7	试运行情况	1. 开关灵活，回路正确，无发热 2. 灯具发光、发热情况正常，无闪烁，无异声		
8	职业与安全意识	1. 正确和安全使用电工工具 2. 作业完成后现场干净整洁，无浪费材料		

验收结果及意见：

签　　字	施工组别：		验收人员：		年　月　日

能力训练

一、任务描述

根据客户需求，某小区单元已完成厨房照明系统的安装，现要求对厨房照明系统进行调试与检修，请根据厨房照明系统示意图 D2-2-1，正确完成调试与检修工作。

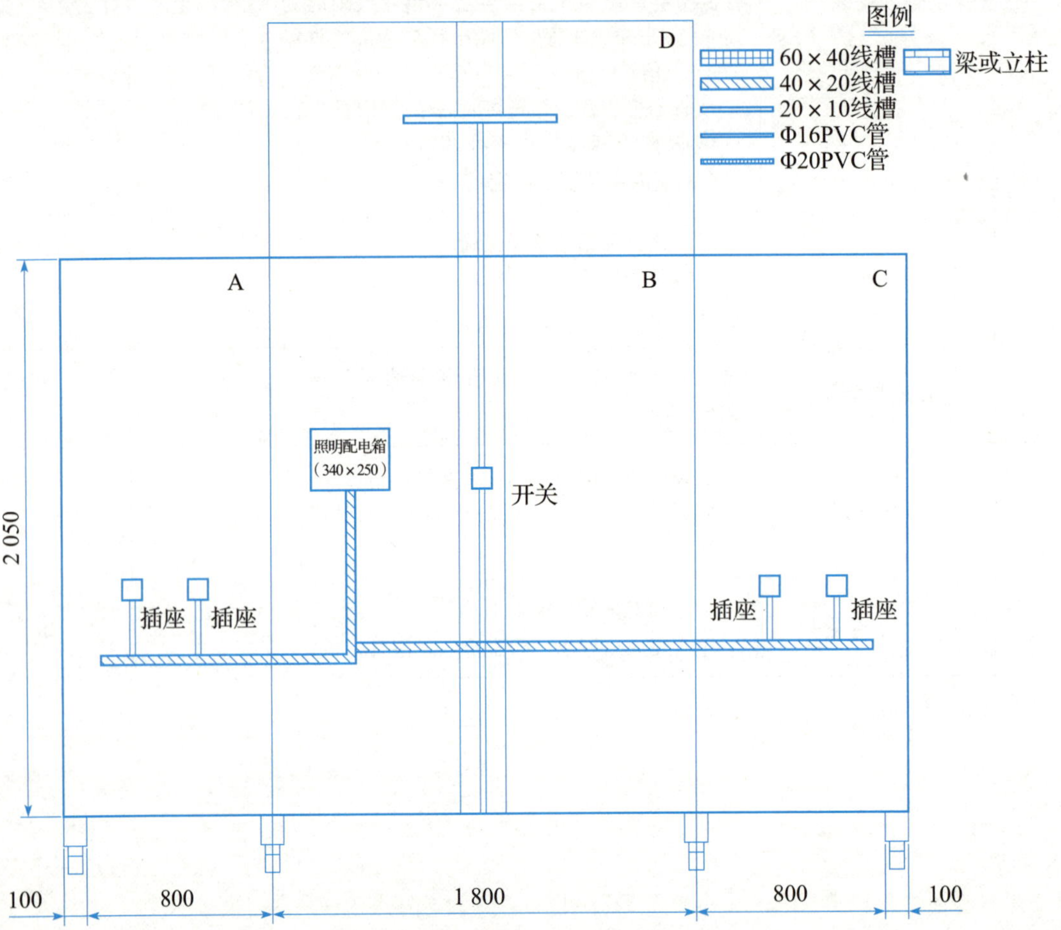

图 D2-2-1　厨房照明系统平面示意图

二、操作过程

1. 准备

(1) 需准备的工具：根据厨房照明系统平面示意图选择检测工具，包括笔、卷尺、万用表、电源极性检测器。

(2) 领取设备和耗材并填写表 D2-2-2。

表 D2－2－2　设备和耗材申请表

申请人：________　　　　　　　　　　领取时间：______年______月______日

设备/耗材	规格/型号	数量	归还时间	是否完好	备注

2. 照明系统的调试与检修

照明系统的调试与检修步骤，见表 D2－2－3。

表 D2－2－3　照明系统的调试与检修步骤

序号	调试检修步骤	图示	操作方法说明	材料工具	质量标准
1	根据图纸检查元件安装是否齐全	 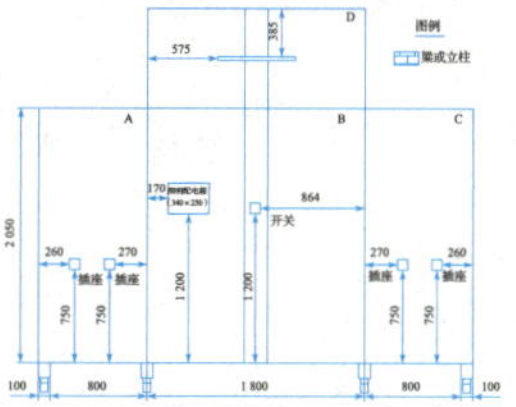	1. 检查是否安装了照明配电箱 2. 检查是否安装了灯具 3. 检查是否安装了开关 4. 检查是否安装了防潮插座 5. 测量尺寸是否符合要求	笔、卷尺、验收表	按照图纸要求，开关、插座、接线盒、配电箱的箱体在建筑物上相应位置
2	检查照明配电箱	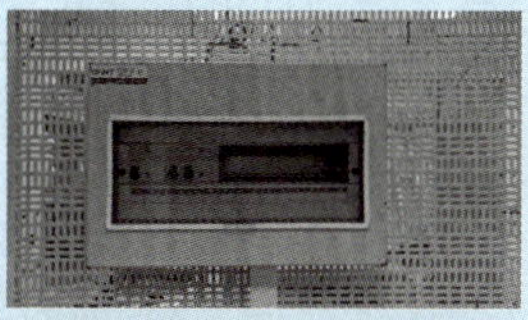 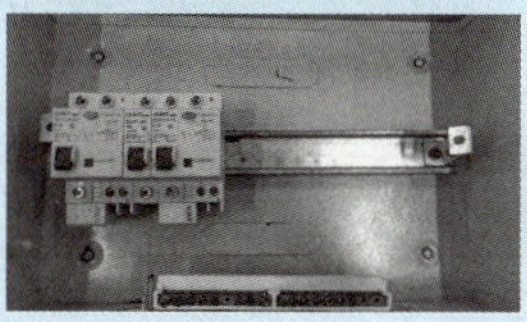	1. 打开配电箱，检查断路器型号 2. 检查导线型号及颜色 3. 各种导线连接是否正确 4. 工艺是否美观	笔、验收表	1. 断路器选择正确 2. 导线线径和颜色选择正确 3. 导线连接规范 4. 套号码管并按要求标号 5. 零线、地线的连接正确

续表

序号	调试检修步骤	图示	操作方法说明	材料工具	质量标准
3	检查防潮插座开关	 	1. 检查导线与端子连接情况 2. 检查导线型号是否正确 3. 检查布线工艺	笔、验收表	1. 三孔插座：上地、左零、右火 2. 两孔插座：左零、右火 3. 火线用红色导线，零线用蓝色导线，地线用黄、绿双色导线，导线要横平竖直
4	检查线槽	 	1. 检查线槽型号是否正确 2. 检查线槽是否安装规范	笔、验收表	1. 线槽接缝间隙小于等于 0.5mm 2. 异径线槽做三通（T形）连接时，小线槽的底槽应插入大线槽的底槽中，伸入长度为 5～10mm
5	检查灯具		1. 检查灯具型号是否正确 2. 检查灯座是否安装牢固	笔、验收表	1. 灯具型号符合要求 2. 灯座牢固、紧贴墙面、无缝隙
6	运行调试	  	1. 断电时，用万能表电阻挡测火火间的导线、零零间的导线 2. 断电时，在火零之间接入一个电阻，再用万能表电阻挡测量是否有电阻值 3. 通电时，按下开关，观察灯具是否正常发光，检查有无闪烁现象 4. 通电时，用电源极性检测器分别插入 4 个防潮插座，观察指示灯亮的方式	笔、万用表、电源极性检测器、验收表	1. 任意火线与火线之间无电阻，则正常 2. 任意零线与零线之间无电阻，则正常 3. 火线与零线间接入一电阻，测到有阻值，则正常 4. 开关灵活，回路正确，无发热 5. 灯具发光、发热情况正常，无闪烁，无异声

问题情境：如何能快速地进行厨房照明系统的调试与检修？

D2－2：厨房照明系统的调试与检修

拓展提升——电气施工图的组成

一、图纸目录与设计说明

它包括图纸内容、数量、工程概况、设计依据以及图中未能表达清楚的各有关事项，如供电电源的来源、供电方式、电压等级、线路敷设方式、防雷接地、设备安装高度及安装方式、工程主要技术数据、施工注意事项等。

二、主要材料设备表

主要材料设备表包括工程中所使用的各种设备和材料的名称、型号、规格、数量等，它是编制购置设备、材料计划的重要依据之一。

三、系统图

系统图包括变配电工程的供配电系统图、照明工程的照明系统图、电缆电视系统图等。系统图反映了系统的基本组成、主要电气设备、元件之间的连接情况以及它们的规格、型号、参数等。

四、平面布置图

平面布置图是电气施工图中的重要图纸之一，如变、配电所电气设备安装平面图、照明平面图、防雷接地平面图等，用来表示电气设备的编号、名称、型号、安装位置、线路的起始点、敷设部位、敷设方式，以及所用导线型号、规格、根数、管径大小等。通过阅读系统图，了解系统基本组成之后，就可以依据平面布置图编制工程预算和施工方案，然后组织施工。

五、控制原理图

控制原理图包括系统中各电气设备的电气控制原理，用以指导电气设备的安装和控制系统的调试运行工作。

六、安装接线图

安装接线图包括电气设备的布置与接线，它应与控制原理图对照阅读，进行系统的配线和调校。

七、安装大样图（详图）

安装大样图是详细表示电气设备安装方法的图纸，对安装部件的各部位注有具体图形和详细尺寸，是进行安装施工和编制工程材料计划时的重要参考。

学习结果评价

“照明系统调试与检修”学习结果评价见表 D2-2-4。

表 D2-2-4 “照明系统调试与检修”学习结果评价

序号	评价内容	分值	得分
1	检查照明配电箱导线连接是否正确	20	
2	检查防潮插座导线连接是否正确	20	
3	检查线槽安装是否规范	20	
4	检查灯具安装是否牢固	10	
5	运行调试是否正常	30	
总　计		100	

课后作业

1. 两孔插座，左边的孔接________线，右边的孔接________线。

2. 三孔插座，左边的孔接________线，右边的孔接________线；上边的孔接________线。

3. 低压断路器又称________或________断路器，是一种既有手动开关作用又能自动进行欠电压、失电压、过载和短路保护的开关电器。

4. 异径线槽做三通（T 形）连接（无配件）时，小线槽的底槽应插入大线槽的底槽中，伸入长度为________ mm。

工作任务D3

综合电气装置的调试与检修

安全规范

1. 首先检查电气安装与维修理实一体化实训室的设备是否安全坚固。

2. 实施任务前，学生穿好电工服、绝缘鞋，戴好安全帽，如图 D3-1 所示。老师进行安全教育，对实训室进行 6S 管理。

3. 检查三项五线制电源是否处于断开状态，“禁止合闸，有人工作”指示牌是否放置在正确位置，如图 D3-2 所示。

图 D3-1　安全着装

图 D3-2　指示牌放置位置

4. PLC、触摸屏软件提前安装并调试正常，定期检查计算机是否携带病毒。

5. 亚龙 YL-156A 型电气安装与维修实训考核装置安装底架做好安全接地设施，如图 D3-3 所示，一旦发生短路，漏电开关可跳闸保护。

6. 操作完成离开实训室之前确保已关闭设备及电源，操作台摆放整齐，室内清洁干净，如图 D3-4 所示。

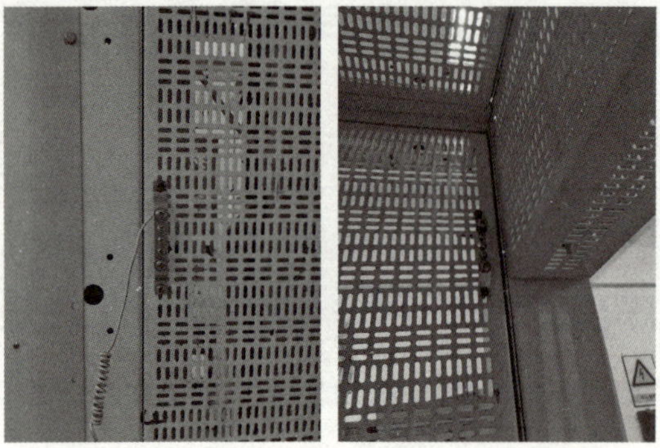

图 D3-3　安全接地设施

图 D3-4　整理实训台

教学条件及组织

教学条件：电气安装与维修理实一体化实训室、16 台 YL-156A 教学设备、计算机、32 套工具。

1. 异质分组。根据实际情况进行异质分组，每组两人，一名调试员，一名质量检测人员。

2. 协作分工。调试员负责电气控制装置的调试，质检员负责监督调试员的操作是否符合安全规程，各成员要协作分工、角色轮换。

3. 安全监督。质检员负责监督调试员是否安全操作，特别是带电调试的步骤是否符合电工安全规程要求，并做好记录。

4. 任务小结。各成员总结电气装置的调试步骤，强调规范操作、精益求精的职业素养。

职业能力 D3-1　能规范完成综合电气装置的功能调试

核心概念

综合电气装置：这里所指的综合电气装置是电气设备的一种，是由交流接触器、继电器、开关、传感器、指示灯、电源、照明灯、插座等多种类型电气元器件连接成的电气控制设备。

控制原理：指电气设备的控制原理，表明电气设备的各元器件之间相关作用和关系，以及电气设备运行的控制规律和结果。

功能调试：对电气设备或装置能够实现的控制过程和结果进行操作和测试。

学习目标

1. 会分析综合电气装置电路图的组成和控制原理。
2. 能正确完成综合电气装置的功能调试。

基本知识

一、综合电气装置的结构和功能

综合电气装置实物图如图 D3-1-1 所示，其主要由显示灯、控制按钮、电源开关及电源、插座及照明灯、接线端子、行程开关和传感器、交流接触器以及继电器等组成。电气装置的功能包含有三项异步电动机的正反转控制、双速电机的高低速控制、照明灯和插座的控制以及电机控制的辅助电路等。

图 D3-1-1　综合电气装置实物图

二、综合电气装置电路图的组成

综合电气装置电路图是以施工图的形式绘制的，与常见的电路原理图相比，施工图为了便于电工技术人员规范化和标准化选用元器件和对元器件进行接线，将电气元件的型号以及元件具体的端子号和连接导线的线号都标注得非常清晰，下面对装置的逐张图纸的电路组成进行介绍。

1. 电源和电机主电路

电源和电机主电路如图 D3-1-2 所示，以下是每个部分的电路组成。

（1）电源部分：由 L1、N、PE，电源总开关 QF1、电动机 M2 的电源开关 QF2、电动机 M1 的电源开关 QF2、照明电路的电源开关 QF4、插座 1 和插座 2 的电源开关 QF5 和 QF6、变压器以及变压器的电源开关 QF7、控制电路的电源开关 QF8 等组成。

（2）三相异步电动机 M1 的主电路：由正转控制交流接触器 KM1、反转控制交流接触器 KM2 等元件组成。

（3）双速电机 M2 的主电路：由低速控制交流接触器 KM4、高速控制交流接触器 KM3 和 KM5 等元件组成。

2. 照明和插座电路

照明和插座电路如图 D3-1-3 所示，以下是每个部分的电路组成。

（1）照明电路：两个一位开关 S1 和 S2 分别单独控制照明灯 EL1 和 EL2，双控开关 S3 和 S4 双控照明灯 EL3，按钮开关 SB1 控制照明灯 EL4。

（2）插座电路：两个电源开关 QF5 和 QF6 分别控制插座 1 和插座 2。

3. 控制电路和指示灯电路

控制电路和指示灯电路如图 D3-1-4 所示，保护和指示灯电路如图 D3-1-5 所示，以下是每个部分的电路组成。

（1）三相异步电机 M1 的控制电路：控制电路主要要由 KH1 和 KH2 实现电机的过载保护，电机的正转控制支路由交流接触器 KM1 线圈以及其自锁触点、指示灯 HL1、KM2 联锁触点、行程控制开关 SQ1、继电器 KA2 联锁触点、按钮 SB12 联锁触点、按钮 SB11 起动触点、停止按钮 SB10、KA1 动合起动触点等元件组成；电机的反转控制支路主要由交流接触器 KM2 线圈以及其自锁触点、指示灯 HL2、KM1 联锁触点、行程控制开关 SQ2、继电器 KA1 联锁触点、按钮 SB11 互锁触点、按钮 SB12 起动触点、停止按钮 SB10、KA2 动合起动触点等元件组成。

（2）双速电机 M2 的控制电路：电机的高速控制支路主要由 KM3 和 KM5 线圈以及 KM3 自锁触点、指示灯 HL3、KM4 联锁触点、热继电器 KH4 动断触点、SB22 互锁触点、SB21 起动触点、停止按钮 SB20 等元件组成；电机的低速控制支路主要由 KM4 线圈以及 KM4 自锁触点、指示灯 HL4、KM3 联锁触点、热继电器 KH3 动断触点、SB21 互锁触点、SB22 起动触点、停止按钮 SB20 等元件组成。

（3）三相异步电机 M1 的辅助控制电路：三相异步电机 M1 的辅助控制电路主要指的是 KA1 和 KA2 线圈的控制支路，KA1 线圈的控制支路由光电传感器 SQ11、时间继电器 KT1 线圈、KT1 动合触点、KA1 线圈等元件组成；KA2 线圈的控制支路由光电传感器 SQ12、时间继电器 KT2 线圈、KT2 动合触点、KA2 线圈等元件组成。

（4）指示灯电路：指示灯 HL5 是继电器 KH1 和 KH2 的动作指示灯，指示灯 HL6 是继电器 KH3 和 KH4 的动作指示灯，HL7 是 KA1 动作的指示灯，HL8 是 KA2 动作的指示灯。

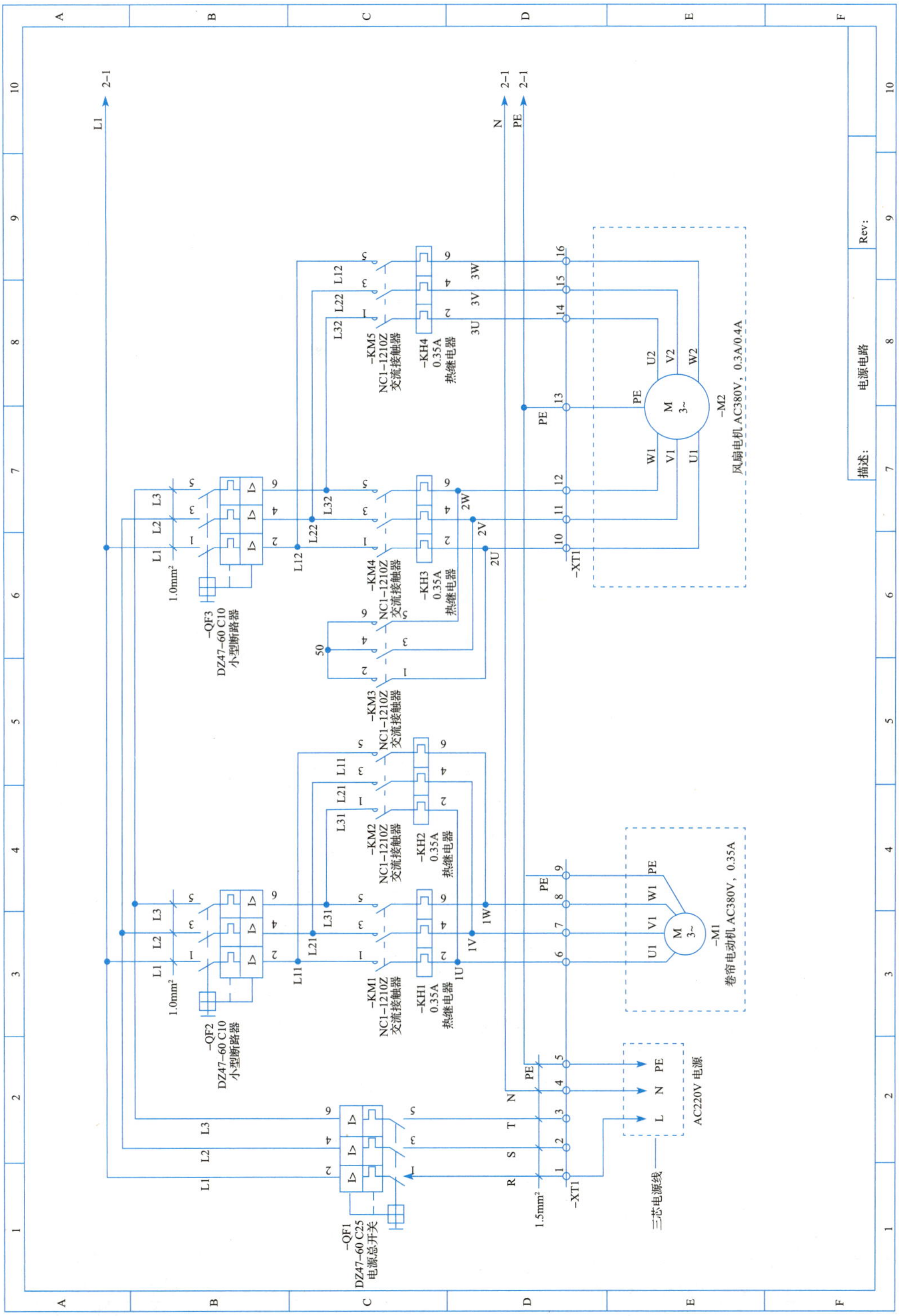

图D3-1-2 电源和电机主电路

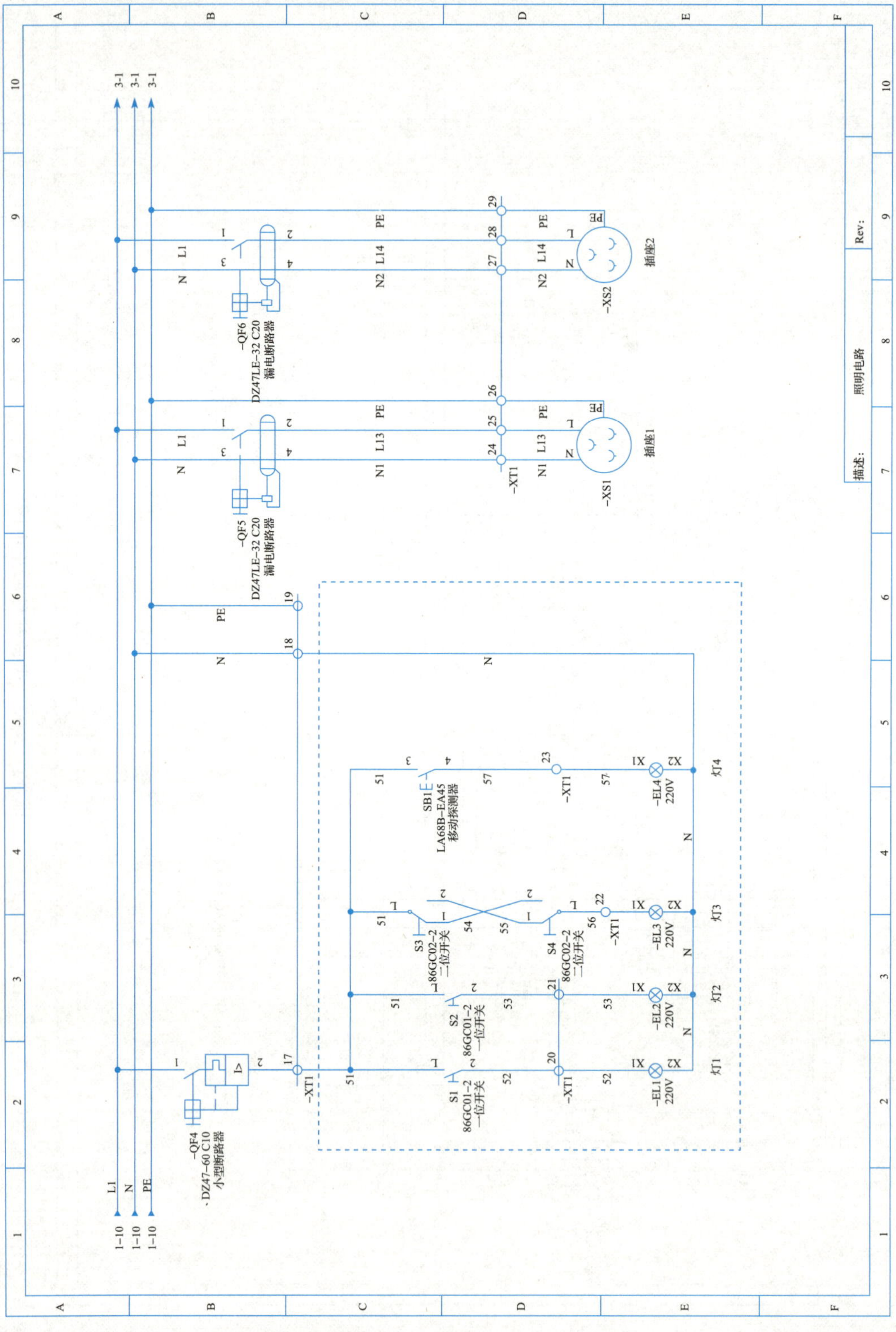

图D3-1-3 照明和插座电路

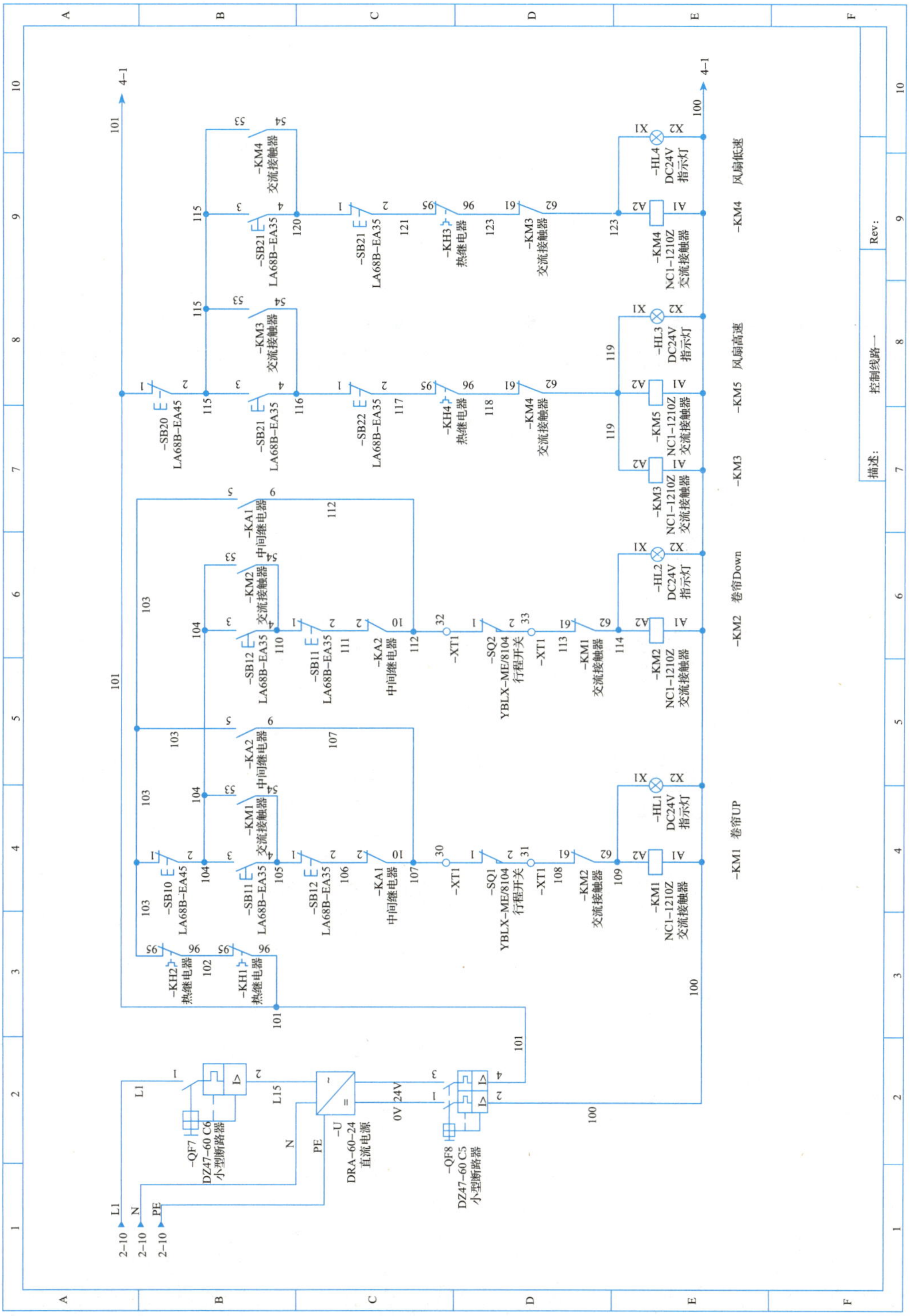

图D3-1-4　控制电路和指示灯电路

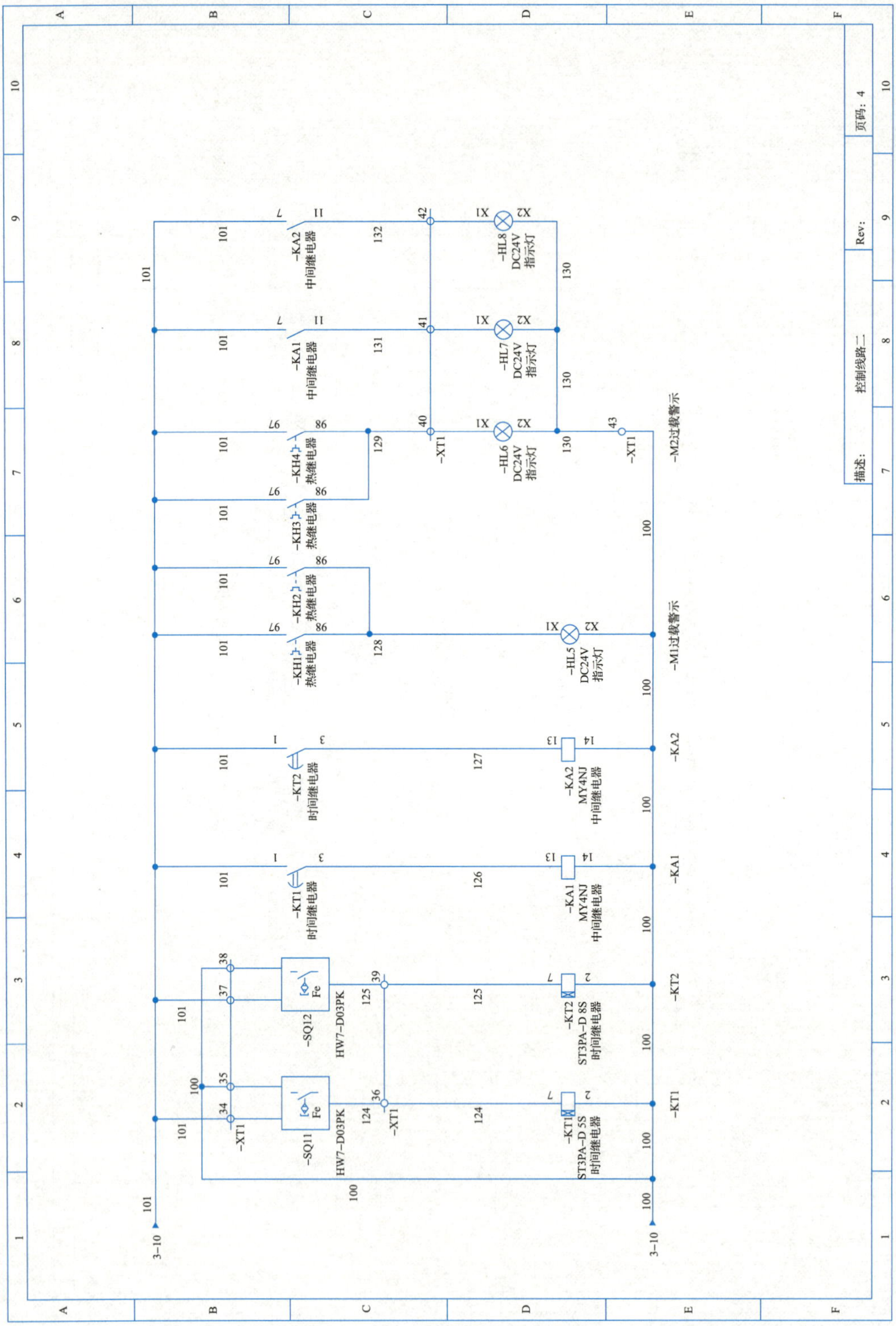

图D3-1-5　保护和指示灯电路

能力训练

一、任务描述

某生产车间新进了一批综合电气装置，你是该企业的设备维修和维护人员，请你根据综合电气装置的电路图，分析装置的控制原理并完成功能调试。

二、操作过程

1. 准备

（1）需准备的材料：根据综合电气装置调试的需要选择所需要的设备为 YL－G156A 故障检测单元、YL－G156A 故障检测单元的图纸。

（2）需准备的工具：插座测试仪、绝缘手套。

（3）领取设备和耗材并填写 D3－1－1。

表 D3－1－1　设备和耗材申请表

申请人：________　　　　领取时间：_____年_____月_____日

设备/耗材	规格/型号	数量	归还时间	是否完好	备注

问题情境一：插座测试仪的作用是什么？

问题情境二：电气装置的调试顺序应该怎么安排？

2. 分析装置的控制原理并完成功能调试

综合电气装置控制原理的分析和功能调试步骤，见表 D3－1－2。

表 D3-1-2　综合电气装置控制原理分析和功能调试步骤

序号	安装步骤	图纸	控制过程分析	实际操作	电路现象
1	三项异步电动机M1的正转控制	如图 D3-1-2、图 D3-1-4 和图 D3-1-5 所示	打开电源开关 QF1、QF2、QF7、QF8： 1. 按钮启动：按下 SB11→SB11 互锁触点断开，启动触点闭合→KM1 线圈得电→KM1 自锁触点和主触点闭合，KM1 联锁触点断开→电动机 M1 得电正转、HL1 灯亮	按下 SB11	KM1 吸合，HL1 灯亮
			2. 传感器启动：将金属物体贴近传感器 SQ12→时间继电器 KT2 线圈得电计时→KT2 动合触点闭合→中间继电器 KA2 线圈得电→KA2 两个动合触点闭合→HL8 灯亮，KM1 线圈得电→KM1 自锁触点和主触点闭合，KM1 联锁触点断开→电动机 M1 得电正转、HL1 灯亮	铁材料触碰 SQ12	KT2 灯亮，KA2 吸合，HL8 灯亮，KM1 吸合，HL1 灯亮
				铁材料离开 SQ12	KT2 灯灭，KA2 复位，HL8 灯灭
			3. 停止：按下停止按钮 SB10→KM1 线圈失电→KM1 触点复位→电动机 M1 停止，HL1 灭	按下 SB10 或者 SQ1	KM1 复位，HL1 灯灭
2	三项异步电动机M1的反转控制	如图 D3-1-2、图 D3-1-4 和图 D3-1-5 所示	打开电源开关 QF1、QF2、QF7、QF8： 1. 按钮启动：按下 SB12→SB12 互锁触点断开，启动触点闭合→KM2 线圈得电→KM2 自锁触点和主触点闭合，KM2 联锁触点断开→电动机 M1 得电反转、HL2 灯亮	按下 SB12	KM2 吸合，HL2 灯亮
			2. 传感器启动：将金属物体贴近传感器 SQ11→时间继电器 KT1 线圈得电计时→KT1 动合触点闭合→中间继电器 KA2 线圈得电→KA1 两个动合触点闭合→HL7 灯亮，KM2 线圈得电→KM2 自锁触点和主触点闭合，KM2 联锁触点断开→电动机 M1 得电反转、HL2 灯亮	铁材料触碰 SQ11	KT1 灯亮，KA1 吸合，HL7 灯亮，KM2 吸合，HL2 灯亮
				铁材料离开 SQ11	KT1 灯灭，KA1 复位，HL7 灯灭
			3. 停止：按下停止按钮 SB10→KM2 线圈失电→KM2 触点复位→电动机 M1 停止，HL2 灭	按下 SB10 或者 SQ2	KM2 复位，HL2 灯灭

续表

<table>
<tr><th>序号</th><th>安装步骤</th><th>图纸</th><th>控制过程分析</th><th>实际操作</th><th>电路现象</th></tr>
<tr><td rowspan="5">3</td><td rowspan="5">电动机M1的互锁控制及保护电路控制</td><td rowspan="5">如图D3-1-4、图D3-1-5所示</td><td rowspan="5">打开电源开关QF1、QF3、QF7、QF8：
1. 互锁控制：在KM1得电时，按下SB12或者将铁材料靠近SQ11，KM1线圈支路失电，接通KM2线圈支路；在KM2线圈得电时，按下SB11或者将铁材料靠近SQ12，KM2线圈支路失电，接通KM1线圈支路
2. 保护电路控制：
(1) 在电动机运行过程中，手动按下热继电器KH1或者KH2的测试按钮→KM1线圈或者KM2线圈失电，HL1或HL2灯灭→KM1或者KM2触点复位→电动机停止
(2) 按下热继电器KH1或者KH2的动合测试按钮→HL5灯亮，按下热继电器KH1或者KH2的测试按钮→HL5灯灭</td><td>在KM1得电时：按下SB12或者将铁材料靠近SQ11</td><td>KM1复位
HL1灯灭
KM2吸合
HL2灯亮</td></tr>
<tr><td>在KM2得电时：按下SB11或者将铁材料靠近SQ12</td><td>KM2复位
HL2灯灭
KM1吸合
HL1灯亮</td></tr>
<tr><td>在KM1或KM2得电时时，按下KH1或KH2的测试按钮</td><td>KM1或KM2复位
HL1或HL2灯灭</td></tr>
<tr><td>按下KH1或KH2动合测试按钮</td><td>HL5灯亮</td></tr>
<tr><td>在HL5灯亮按下测试按钮</td><td>HL5灯灭</td></tr>
<tr><td rowspan="2">4</td><td rowspan="2">双速电动机M1的高速控制</td><td rowspan="2">如图D3-1-2、图D3-1-4和图D3-1-5所示</td><td rowspan="2">打开电源开关QF1、QF3、QF7、QF8：
1. 按钮启动：按下SB21→SB21互锁触点断开，启动触点闭合→KM3和KM5线圈得电→KM3和KM5主触点闭合，KM3自锁触点闭合和KM3联锁触点断开→电动机M2得电高速转动、HL3灯亮
2. 停止：按下停止按钮SB20→KM3和KM5线圈失电→KM3和KM5触点复位→电动机M2停止，HL3灭</td><td>按下SB21</td><td>KM3和KM5吸合，HL3灯亮</td></tr>
<tr><td>按下SB20</td><td>KM3和KM5复位，HL3灯灭</td></tr>
</table>

续表

<table>
<tr><th>序号</th><th>安装步骤</th><th>图纸</th><th>控制过程分析</th><th>实际操作</th><th>电路现象</th></tr>
<tr><td rowspan="2">5</td><td rowspan="2">双速电动机M1的低速控制</td><td rowspan="2">如图D3-1-2、图D3-1-4和图D3-1-5所示</td><td rowspan="2">1. 按钮启动：按下SB22→SB22互锁触点断开，启动触点闭合→KM4线圈得电→KM4主触点和自锁触点闭合和KM4联锁触点断开→电动机M2得电低速转动、HL4灯亮
2. 停止：按下停止按钮SB20→KM4线圈失电→KM4触点复位→电动机M2停止，HL3灭</td><td>按下SB22</td><td>KM4吸合，HL4灯亮</td></tr>
<tr><td>按下SB20</td><td>KM4复位，HL4灯灭</td></tr>
<tr><td rowspan="5">6</td><td rowspan="5">电动机M2的互锁控制及保护电路控制</td><td rowspan="5">如图D3-1-4、图D3-1-5所示</td><td rowspan="5">1. 互锁控制：在KM3和KM5得电时，按下SB22→KM3和KM5线圈支路失电，接通KM4线圈支路；在KM4线圈得电时，按下SB21→KM4线圈支路失电，接通KM3和KM5线圈支路
2. 保护电路控制：
（1）在电动机高速运行过程中，手动按下热继电器KH4测试按钮→KM3和KM5线圈失电，HL3灯灭→KM3或者KM5触点复位→电动机停止
（2）在电动机高速运行过程中，手动按下热继电器KH3测试按钮→KM4线圈失电，HL4灯灭→KM4触点复位→电动机停止</td><td>KM3和KM5得电时：按下SB22</td><td>KM3和KM5复位
HL3灯灭
KM4吸合
HL4灯灭</td></tr>
<tr><td>KM4得电时：按下SB21</td><td>KM4复位
HL4灯灭
KM3和KM5吸合
HL3灯灭</td></tr>
<tr><td>KM3和KM5得电时：按下KH4测试按钮</td><td>KM3和KM5复位
HL3灯灭</td></tr>
<tr><td>KM4得电时：按下KH3测试按钮</td><td>KM4复位
HL4灯灭</td></tr>
<tr><td>按下KM3或KM4动合测试按钮（复位和KM1相同）</td><td>HL6灯亮</td></tr>
</table>

续表

序号	安装步骤	图纸	控制过程分析	实际操作	电路现象
7	照明灯的控制	如图 D3-1-3 所示	打开电源开关 QF1、QF4： 1. 打开开关 S1→EL1 灯亮；关闭开关 S1→EL1 灯灭 2. 打开开关 S2→EL2 灯亮；关闭开关 S2→EL2 灯灭 3. 打开或者关闭 S3→EL3 灯亮或者灭 4. 打开或者关闭 S4→EL3 灯亮/或者灭 5. 按下 SB1→EL4 灯亮；松开 SB1→EL4 灯灭	/	/
8	插座的控制	如图 D3-1-2 所示	打开电源开关 QF1、QF5，插上插座测试仪→插座测试仪显示插座正常；打开 QF6，插上插座测试仪→插座测试仪显示插座正常	/	/

问题情境三：如何控制电机 M1？
问题情境四：如何控制电机 M2？
问题情境五：如何控制照明灯和插座？

D3-1：综合电气装置的功能调试

拓展提升——电动机的调速方式及其优缺点

一、调压调速

以改变电动机定子电压来实现调速的方法称为调压调速。调压调速，对于单相电动机，可在 0～220V 之间的某值；对于三相电动机，可在 0～380V 之间的某值。调压用变压器，如果变压器的调压是有级的；电动机的调速也是有级的；如果变压器的调压是无级的，那么电动机调速也是无级的。

优点：可以将调速过程中产生的转差能量加以回馈利用，效率高；装置容量与调速范围成正比，适用于 70%～95%的调速。

缺点：功率因素较低，有谐波干扰，正常运行时无制动转矩，适用于单象限运行的负载。

二、变极调速

变极调速指通过改变电动机定子绕组的接线方式来改变电动机的磁极对数，从而可以有级地改变同步转速，实现电动机转速有级调速。这种调速电动机目前有系列产品可供选用，比如单绕组多速电动机。

优点：无附加转差损耗、效率高；控制电路简单、易维修、价格低；与定子调压或电磁转差离合器配合可得到效率较高的平滑调速。

缺点：有级调速，不能实现无级平滑的调速；且由于受到电机结构和制造工艺的限制，通常只能实现 2～3 种极对数的有级调速，调速范围相当有限。

三、变频调速

改变异步电动机定子端输入电源的频率，且使之连续可调来改变它的同步转速，实现电动机调速的方法称为变频调速。最节能高效的变频调速就是变频电机，只是需要在电源部分安装变频器，成本太高。

优点：无附加转差损耗、效率高、调速范围宽；对于低负载运行时间较多，或起停运行较频繁的场合，可以达到节电和保护电机的目的。

缺点：技术较复杂、价格较高。

四、电磁调速

通过电磁转差离合器来实现调速的方法称电磁调速。电磁调速异步电动机（俗称滑差电动机）是一种简单可靠的交流无级调速设备。电动机采用组合式结构，由拖动电动机、电磁转差离合器和测速发电机等组成，测速发电机作为转速反馈信号源供控制用。这类电动机的无级调速是通过电磁转差离合器来实现的。

优点：结构简单、控制装置容量小、价格便宜、运行可靠、维修容易、无谐波干扰。

缺点：速度损失大，因为电磁转差离合器本身转差较大，所以输出轴的最高转速仅为电机同步转运的 80%～90%；调速过程中转差功率全部转化成热能形式的损耗，效率低。

学习结果评价

“综合电气装置控制原理分析和功能调试”学习结果评价见表 D3－1－3。

表 D3－1－3 “综合电气装置控制原理分析和功能调试”学习结果评价

序号	评价内容	分值	得分
1	能否正确分析电动机 M1 正转电路，并操作控制电动机正转和停止	10	
2	能否正确分析电动机 M1 反转电路，并操作控制电动机反转和停止	10	
3	能否正确分析电动机 M1 互锁电路，并操作互锁控制电机	10	
4	能否正确分析电动机 M1 保护电路，并操作模拟保护过程	10	

续表

序号	评价内容	分值	得分
5	能否正确分析电动机 M2 高速电路，并操作控制电动机高速运转和停止	10	
6	能否正确分析电动机 M2 低速电路，并操作控制电动机低速运转和停止	10	
7	能否正确分析电动机 M2 互锁电路，并操作互锁控制电机	10	
8	能否正确分析电动机 M2 保护电路，并操作模拟保护过程	10	
9	能否正确操作控制 4 个照明灯	10	
10	能否正确操作控制插座电源	10	
总　计		100	

课后作业

1. SQ11 和 SQ12 是________传感器。

A. 光电　　B. 电容　　C. 电感　　D. 光纤

2. 在 KM2 线圈支路上的 KA2 在电路中的作用是________。

A. 自锁　　B. 互锁　　C. 停止　　D. 启动

3. 控制 EL3 的 S3 和 S4 是________开关。

A. 一位单控　　B. 一位双控　　C. 两位单控　　D. 两位双控

4. 双速电机的高速控制是由________交流接触器控制的。

A. KM3 和 KM5　　B. KM3 和 KM4　　C. KM3 和 KM5　　D. KM4 和 KM5

5. 简述电机 M1 的控制原理。

职业能力 D3-2　能规范完成综合电气装置的故障检修

核心概念

故障检修：依据电路控制的功能和原理，使用电工仪器仪表，对控制电路的故障进行检测并排除故障，恢复电路功能的过程。

学习目标

1. 能掌握电气故障常见的分类及排查方法。
2. 能正确进行综合电气装置断路故障和交叉故障的检修。

基本知识

一、电气故障的分类

在实际工作中，我们会遇见不同的电气故障，电气故障的产生是千奇百怪的，排除故障的方式只能根据故障的具体情况而定，也没有什么严格的模式，这对部分维修人员来说会感到困难，在排除故障的过程中，往往会走不少弯路，甚至造成较大损失。作为一名维修人员，在遇到电气故障时，能准确查明故障原因，合理正确地排除故障，对提高劳动生产率、减少经济损失和安全生产都具有重大意义。

按照电气装置的构成特点，从查找电气故障的观点出发，常见的电气故障可分为三类：

（1）电源故障：缺电源、电压频率偏差、极性接反、相线和中性线接反、缺一相电源、相序改变、交直流混淆等。

（2）电路故障：断路、短路、接地、接线错误等。

（3）设备和元件故障：过热烧毁、不能运行、电气击穿、性能变劣。

根据故障现象分析故障原因，是查找电气故障的关键。分析的基础是电工基本理论，是对电气装置的构造、原理、性能的充分理解。某一电气故障产生的原因可能很多，重要的是在众多原因中找出最主要的原因，并运用方法去排除故障。例如，某三相笼形异步电动机出现了不能运转的故障，不论是什么情况，最集中的表现是电动机不能工作，但故障不一定是在电动机，而可能是电源故障，也可能是电路故障或者是设备和元件故障等。也就是说，同一种故障形式，故障的原因多种多样。在这些原因中，到底是哪个方面的原因使电动机不能运转，还要经过更深入、更详细的分析。经过以上过程，进而确定电动机故障的具体原因。

二、电气故障的排查方法

故障的排除是维修人员的一项重要工作，要彻底排除故障，需要具有一定的专业理论知识，掌握故障的排查方法。

1. 电阻测试法

电阻测试法是一种常用的测量方法，它是利用万用表的电阻挡，对线路进行断电测量，是一种安全、有效的方法。电阻测量法有电阻分阶测量法和电阻分段测量法两种。

（1）电阻分阶测量法。

测量检查时，首先把万用表的转换开关置于倍率适当的电阻挡，然后按如图 D3－2－1 所示方法测量。

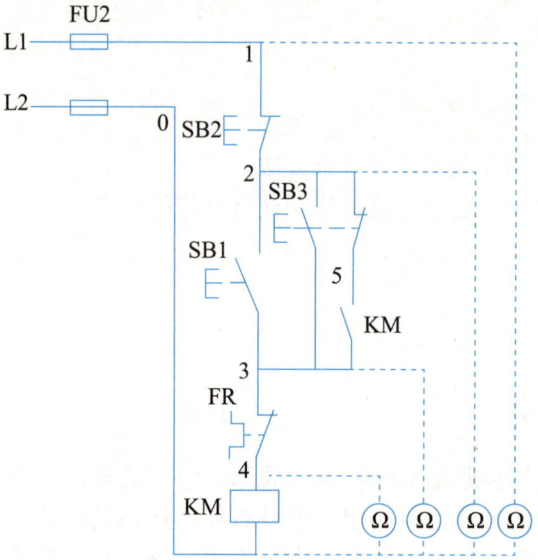

图 D3－2－1　电阻分阶测量法

测量前先断开主电路电源，接通控制电路电源。若按下启动按钮 SB1 或 SB2 时，接触器 KM 不吸合，则说明控制电路有故障。

检测时，应切断控制电路电源（这点与电压分阶测量法不同），然后一人按下 SB1 不放，另一人用万用表依次测量 0－1、0－2、0－3、0－4 两点间的电阻值，根据测量结果可找出故障点，见表 D3－2－1。

表 D3－2－1　电阻分阶测量法所测电阻值及故障点

故障现象	测试状态	0－1	0－2	0－3	0－4	故障点
按下 SB1 或 SB2 时，KM 不吸合	按下 SB1 不放	∞	R	R	R	SB2 动断触点接触不良
		∞	∞	R	R	SB1 或 SB3 动合触点接触不良
		∞	∞	∞	R	FR 动断触点接触不良
		∞	∞	∞	∞	KM 线圈断路

注：R 为 KM 线圈的电阻值。

（2）电阻分段测量法。

按如图 D3－2－2 所示方法测量时，首先切断电源，然后一人按下 SB3 或 SB4 不放，另一人把万用表的转换开关置于倍率适当的电阻挡，用万用表的红、黑表笔逐段测量相邻两点1-2、2-3、3-4、4-5、5-0之间的电阻，如果测得的某两点间的电阻值很大（∞），则说明该两点间接触不良或导线断路，见表 D3-2-2。

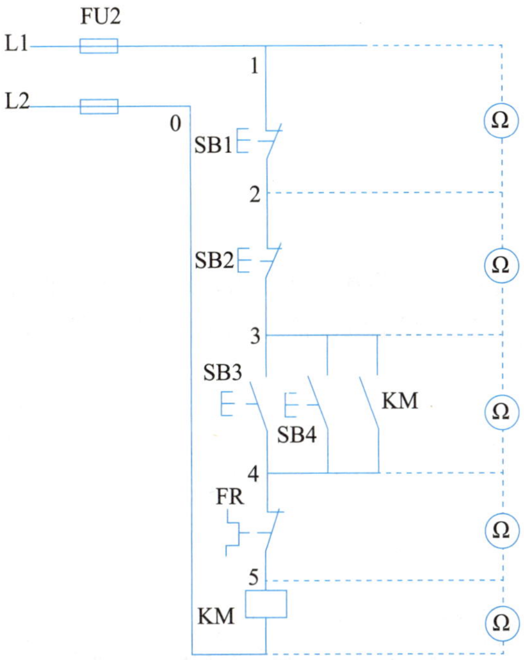

图 D3-2-2　电阻分段测量法

表 D3-2-2　电阻分段测量法所测电阻值及故障点

故障现象	测量点	电阻值	故障点
按下 SB3 或 SB4，KM 不吸合	1-2	∞	SB1 动断触点接触不良
	2-3	∞	SB2 动断触点接触不良
	3-4	∞	SB3 或 SB4 动合触点接触不良
	4-5	∞	FR 动断触点接触不良
	5-0	∞	KM 线路断路

电阻分段测量法的优点是安全，缺点是测量电阻值不准确时，容易造成判断错误，因此应注意以下几点：

1）用电阻分段测量法检查故障时，一定要先切断电源。

2）所测量电路若与其他电路并联，必须断开并联电路，否则所测电阻值不准确。

3）测量大电阻电气元件时，要将万用表的电阻挡转换到适当的挡位。

2. 其他测试方法

除了电阻测试法外，还有其他常用的测试方法，如电压测试法、电流测试法、更换原配件法、原理分析法等，在此不一一列举。测试方法可以单独使用，也可以混合使用，碰到实际的电气故障应结合具体情况灵活应用。

电气故障现象是多种多样的，同一类故障可能有不同的故障现象，不同类故障可能出现同种故障现象，这会给查找故障带来麻烦。但是，故障现象是查找电气故障的基本依据，是查找电气故障的起点，因此要对故障现象仔细观察分析，找出故障现象中最主要的、最典型的方面，搞清故障发生的时间、地点、环境等。很多电气故障的排除，必须依靠专业理论知识才能真正弄懂弄通。

能力训练

一、任务描述

某生产车间的电气设备存在断路和交叉故障，你是该企业的设备维修和维护人员，请你根据电气设备的电路图，检测出电气设备的故障位置并在图纸中标注。

二、操作过程

1. 需准备的设备和工具

YL－G156A 故障检测单元、万用表、插座测试仪、绝缘手套、YL－G156A 故障检测单元的图纸。

2. 综合电气装置的故障检修

（1）断路故障的检修步骤，见表 D3－2－3。

表 D3－2－3　断路故障的检修步骤

序号	故障点	图纸	故障现象	故障排查
1	52 号线断路	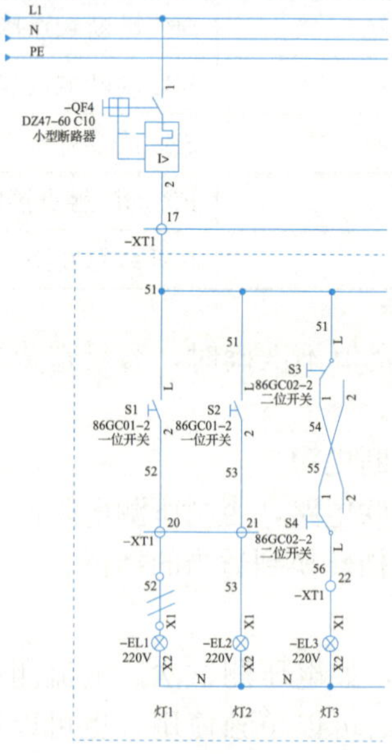	闭合电源开关 QF1 和照明电路断路器 QF4，按下开关 S1，EL1 灯不亮，按下其他照明灯开关，EL2、EL3、EL4 均正常点亮	根据现象可以判断 EL1 灯的控制支路故障可能性最大。断开电源开关 QF4 和 QF1，按下开关 S1，用万用表电阻挡测 17 号端子和 20 号端子通，取出照明灯 EL1 和 EL2，用万用表电阻挡测 EL1 灯座的火线螺纹接口和 EL2 灯座的零线螺纹接口通，用万用表电阻挡测 20 号端子和 EL1 灯座的火线螺纹接口断，说明 52 号线存在断路，故障排除后系统恢复正常

续表

<table>
<tr><th>序号</th><th>故障点</th><th>图纸</th><th>故障现象</th><th>故障排查</th></tr>
<tr><td>2</td><td>插座 1 火线断路</td><td>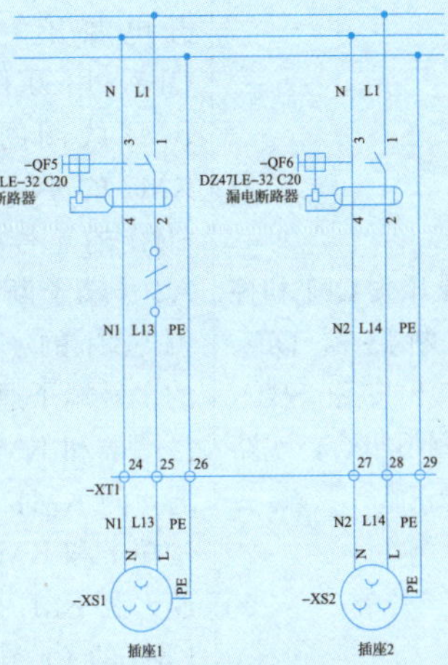
</td><td>闭合电源开关 QF1 和插座 1 的断路器 QF5，在插座 1 插上测试仪，测试仪显示缺火线，线路的其他功能正常</td><td>根据现象可以判断插座火线支路的故障可能性最大。断开电源开关 QF1 和 QF5，用万用表电阻挡测 QF5 断路器的 1 号端子和 QF6 的 1 号端子通，测 QF5 断路器的 2 号端子和插座 1 的火线接线端子断。进一步检测，测 25 号端子和插座的火线接线端子通，测 QF5 断路器的 2 号端子和 25 号端子断，说明 QF5 断路器的 2 号端子和 25 号端子的连接导线存在断路，故障排除后系统恢复正常</td></tr>
<tr><td>3</td><td>102 号线断路</td><td>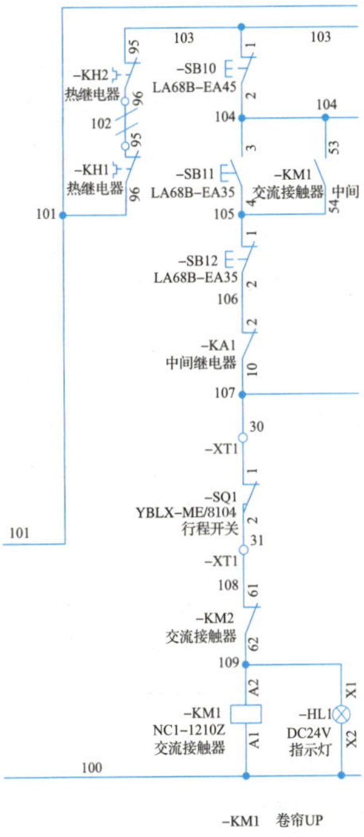
</td><td>闭合电源开关 QF1 和控电路断路器 QF7 和 QF8，分别按下开关 SB11 和 SB12 按钮，KM1 和 KM2 线圈均不吸合，操作其他支路按钮，功能正常</td><td>根据现象可以判断 KM1 和 KM2 线圈的干路故障可能性最大。断开电源开关 QF1、QF7 和 QF8，用万用表电阻挡测 KM1 线圈的 A1 端子和 QF8 的 2 号端子通，测 KM2 线圈的 A1 端子和 QF8 的 2 号端子通，测 QF8 的 4 号端子和 SB10 的 1 号端子断。用万用表的电阻挡进一步检测，测 QF8 的 4 号端子和 KH1 的 96 号端子通，测 KH2 的 95 号端子和 SB10 的 1 号端子通，测 KH1 的 95 号端子和 KH2 的 96 号端子断，说明 KH1 的 95 号端子和 KH2 的 96 号端子存在断路，故障排除后系统恢复正常</td></tr>
</table>

续表

序号	故障点	图纸	故障现象	故障排查
4	118号线断路	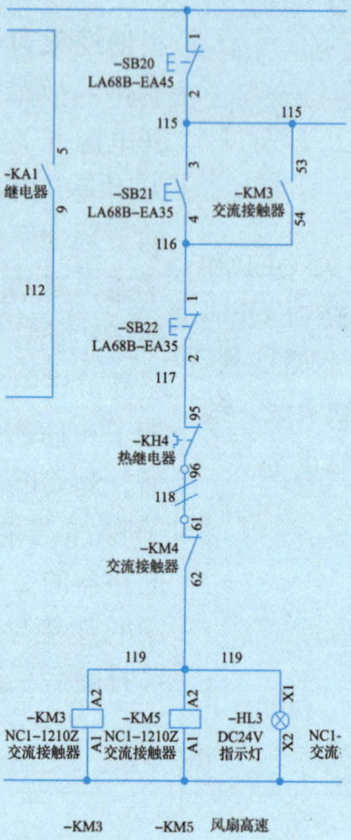	闭合电源开关QF1和控制电路断路器QF7、QF8，按下按钮SB22，KM4线圈不吸合，线路其他功能正常	根据现象可以判断KM4线圈支路的故障可能性最大。断开电源开关QF1、QF7和QF8，用万用表电阻挡测KM4线圈的A1号端子和KM5的A1号端子通，测SB21的4号端子和KM5的A2号端子断。进一步检测，测SB21的4号端子和SB21的1号端子通，测SB21的2号端子和KM3的95号端子通，测KM4动断按钮的62号端子和KM3的A2号端子通，测KM4的96号端子和KM4的61号端子断，说明KM4的96号端子和KM4的61号端子的48号连接导线存在断路，故障排除后系统恢复正常
5	127号线断路	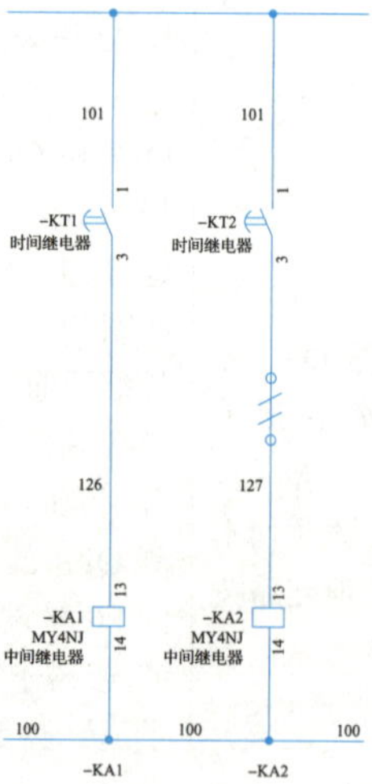	闭合电源开关QF1和控制电路断路器QF7和QF8，用铁材料触碰SQ12，KT2得电计时完后，KA2不吸合，其他功能正常	根据现象可以判断KA2线圈支路的故障可能性最大。断开电源开关QF1和QF7和QF8，用万用表电阻挡测KA2线圈的14号端子和KA1线圈的14号端子通，测KT2动合触点的1号端子和KT1动合触点的1号端子通，测KT2动合触点的3号端子和KA2线圈的13号端子断，说明KT2动合触点的3号端子和KA2线圈的13号端子的连接导线127号存在断路，故障排除后系统恢复正常

问题情境一：照明和插座电路的故障如何检修？

问题情境二：M1和M2电机控制电路的故障如何检修？

问题情境三：指示灯电路的故障如何检修？

（2）交叉故障的检修步骤见表D3-2-4。

表 D3-2-4　交叉故障的检修步骤

序号	故障点	图纸	故障现象	故障排查
1	M1主电路的U1和V1交叉	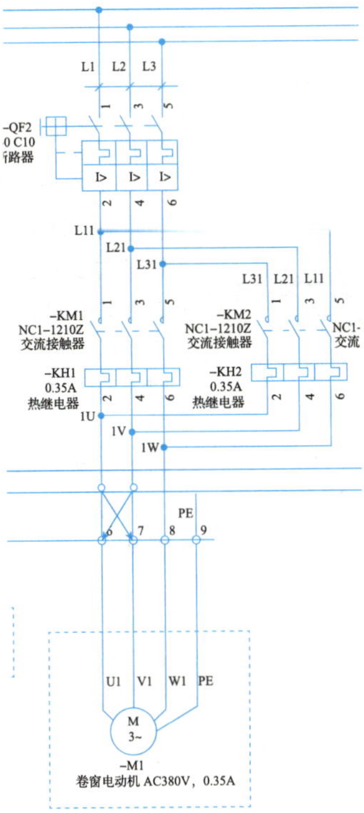	由于电气装置没有接电动机，因此无法观察到交叉的现象，线路的测试正常	断开电源总开关 QF1，用万用表电阻挡逐个检测 QF1 和 QF2，QF2 和 KM1 主触点，KM1 主触点和 KM2 主触点，KM1 与接线端子 6、7、8、9 之间，检查到 KH1 的 2 号端子与 7 号接线端子连接，KH1 的 4 号端子与 6 号接线端子连接，说明 6 号接线端子与 7 号接线端子存在交叉，故障排除后系统恢复正常
2	M2主电路U2和W2交叉	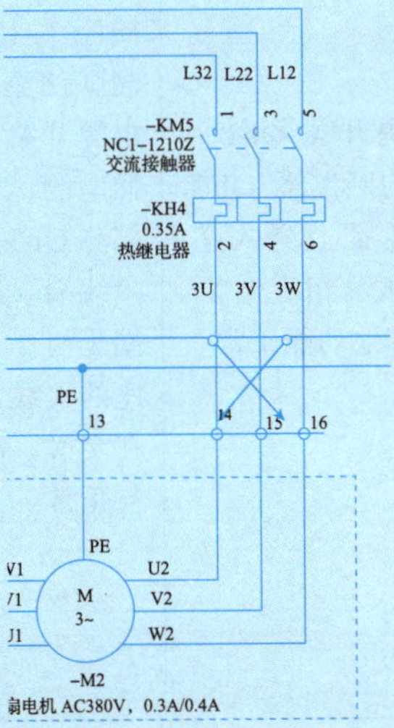	由于电气装置没有接电动机，因此无法观察到交叉的现象，线路的测试正常	断开电源总开关 QF1，用万用表电阻挡逐个检测 QF1 和 QF3，QF3 和 KM4 主触点，KM4 主触点和 KM5 主触点，KH3 和 KM3 主触点，KH3 与接线端子 10、11、12 之间，KH4 与接线端子 14、15、16 之间，检查到 KH4 的 6 号端子与 14 号接线端子连接，KH4 的 2 号端子与 16 号接线端子连接，说明 14 号接线端子与 16 号接线端子存在交叉，故障排除后系统恢复正常

续表

序号	故障点	图纸	故障现象	故障排查
3	EL4灯底座火零交叉	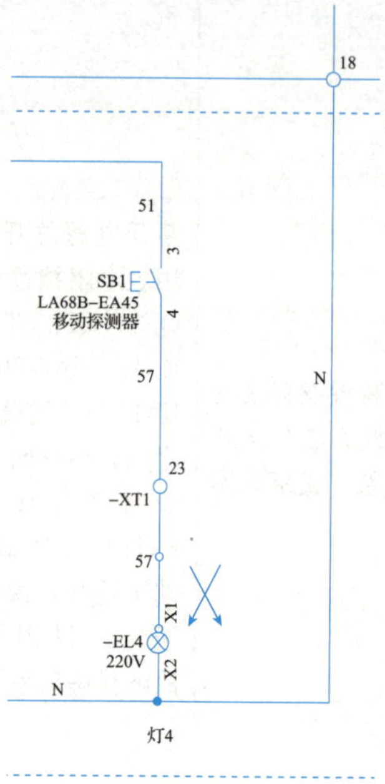	灯座接线的交叉，不会影响电路的功能，但不符合电工安全规范，会造成安全隐患	断开电源开关 QF1 和 QF4，取下 4 个照明灯泡，用万用表电阻挡测零线的 18 号接线端子与 4 个 EL 灯的灯座金属螺纹，EL1、EL2、EL3 通，EL4 断，测 18 号接线端子与 EL4 灯座里面的金属片通，测 23 号接线端子与 EL4 灯座的金属螺纹通，说明 EL4 灯座的接线端子存在交叉，故障排除后系统恢复正常
4	插座 1 的火零交叉	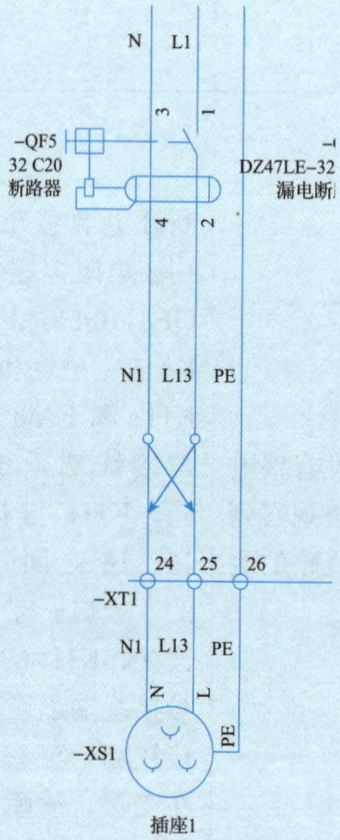	闭合电源开关 QF1 和插座 1 的断路器 QF5，在插座 1 插上测试仪，测试仪显示相零错位，线路的其他功能正常	打开电源开关 QF1 和 QF5，插座 1 上插上插座测试仪，测试仪显示火零错位，关闭电源开关 QF5 和 QF1，拔出插座测试仪，用万用表电阻挡测 QF5 的 4 号端口与 25 号接线端子通，测 QF5 的 2 号端子与 24 号端子通，说明插座的火线和零线接线端子存在交叉，故障排除后系统恢复正常

续表

序号	故障点	图纸	故障现象	故障排查
5	插座 2 的火地交叉	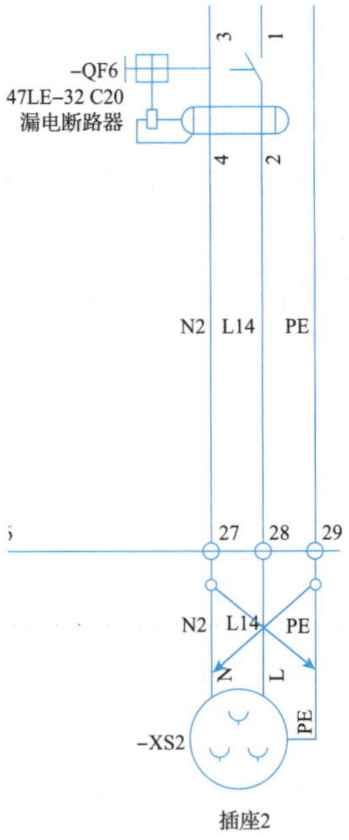	闭合电源开关 QF1 和插座 2 的断路器 QF5，在插座 2 插上测试仪，测试仪显示相地错位，线路的其他功能正常	打开电源开关 QF1 和 QF6，插座 2 上插上插座测试仪，测试仪显示火地错位，关闭电源开关 QF6 和 QF1，拔出插座测试仪，用万用表电阻挡测 27 号端口与插座的地线接线端子通，测 28 号端子与插座的火线接线端子通，说明插座的火线和地线接线端子存在交叉，故障排除后系统恢复正常

问题情境四：主电路的交叉故障如何检修？
问题情境五：照明灯的交叉故障如何检修？
问题情境六：插座的交叉故障如何检修？

D3－2：综合电气装置的故障检修

拓展提升——元器件故障的种类

按故障原因划分，元器件故障可以分为自身故障、过负荷造成的故障和外界因素造成的故障。

一、自身故障

这种故障是由产品自身的质量原因造成的。例如，弹簧弹力不足使行程开关不能可靠复位；接触器触点闭合不好，多对触点闭合不一致；金属变形使热继电器动作不准确；闸刀开关闭合时接触不良，动作卡滞。出现这类故障时，最好更换同型号的元器件。

二、过负荷造成的故障

元器件工作时，都有一定的电流及电压限制，不可能无限增大。例如，额定电流为20A的接触器，如果用于40A的电路中，就会造成接触器损坏。

三、外界因素造成的故障

外界因素如机械力、震动、污物、较高的温度和湿度、霉菌的生长、腐蚀性气体、强光的照射等，都可能使元器件损坏。例如，污物会造成活动部件的卡滞；水汽会造成元器件的绝缘性能下降，金属腐蚀速度加快；高温会造成元器件寿命缩短；腐蚀性气体会造成元器件触点接触不良；紫外光的照射会加速元器件绝缘材料的老化等。

学习结果评价

“综合电气装置的故障检修”学习结果评价见表D3-2-5。

表D3-2-5 “综合电气装置的故障检修”学习结果评价

序号	评价内容	分值	得分
1	能否正确检修和标记出52号线断路故障	10	
2	能否正确检修和标记出插座1火线断路故障	10	
3	能否正确检修和标记出102号线断路故障	10	
4	能否正确检修和标记出118号线断路故障	10	
5	能否正确检修和标记出127号线断路故障	10	
6	能否正确检修和标记出M1主电路的U1和V1交叉故障	10	
7	能否正确检修和标记出M2主电路U2和W2交叉故障	10	
8	能否正确检修和标记出EL4灯底座火零交叉故障	10	
9	能否正确检修和标记出插座1的火零交叉故障	10	
10	能否正确检修和标记出插座2的火地交叉故障	10	
总　计		100	

课后作业

1. 电气装置的检修中断路和交叉故障属于________。

A. 电源故障　　B. 电路故障　　C. 元件故障　　D. 电机故障

2. 电阻检测法包括________。

A. 电阻分阶测量法　　B. 电阻分部测量法

C. 电阻分阶和分段测量法　　D. 电阻分次测量法

3. ________会造成元器件的损坏。

A. 短路故障　　B. 断路故障　　C. 高阻故障　　D. 交叉故障

4. 简述M2电机控制电路断路故障的检修方法。

参考文献

[1] 曾祥富，陈亚琳．电气设备安装与维护项目实训．北京：高等教育出版社，2020.

[2] 崔陵，沈柏民，王炳荣．工厂电气控制设备．2 版．北京：高等教育出版社,2020.

[3] 郭艳萍，陈相志．交直流调速系统．3 版．北京：人民邮电出版社，2019.

[4] 廖少鹏，揭锡富．低压电工技能训练教程．3 版．广州：世界图书出版广东有限公司，2019.

[5] 王春，杨志良．典型机床电气故障诊断与维修．北京：机械工业出版社，2015.

[6] 崔金华．电器及 PLC 控制技术与实训．2 版．北京：机械工业出版社，2015.

[7] 王生．电机与变压器．5 版．北京：高等教育出版社，2019.

[8] 赵承荻，周玲．电机与变压器．北京：机械工业出版社，2020.

[9] 王洪，唐锴．电机设备安装与维护．北京：科学出版社，2011.

[10] 初厚绪．PLC 技术应用．2 版．北京：高等教育出版社，2015.

[11] 张白帆．低压成套设备开关设备的原理及其控制技术．2 版．北京：机械工业出版社，2017.